水利水电工程
BIM 数字化应用

主编　樊忠成　李国宁

中国水利水电出版社
www.waterpub.com.cn
·北京·

内 容 提 要

本书系统总结了内蒙古自治区水利水电勘测设计院 BIM 技术在水利水电工程规划设计过程中的实践经验。全书分为技术篇、管理篇和案例篇三部分，既有 BIM 机构建设所需的各类实施方案、调研报告，也有 BIM 技术在灌区建筑物、引调水工程、水库枢纽工程、景观及河道治理工程等各类工程的应用实例。

本书集通俗性与专业性于一体，无论是初步接触 BIM 技术的水利水电工程设计人员，还是工程设计及 BIM 技术平台搭建和管理方面的专家，都能够从本书中了解 BIM 技术在水利水电工程中的应用现状及管理经验，可为水电行业 BIM 技术研究应用、BIM 技术爱好者的学习提供依据和参考。

图书在版编目（CIP）数据

水利水电工程BIM数字化应用 / 樊忠成，李国宁主编.
-- 北京 : 中国水利水电出版社，2022.1
ISBN 978-7-5226-0477-0

Ⅰ. ①水… Ⅱ. ①樊… ②李… Ⅲ. ①水利水电工程
-计算机辅助设计-应用软件 Ⅳ. ①TV-39

中国版本图书馆CIP数据核字(2022)第024611号

书　　名	**水利水电工程 BIM 数字化应用** SHUILI SHUIDIAN GONGCHENG BIM SHUZIHUA YINGYONG
作　　者	主编　樊忠成　李国宁
出版发行	中国水利水电出版社 （北京市海淀区玉渊潭南路 1 号 D 座　100038） 网址：www. waterpub. com. cn E - mail：sales@mwr. gov. cn 电话：（010）68545888（营销中心）
经　　售	北京科水图书销售有限公司 电话：（010）68545874、63202643 全国各地新华书店和相关出版物销售网点
排　　版	中国水利水电出版社微机排版中心
印　　刷	清淞永业（天津）印刷有限公司
规　　格	184mm×260mm　16 开本　15.75 印张　383 千字
版　　次	2022 年 1 月第 1 版　2022 年 1 月第 1 次印刷
印　　数	0001—1000 册
定　　价	**88.00** 元

本书编委会

序

随着产业革命和信息技术的迅猛发展，数字技术日新月异，有力地促进了各行各业生产技术、劳动生产率和管理水平的不断提高。在此大背景下，大数据、云计算、BIM、GIS等技术已经普遍应用于水利水电工程规划、设计、建设、运维等方面，特别是BIM技术应用作为推动水利信息化建设的重要着力点，正在改变水利水电工程建设与运行领域的生产方式和管理模式。

近年来，内蒙古自治区水利水电勘测设计院依托工程项目开展BIM技术应用，在推进内蒙古水利水电勘测设计阶段BIM应用进程中迈出坚实步伐。该院BIM设计从水工钢闸门三维参数化设计起步，逐步应用到长距离引调水、水库枢纽、灌区建筑物、河道生态景观、水资源规划、供排水、电站泵站等各类项目，涵盖测绘、地质、水工、金属结构、房建、路桥、机电等专业。特别是在长距离输水隧洞正向设计、输水管线BIM配管设计核心计算程序、水工建筑物参数化建模及三维配筋出图等方面，探索出BIM技术应用的特色之路。在基于BIM技术的图纸审核、优化设计、设计施工各专业协同、高精度三维模型辅助深化设计等方面取得大量创新性成果，有效解决了工程设计和建设关键技术难题，极大提高了生产效率和产品质量，在内蒙古各类水利水电工程BIM技术应用中发挥了试点示范效应。

智慧水利作为新阶段水利高质量发展的显著标志，对勘测设计工作提出了新的更高要求。作为信息化的有效途径之一，BIM技术的应用是打造水利水电工程数字化场景的重要手段，是构建数字孪生工程以及智慧化模拟的基础，是智慧水利建设的关键技术支撑。目前国内水利水电行业BIM技术应用尚不充分，面临的行业技术标准体系不完善、配套环境不成熟、地区发展不平衡等问题亟待解决，需要广大技术人员更新设计理念和思维方式，持之以恒推动技术创新。

《水利水电工程BIM数字化应用》选编了内蒙古自治区水利水电勘测设计院BIM技术应用案例和管理经验，内容丰富翔实、涵盖专业广泛、观点见解独到。希望读者，尤其是青年技术人员能从书中得到启迪，为水利事业多作贡献。同时也希望内蒙古水利人进一步拓宽视野、勇于创新、勤于实践，继续开展关键技术研究，推进BIM技术的全生命周期应用，建立健全技术应用标准体系，推动信息技术与水利水电业务的深度融合，努力打造水利水电高质量发展的内蒙古样板。

中国工程院院士 胡春宏

2021年11月

前言

国家“十四五”规划纲要明确提出“建设现代化基础设施体系”和“没有信息化就没有现代化”，这预示着水利行业的信息时代已然来临。智慧水利建设的飞速开展，其中重要的一个方面就是水利工程数字化。水利工程数字化的主要手段是BIM技术的应用。BIM技术的应用是实现水利工程建设和运行管理智慧化的技术支撑。BIM技术在水利水电工程的标准化设计、可视化交流、全专业协同，以及进度、质量、安全、造价、节能、设备、资源、决策管理等各领域都发挥着重要作用。近年来，内蒙古自治区水利水电勘测设计院大力推进BIM技术在水利水电工程设计、施工和运行管理等全生命周期中的应用，BIM技术在以引绰济辽引调水工程、琥珀沟水利枢纽工程、和林格尔新区规划等为代表的水利规划设计工程中得到充分实践，切实解决了工程建设中遇到的技术难题，提高了生产效率和设计产品质量。

为了总结BIM技术的实践经验，加强水利事业BIM技术专业人员队伍建设，提高水利规划设计智慧化水平，充分发挥BIM技术在水利工程规划设计中的推动作用，内蒙古自治区水利水电勘测设计院BIM数字工程中心组织编写了本书。全书分为技术篇、管理篇和案例篇三部分内容，包括42篇BIM技术相关文章，宣传最新的BIM技术发展动态和内蒙古自治区水利水电勘测设计院BIM技术应用现状，充分展现了内蒙古自治区水利水电勘测设计院BIM数字工程中心从创建到现在的全部技术和管理成果，凝聚了编者的大量心血。希望通过此书进一步推动水利工程BIM技术研究应用和BIM技术的创新发展，提高工程设计效率和设计产品质量，同时为BIM技术爱好者的学习提供参考。

内蒙古自治区水利水电勘测设计院的BIM技术研究还处在学习探索阶段，本书中如存在不足之处，敬请读者提出宝贵意见和建议。

作者

2021年11月22日

目　录

序

前言

技 术 篇

管 理 篇

案 例 篇

技术篇

水工钢闸门三维参数化设计的理论基础与工程实践

李国宁　王雪岩　阿木古楞　王文强

1　引言

经过几代人的努力，水工钢闸门设计方面有了很大的进步，闸门计算和设计效率大幅提高，所设计闸门的种类不断丰富。但迄今为止没有专业的闸门计算软件，只能采用传统的 Excel 电子表格及一些非专业软件辅助完成闸门计算，虽然现在都采用电子计算稿，但完成一份完整的闸门计算书，少则一周，多则数周，尤其是当设计方案变化后，又要重新计算一遍，费时费力，而且极易出错。在闸门制图方面，钢闸门的设计属于产品设计，工程图的绘制工作量非常大，项目工期紧张的时候，更容易导致工程图出现错误。借助于 AutoCAD 软件，已经实现了无纸化设计，相比手工绘图能大大提高设计效率，但其不够完善，同样存在与闸门计算类似的问题，在原始设计资料变动的情况下，设计完成的图纸需要重新手工调整，修改闸门图纸的工作量很大，而且极易出错。

在计算机辅助设计（CAD）技术不断发展的今天，三维 CAD 技术在各行业得到了广泛的应用，而在水利水电行业，目前还只是开始阶段。随着各大设计院对三维设计的逐步重视，三维深化设计替代二维传统设计的革新时代已经到来，闸门的程序化计算、三维参数化设计、结构有限元分析和运动学、动力学动态仿真必将成为未来水工钢闸门设计的发展趋势。

2　适用性

水工钢闸门设计有两个突出特点：一是闸门类型不多，最常用的就是平面钢闸门和弧形钢闸门，相似工况的工程完全可以采用同类闸门，只是孔口和水头的差别决定着闸门的大小不同；二是闸门上的各个附件及部件大部分都是标准件和系列件，如工字钢、槽钢、角钢、主轮、侧轮、滑块、止水、吊耳、充水阀、螺栓、螺母、垫片等。闸门的这两个特点，为闸门的三维参数化设计提供了有利条件，即三维参数化设计方法特别适用于水工钢闸门设计。

3　总体技术路线

充分发挥各软件的优点，运用 MATLAB 语言编制拦污栅、平面闸门和弧形闸门的设计计算程序，利用 VB 设计交互式界面，采用 ACCESS 作为数据库，通过 MathCAD 输出计算稿；解决各软件间的数据接口问题，开发闸门程序化设计计算系统，并实现自动输出设计结果和完整的电子计算稿，提高闸门设计计算的效率。在三维参数化建模平台 Autodesk Inventor 环境下，建立各种闸门的三维参数化模型；以 Excel 电子表格为数据载体，将闸门设计计算程序得到的结果数据传送到三维参数化模型，通过数据来改变模型，进而改变与模型相关联的二维工程图，实现参数化绘图，提高出图效率和产品质量。建立好的三维模型可以通过数据接口导入到分析软件和仿真软件，进一步完成闸门的结构有限元分析和运动学、动力学动态仿真，实现闸门设计的高级应用。总体技术路线图如图 1 所示。

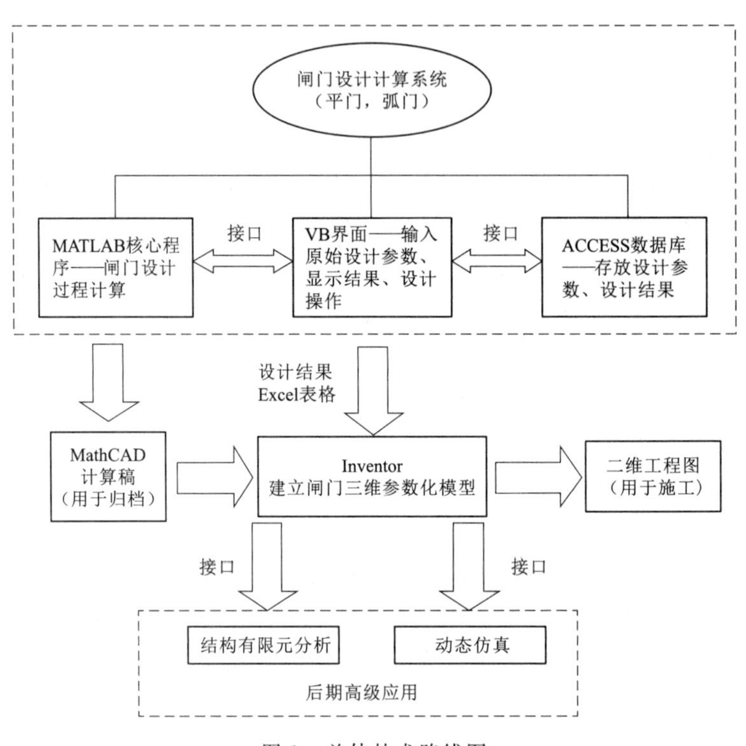

图 1　总体技术路线图

4　三维参数化模型

4.1　基本原理

传统的二维绘图是在已知尺寸的情况下，绘制图形，然后标注尺寸，尺寸只能反映图形的大小，无法影响图形。参数化的基本原理是绘制图形的同时添加尺寸，尺寸不仅能反映图形大小，还能影响图形，尺寸改变，图形也跟着改变，即尺寸驱动。将尺寸数据保存到一张参数表中，每一个参数各自命名，建模时调用该名称，或者设置数据共享，实现数据链接，通过改变参数表来改变三维模型，进而改变与之相关联的二维工程图。三维参数化的基本原理如图 2 所示。

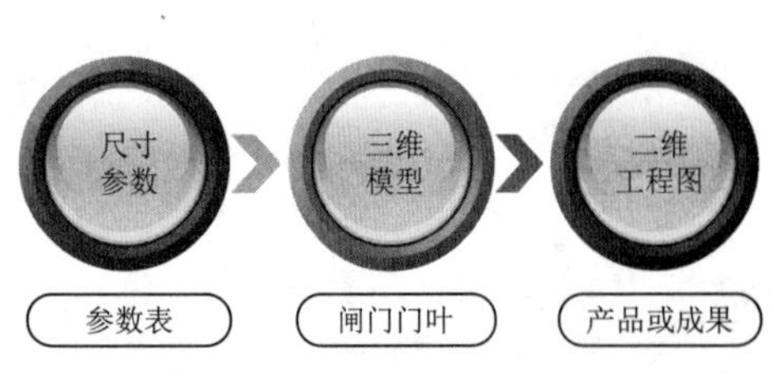

图 2　三维参数化的基本原理

4.2 模型架构

闸门模型的建立具有很大的灵活性和自由度，同样的闸门，不同的人、不同的思路，会建成不同的模型；甚至同一个人、同样的闸门，前后两次建立的模型也可能不同。从外观上看，模型是一样的，但其参数的设置、约束的选取、建模的顺序及包含的信息，都可能截然不同，模型的实用性和适应性也大相径庭。

就水工钢闸门而言，应根据其不同零部件各自的特点，采用不同的处理方式：

（1）门叶，如焊接件，尺寸关联性强，参数少，种类少；建立全参数化模型，通过参数表或Excel电子表格控制门叶模型。

（2）标准件，如螺栓、螺母、垫片、密封圈、齿轮、轴用零件、阀、角钢、槽钢、工字钢等结构型材，这些都是机械标准件，可以直接调用资源中心库，使用非常方便。

（3）系列件，如主轮、侧轮、滑块、吊耳、充水阀等，这些部件虽未标准化，但在金属结构设计手册等书籍中，对其主要尺寸进行了规定，完成了“系列化”；另外，这些部件的尺寸较多、较杂、参数太多，不适于建立参数化模型。对系列件的处理方法是，建立完备的系列件库，把每个型号规格的系列件建成模型库，使用的时候，调用即可。

（4）常用件，如各类水封、止水垫、止水压板等，称其为常用件。这类零件断面尺寸相对固定，只是使用长度和螺栓孔的大小、位置不同。针对这一特点，处理方法是建立半参数化模型，断面非参数化，长度和孔参数化，根据使用需求，设定不同的长度和孔数、孔距即可。

（5）孔、槽等，如对于闸门上的螺栓孔、漏水孔、锁定槽、轮槽、板、加强筋等结构，进行常规的三维操作就行了，这部分结构的工作量不大，无须且难于参数化。

具体工程实践中，先根据原始设计参数进行闸门结构计算，得到的设计结果参数写到Excel数据文件中，门叶三维参数化模型提取结果数据，改变模型，开孔、开槽；接着选用系列件模型库中的主轮、侧轮、吊耳等；然后根据闸门尺寸，设置止水零件参数，改变止水模型；最后将各零部件通过调用资源中心库中的标准件安装于门叶上，完成建模。闸门三维参数化模型架构如图3所示。

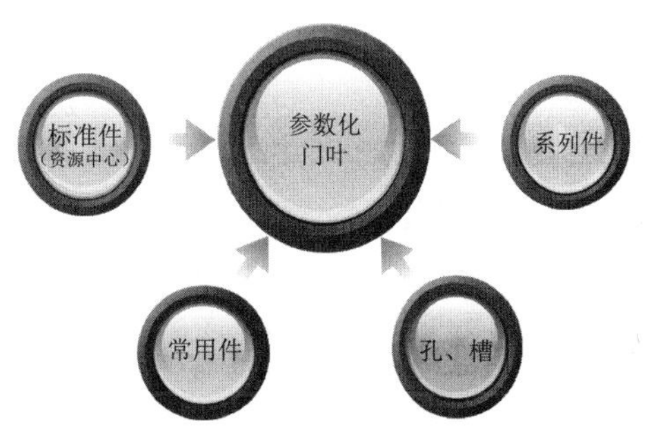

图3　闸门三维参数化模型架构

4.3 模型参数化的平衡

参数化的三维闸门模型，并不是参数化得越彻底越好，也不是傻瓜型的模型就是最佳模型。如果整个闸门的所有零部件都做成参数化模型，则需要大量的尺寸参数，设计者就要把大部分精力放到如何理顺繁杂的参数表上，反倒费时费力。而且，参数越多越容易出错，稍有不慎，就会导致模型报错，甚至崩溃，陷入死循环。因此，要以设计效率和产品质量最高为原则，合理分配参数化部分和非参数化部分，根据零部件自身不同的特点，采用不同的处理方法，实现模型参数化的平衡。

5 技术关键与优缺点

5.1 技术关键

（1）模型参数化的平衡，以设计效率和产品质量最高为原则，合理分配参数化部分和非参数化部分，根据零部件自身不同的特点，采用不同的处理方法，实现模型参数化的平衡。

（2）闸门设计计算系统子模块与闸门计算总程序的衔接，根据闸门各结构件的计算特点，确定哪些部分适合做系统子模块，哪些部分适合编到总程序中，二者的数据如何交换等。

（3）闸门设计计算系统与三维参数化模型间的数据接口问题，数据接口起到纽带的作用，只有成功解决了数据接口问题，整个技术路线才能得以实现。

5.2 优点

（1）在进行三维模型设计的时候，设计者拥有比二维绘图环境中更强烈的“设计”感；同时，在模型构建的过程中，可以更直观地根据已建的部分及时、合理的调整设计思路。

（2）闸门的三维模型中包含施工图、加工制造以及安装时所需的大量信息，零部件都附加了尺寸、数量、材料属性及配合关系，使得材料明细表可以自动生成，借助这个模型，可以快速地生成施工图纸，显著提高工作效率及设计精度，大幅度提高生产力。

（3）参数表与图形自动相互关联，工程图与模型之间关联设计，当参数表发生改动的时候，模型中与之关联的所有零件都会自动发生合理改变，即零部件具有“自适应”能力；同时，所有工程图中与修改相关的部分均会自动进行相应修改，此项特点彻底扭转了二维设计环境中修改工程图过程顾此失彼的局面。

（4）干涉（碰撞）自查功能可以让设计人员及时、直观地发现和校正装配中的错误，避免在设计及安装过程中由于产品之间干涉所带来的不必要的麻烦，而这在二维绘图环境中是无法实现的。

（5）实体模型与工程图的严格一一对应关系及软件中的干涉检查功能，可以大幅减轻校核人员和审查人员的工作强度。

5.3 缺点

（1）前期需投入大量时间学习软件，整理思路，转变设计思维，牺牲工作效率。

（2）参数化使同一类型的闸门结构相对固定，一定程度实现了产品的标准化、系列化，使产品缺少个性。

（3）工程图某些地方无法完全达到制图规范要求或符合传统制图习惯。

（4）模型建立不完善的话，会不断报错，甚至崩溃，后期修改、处理非常费事。

6 工程实践

从 2010 年年底开始，经过 7 多年时间的项目开发和工程应用，创建了基本完备的常用零部件模型库；构建了 10 种类型钢闸门的门叶参数化模型，基本覆盖了常用闸门种类，满足了日常应用需求；开发了拦污栅设计计算系统；完成了30多个工程、60多个闸门的三维建模；利用三维设计方法出版了施工图纸60多套、800余张，三维参数化设计方法在金属结构专业进行了有效的推广，在水库、枢纽、供水、电站、水闸、灌区、景观等各种类型工程中均得到应用，显著提高了金属结构专业的图纸质量和设计效率，取得了良好的效果。另外，通过金属结构专业开展的水工钢闸门三维参数化设计试点，使三维设计的理念和优势深入人心，起到了很好的宣传和示范作用。

（本文发表于2018年第2期《水利规划与设计》，此次有改动。）

基于多元线性回归分析方法的LIDAR测高成果系统偏差补偿

曹　璐

1　引言

机载激光雷达（Airborne LIDAR）是以飞机作为摄影平台，以激光扫描测距仪为测量传感器，集成高精度GPS与惯性导航系统的一个主动式空间测量遥感系统。激光测距仪发射激光脉冲，接收地物反射的同波信号，根据回波所花费的时间，确定激光发射参考点到地面激光点之间的距离。GPS/INS为激光扫描传感器的发射参考点提供精确的位置与姿态，经数据处理能够快速地获取高密度、高精度的激光点云（points cloud）的三维空间坐标。机载激光雷达系统一般由激光扫描测距仪、全球定位系统GPS、惯性导航系统INS、系统控制单元以及数码相机等部件组成。

机载激光雷达技术最主要的用途是获取地形表面模型DSM，经过滤波、分类，快速地获取高精度、高密度、高分辨率的地形高程模型DEM；激光雷达技术应用广泛，为地理空间信息的获取提供了新方法和新手段，给测绘领域的技术发展带来了新飞跃。

与传统测绘方式相比，LIDAR测高技术有以下优点：

（1）测量精度和外界环境的要求不同。激光扫描直接测量得到的测点精度高于摄影测量中的解析点，模型化精度高且分布均匀；激光扫描仪对光亮度和温度并无要求，所以可以全天候进行。

（2）原始数据格式不同。扫描所得到的数据是由带有三维坐标的点所组成的点云，直接在点云中进行空间量测；而摄影测量所得到的数据是影像照片，单独的一幅影像照片则无法进行空间量测。

（3）拼接各测站间数据的方式不同。扫描系统采用坐标匹配方式，而摄影测量则采用相对定向和绝对定向的方式。

（4）TIN模型建立方式不同。在激光扫描系统中可以直接进行，而在摄影测量中，则首先需要用特定的软件进行相片间的匹配处理。

但同时，它的测量成果具有非常明显的系统误差，对测量精度产生较大影响。这就需要对系统误差进行补偿，从而达到测量实践的精度要求。

2　多元线性回归分析方法

2.1　原理

多元线性回归模型是传统的数据分析模型，在用于分析一个因变量与多个子变量相互依存的关系时展现出简单明了且性能稳定等优势。根据加入建模的自变量数量的不同，选取三个模型进行研究：

模型 1：$\Delta = c(c = -0.138)$

模型 2：$\Delta = a_0 + a_1 x + a_2 y$

模型 3：$\Delta = a_0 + a_1 x + a_2 y + a_3 x^2$

把数据代入某一模型后，使用平差方法中间接平差方法解方程，求出方程系数。例：

$$Y = a_0 + a_1 X_1 + a_2 X_2 + \cdots + a_p X_p$$

上式中 a_i——未知参数；

Y——响应变量；

X_1、X_2、…、X_p——自变量。

令

$$Y + \delta Y = X \cdot A$$

其中

$$\boldsymbol{Y} = \begin{bmatrix} y_1 \\ y_2 \\ y_3 \\ \vdots \\ y_n \end{bmatrix}, \boldsymbol{A} = \begin{bmatrix} a_0 \\ a_1 \\ a_2 \\ \vdots \\ a_p \end{bmatrix}, \boldsymbol{X} = \begin{bmatrix} 1 & x_{11} & x_{12} & \cdots & x_{1p} \\ 1 & x_{21} & x_{22} & \cdots & x_{2p} \\ 1 & x_{31} & x_{32} & \cdots & x_{3p} \\ \vdots & \vdots & \vdots & & \vdots \\ 1 & x_{n1} & x_{n2} & \cdots & x_{np} \end{bmatrix}$$

按最小二乘原理，上式中的 A 阵必须满足 $\delta Y^T P \delta Y = \min$ 的要求（为求简便，可认为每组数据采集过程为等精度观测，故权阵 $P = \mathrm{diag}\left[\underbrace{1 \ 1 \ 1 \ \cdots \ 1}_{n个}\right]$），则根据间接平差计算方法得：$N_{XX}A - W = 0$，$N_{XX} = X^T P X$，$W - X^T P Y$，则解得 $\Lambda - N_{XX}^{-1} W$。学习样本数据用于解算回归模型，求解出学习样本改正数矩阵 δY_1 和模型系数矩阵 A；检验样本数据代入已求得的回归模型中，求解检验样本中各 Y 值对应的改正数 δY_2。由解算得到的误差改正数矩阵 δY_1 和 δY_2，分别求得学习样本中误差 $m_1 = \sqrt{\dfrac{[\delta Y_1 \delta Y_1]}{n_1 - (p+1)}}$ 和检验样本中误差 $m_2 = \sqrt{\dfrac{[\delta Y_2 \delta Y_2]}{n_2}}$（其中 $[\delta Y_1 \delta Y_1] = \sum_{i=1}^{n_1} \delta Y_1^2$，$[\delta Y_2 \delta Y_2] = \sum_{i=1}^{n_2} \delta Y_2^2$，$n_1$ 表示学习样本数，n_2 表示检验样本数，$n_1 + n_2 = n$）。

2.2 多元线性回归法误差补偿过程

已有某地区 LIDAR 测高成果近 8000 个点，其中像控点 1592 个，道路检验点 6364 个。均匀选取合理数量的像控点作为学习样本，其余的点作为检验样本；并且，道路点也参与检验。

本文采用多元线性回归法对误差进行补偿，具体处理过程如下：

(1) 均匀选取 200 个像控点作为学习样本，剩余的 1392 个像控点作为检验样本，同时，道路点也参与检验。

(2) 选取三个模型，分别是：

模型 1：$\Delta = c(c = -0.138)$

模型 2：$\Delta = a_0 + a_1 x + a_2 y$

模型 3：$\Delta = a_0 + a_1 x + a_2 y + a_3 x^2$

(3) 对 6364 个道路点进行检验，三个模型均没有达到预期效果，怀疑道路点中有粗差存在，从而影响了模型效果。这时，采取了两种方法进行改进：①增大学习样本到 300

个，效果有所提高，但不明显；②对6364个道路点进行粗差检验，模型2与模型3分别剔除45个、44个粗差点。

(4) 对剔除粗差点的道路点再次检验，无明显效果。

(5) 选取100个道路点，与已有的200个像控点共同作为学习样本，剩余的1392个像控点作为检验组，剩余的6164个道路点也参与检验。将道路点参与建模之后，精度有所改善。

具体计算结果见表1。

表1 无道路点参与建模 单位：m

项目		学习样本	检验样本	道路点检验
未作处理		0.1840	0.1540	0.1422
模型1：$\Delta=c(c=-0.138)$	200个点建模	0.1227	0.1186	0.1460
	300个点建模	0.1227	0.1186	0.1460
	剔除粗差点	0.1227	0.1193	0.1408
模型2：$\Delta=a_0+a_1x+a_2y$	200个点建模	0.1225	0.1176	0.1464
	300个点建模	0.1195	0.1140	0.1442
	剔除粗差点	0.1195	0.1140	0.1292
模型3：$\Delta=a_0+a_1x+a_2y+a_3x^2$	200个点建模	0.1219	0.1168	0.1473
	300个点建模	0.1190	0.1261	0.1342
	剔除粗差点	0.1190	0.1261	0.1293

总体来说，三个模型对于学习样本中误差和检验样本中误差的改善，有比较明显的效果。其中学习样本中误差，三个模型分别提高了33.3%、33.4%、33.8%；检验样本中误差，三个模型分别提高了23.0%、23.6%、24.2%。但是，道路检验点中误差却反而有微小增大。综合对比看来，可以发现，模型3：$\Delta=a_0+a_1x+a_2y+a_3x^2$效果略优于模型1和模型2。具体计算结果见表2。

表2 道路点参与建模 单位：m

项目	学习样本	检验样本	道路点检验
未作任何处理	0.1608	0.1540	0.1424
模型1：$\Delta=c(c=-0.138)$	0.1267	0.1137	0.1290
模型2：$\Delta=a_0+a_1x+a_2y$	0.1264	0.1131	0.1272
模型3：$\Delta=a_0+a_1x+a_2y+a_3x^2$	0.1239	0.1127	0.1269

基于上表，生成柱状图，见图1。

模型1：$\Delta=c(c=-0.138)$，学习样本中误差提高了21.2%，检验样本中误差提高了26.2%，道路检验点中误差提高了9.4%。

模型2：$\Delta=a_0+a_1x+a_2y$，学习样本中误差提高了21.4%，检验样本中误差提高了26.6%，道路检验点中误差提高了10.7%。

模型 3：$\Delta=a_0+a_1x+a_2y+a_3x^2$，学习样本中误差提高了 22.9%，检验样本中误差提高了 26.8%，道路检验点中误差提高了 10.9%。

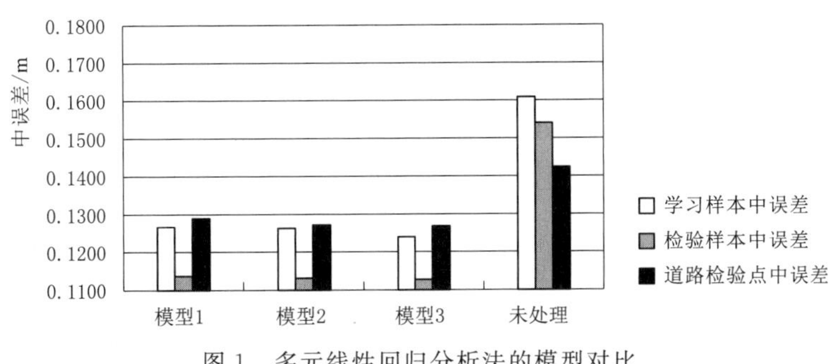

图 1　多元线性回归分析法的模型对比

3　结论

到此，可以做出结论：无论是学习样本中误差、检验样本中误差，还是道路点检验中误差，模型 3 的补偿效果都优于模型 1 和模型 2。

无论是否加入道路点参与建模，模型 3 都优于其他两个模型。所以可以做出结论，当用多元线性回归法对 LIDAR 测高成果进行系统误差补偿时，模型 3：$\Delta=a_0+a_1x+a_2y+a_3x^2$，是最优模型。

BIM 在三盛公水电站稳定复核中的应用

张 波

1 概述

对于每一名水工设计者来说，挡水建筑物的稳定计算都是最为常规的工作，三盛公水电站为河床式挡水建筑物，在二维设计过程中，稳定计算需要对结构进行拆分来确定重量和形心位置，但对于蜗壳和尾水流道处内，以及其周边的混凝土很难找准重量和形心，导致计算精度不高。对于三盛公水电站来说需要高精度计算去复核建筑物水位调整后的运行安全。因此，应用三维模型来提取计算数据，提高计算准确度。

2 工程概况

黄河三盛公水利枢纽工程，位于内蒙古自治区巴彦淖尔市磴口县巴彦高勒镇东南的黄河干流上，其地理位置为东经 107°01′39″～107°01′47″、北纬 40°17′24″～40°18′14″，高程在 1050～1100m 之间。该枢纽是黄河干流上唯一的一座大型闸坝工程。三盛公水电站一期工程为跌水电站，一期装机容量为 4×500kW，按照水电站厂房设计规范，厂房整体抗滑和深层抗滑稳定安全系数均应大于 1.25。

2015 年根据内蒙古自治区水利水电勘测设计院《黄河三盛公水利枢纽北岸总干渠跌水闸应用水头复核报告》，内蒙古水利厅以《关于黄河三盛公水利枢纽工程控制运用计划的核定意见》（内水建〔2015〕235 号）文件，同意北岸总干渠跌水闸闸前水位控制在 1054.30m 以内，电站跌水水头控制在 6.10m 以下。由于发电水位、水头等均有了较大提升，以及水电站的水工建筑物在水力条件改变的情况下未进行安全复核计算；另外，当总干渠引水流量超过 $350m^3/s$ 时，跌水闸弃水运行，此时下游水位升高，发电水头降低，发电出力减少，所以为了充分利用水资源，保证电站发电量，跌水闸弃水运行时，在跌水水头不超过 6.10m 的前提下，跌水闸上游水位在 1054.30m 的基础上，需复核水电站跌水闸上游水位再提高的可能性。因此为确保水电站水工建筑物安全可靠运行，受内蒙古黄河工程管理局委托，内蒙古水利水电勘测设计院对三盛公水电站（一期）水工建筑物进行安全稳定计算。

3 三维模型

对三盛公水电站（一期）水工建筑物通过 Inventor 软件进行三维建模，如图 1～图 4 所示。

图 1　水工建筑物

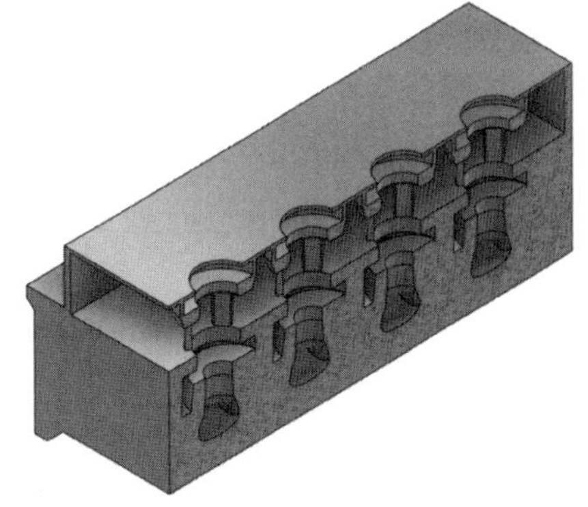

图 2　*XZ* 面剖面图

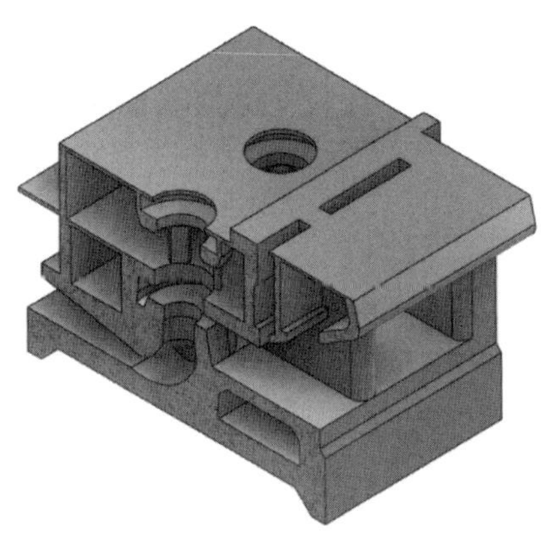

图 3　*YZ* 面剖面图

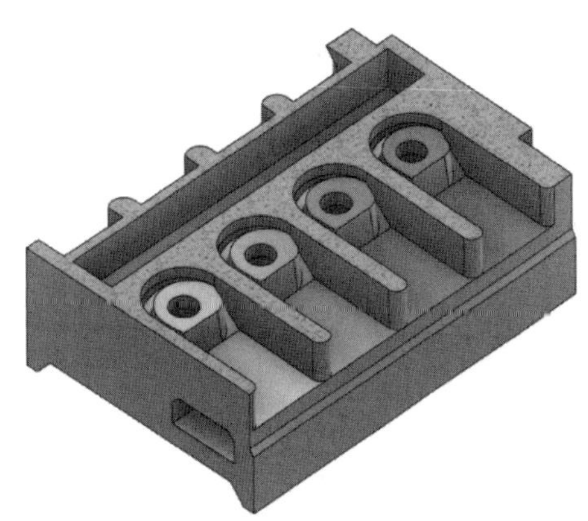

图 4　*XY* 面剖面图

4　计算结果

4.1　计算基本资料

摩擦系数：$f=0.43$。

最大风速：33.5m/s。

总干渠结冰厚度：0.8m。

钢筋混凝土重度：$\gamma_c=24.5\text{kN/m}^3$。

水容重：$\gamma=9.81\text{kN/m}^3$。

抗滑稳定安全系数：

基本组合：$[K_c]=1.25$。

特殊组合：$[K_c]=1.10$。

抗浮稳定安全系数：

基本组合：$[K_f]=1.10$。

特殊组合：$[K_f]=1.05$。

4.2 计算公式

(1) 抗滑稳定计算：

$$K_c=\frac{f\sum G}{\sum H}$$

式中 K_c——电站沿基底面的抗滑稳定安全系数；

$\sum G$——作用在电站上全部垂直于水平面的荷载，kN；

$\sum H$——作用在电站上全部平行于基地面的荷载，kN；

f——挡土墙基底面与地基之间的摩擦系数。

(2) 抗浮稳定计算：

$$K_f=\frac{\sum V}{\sum U}$$

式中 K_f——抗浮稳定安全系数；

$\sum V$——作用在电站上全部向下的铅直力之和，kN；

$\sum U$——作用在电站基底面上的扬压力，kN。

(3) 基底应力计算：

$$P_{\substack{max\\min}}=\frac{\sum G}{A}\pm\frac{\sum M}{W}$$

式中 $P_{\substack{max\\min}}$——电站基底应力的最大值或最小值，kPa；

$\sum G$——作用在电站上全部垂直于水平面的荷载，kN；

$\sum M$——作用于电站上全部荷载对于水平面平行前墙墙面方向形心轴的力矩之和，kN；

A——电站基底面的面积，m^2；

W——电站基底面对于基底面平行前墙墙面方向形心轴的截面矩，m^3。

4.3 计算结果

通过三维模型准确提取电站总重和形心，联合上下游水压力、扬压力、风压力等进行稳定及基地应力分析（基础摩擦系数取 $f=0.43$），计算结果见表 1。

表 1　　计 算 结 果

荷载及系数	基本组合			特殊组合
	水位 1054.30m	水位 1054.35m	水位 1054.40m	机组检修
最大基底应力/kPa	47.88	47.54	47.41	57.23
最小基底应力/kPa	51.11	50.45	50.01	55.52
抗滑稳定安全系数	1.27	1.25	1.24	1.15
抗浮稳定安全系数 $K_f=\sum V/\sum U$	2.17	2.14	2.13	3.17

通过表 1 可知，若电站上游水位达到 1054.35～1054.40m 时，计算所得安全系数为 1.24～1.25，接近规范允许值 1.25，因此需要较高精度的数据做支撑，才能考虑清楚水位在小幅升降变化时的稳定情况，真正体现三维设计的意义。

BIM 技术在引绰济辽工程稳流连接池设计中的应用

李国宁　肖志远　王雪岩　李利荣

1　引言

BIM 技术是一种融合数字化、信息化和智能化技术的设计和管理方法，以三维数字技术为基础，集成了工程项目各种相关信息，最终形成工程数据模型，是对工程项目设施实体与功能特性的数字化表达。BIM 技术可以利用强大的三维造型表达手段和工程属性关联技术，更好地表达设计意图，更准确地定义各种工程对象，更方便地进行专业配合，更直观地展示设计成果。BIM 技术给工程界带来了重大变化，深刻地影响工程领域的现有生产方式和管理模式，是提高工程设计效率和质量的有效方法。BIM 技术不仅仅是狭义上的设计工具和设计手段，更是设计思维的转变、设计流程的改进和项目管理的革新，其在设计行业替代传统二维设计的格局已势不可挡。

2　工程简介

引绰济辽工程是一项从嫩江支流绰尔河引水到西辽河，向沿线城市及工业园区供水的大型引水工程，结合灌溉，兼顾发电等综合利用。工程由水源工程文得根水利枢纽和输水工程组成，工程多年平均引水量 4.54 亿 m^3。输水工程由取水口、隧洞、暗涵、倒虹吸、稳流连接池、压力管道及其附属建筑物等组成，线路总长 390.263km，引水渠首设计流量为 $18.58m^3/s$，输水工程末端设计流量为 $8.83m^3/s$。引绰济辽工程跨流域引水，实现通辽市、兴安盟地区间水资源优化配置；调节绰尔河流域水资源，为区域经济社会发展提供水资源保障；改善西辽河干流地区地下水超采问题，缓解该地区生态环境持续恶化的状况。

3　稳流连接池设计

输水工程山区段为无压输水线路，平原区为压力输水线路，为了使无压水流向有压水流顺利过渡，保证山区段为无压重力流、平原区为有压重力流，需在无压和有压水流连接位置设置稳流连接池。稳流连接池位于 6 号隧洞之后与 PCCP 管的连接段上，水工结构由渐变段、沉沙池段、连接段、水闸段、集水池段和出水管段等部分组成，设两孔检修闸、一孔退水闸。正常运行时，检修闸常开，拦污清污设备工作，退水闸常关，主管线通水。事故检修闸门用于 PCCP 管、调流调压阀、旋转滤网检修及其他紧急状况时闭门挡水；拦污栅负责拦截上游来水中的污物，提栅清污；旋转滤网作为精细滤水设备，对通过拦污栅的原水进行第二次过滤，避免污物进入 PCCP 管道，保护下游调流调压阀，保证其正常工作。

4 总体技术路线

欧特克（Autodesk）系列 BIM 软件在软件产品的行业适应性、兼容性、开放性、知识重用性、协同设计性、可开发性、易用性等方面具有突出的优点；并且欧特克软件有广泛的群众基础和长期的应用历史，其设计界面、设计习惯已深入人心。在该平台的 BIM 解决方案中，每个专业都有一款主干软件可以很好地解决本专业的设计问题，例如用于金属结构和水工结构建模的 Inventor，用于建筑结构和机电设备建模的 Revit，用于土工、开挖、地形、道路建模的 Civil 3D，这些软件都功能强大、自成一体，在各专业可以进行充分的深度应用。近年来，欧特克又推出了用于碰撞检查和模型漫游的 Navisworks，用于方案布置和概念设计的 Infraworks，同时完善了项目协同平台 Vault，这三款软件解决了各软件的整合和协同问题。总体技术路线如图 1 所示。

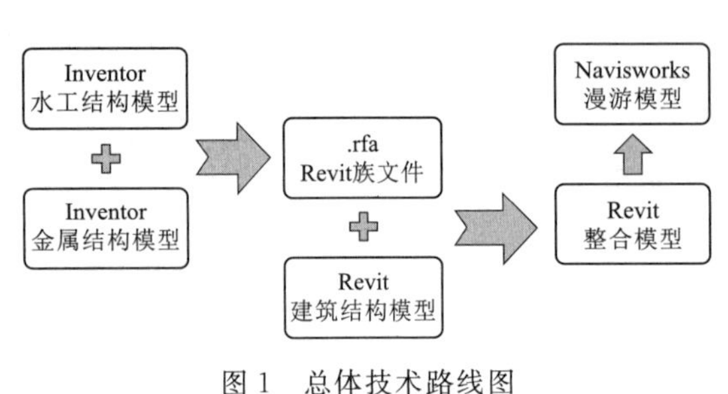

图 1 总体技术路线图

5 BIM 模型构建

5.1 水工结构模型

稳流连接池的水工结构大部分为规整的几何结构，通过拉伸、开孔、挖槽等操作便可完成建模，只有渐变段上游截面为城门洞形，下游截面为矩形，截面尺寸和形状不同，需通过放样命令实现平滑过渡。采用自顶向下的建模思想，分别完成各段水工结构的多实体建模，通过“生成零部件”命令将实体升级为零件，自动生成底板、闸墩、胸墙等零件，为后续三维配筋做准备。水工结构建模时最需要注意的问题是坐标系的布置，各段模型所采用的坐标体系应一致，如底槛均为 XY 面，顺水流方向中心面均为 XZ 面，垂直水流方向起始面均为 YZ 面。一致的坐标体系有利于模型整体组装和修改。水工结构模型如图 2 和图 3 所示。

图 2 闸室段水工结构模型

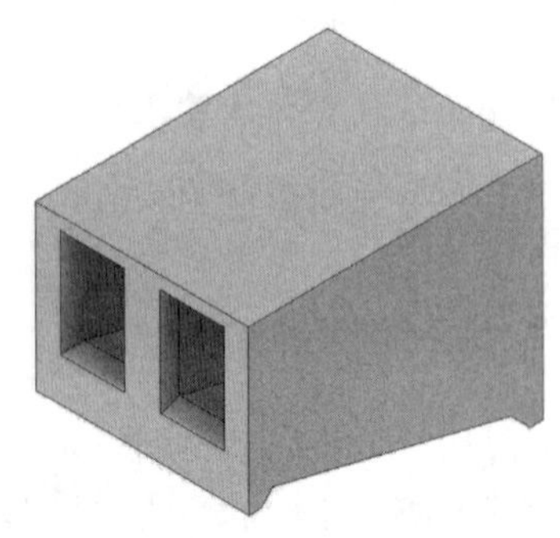

图 3 集水池段水工结构模型

5.2 金属结构模型

Inventor 软件在三维机械设计和二维工程图领域有着很强的优势和适用性，经过多年的应用和开发，制定了水工金属结构程序化计算、参数化建模和关联出图的整体解决方案，应用非常普遍和成熟。就水工钢闸门而言，应根据其不同零部件各自的特点，采用不同的处理方式：如全参数化门叶模型、调用资源中心库标准件、建立系列件模型库、直接开孔挖槽等。具体工程实践中，先根据原始设计参数进行闸门结构程序化计算，得到的设计结果参数写到 Excel 数据文件中，门叶三维参数化模型提取结果数据，改变模型，开孔、开槽；接着选用系列件模型库中的主轮、侧轮、吊耳等；然后根据闸门尺寸，设置止水零件参数，改变止水模型；最后将各零部件通过调用资源中心库中的标准件安装于门叶上，完成建模，进而出版二维工程图。金属结构模型如图 4 所示。

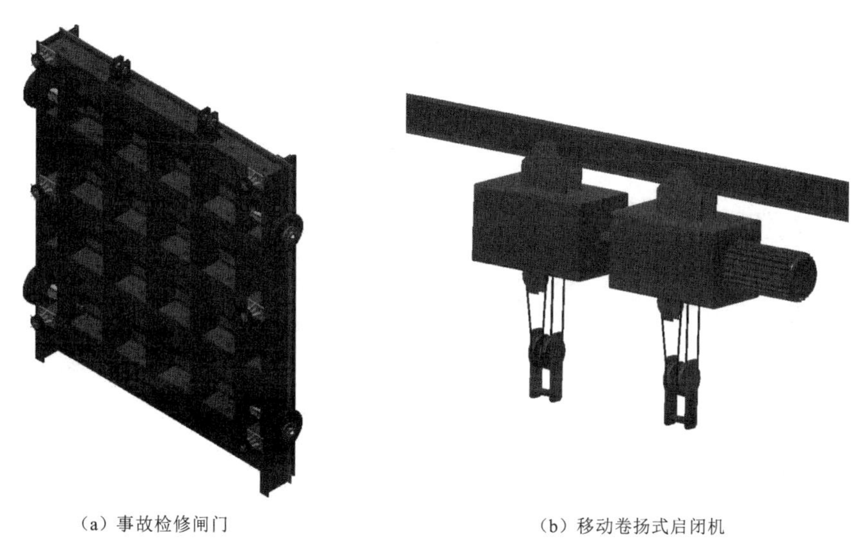

(a) 事故检修闸门　　(b) 移动卷扬式启闭机

图 4　事故检修闸门及移动卷扬式启闭机模型

5.3 建筑结构模型

Revit 系列软件是为建筑信息模型（BIM）构建的，可帮助建筑设计师设计、建造和维护质量更好、能效更高的建筑；能够帮助设计师在项目设计流程中探究最新颖的设计概念和外观，并能在整个施工文档中忠实传达设计理念。稳流连接池建筑结构的设计正是充分利用了 Revit 的特点和优势，将建筑造型与字母形状相结合，每个单体建筑的一个立面用字母 Logo 相搭配；用水文化与工程字母相结合，每一个建筑物代表着一种含义，在满足使用功能的前提下，从不同的角度出发，表述水资源的珍贵以及工程的意义，呼吁人们合理用水，杜绝浪费，珍爱水源。退水闸启闭机室模型如图 5 所示。

5.4 模型整合与漫游

Inventor 和 Revit 出自同一个软件厂商，两款软件之间有无缝的数据接口，各自的模

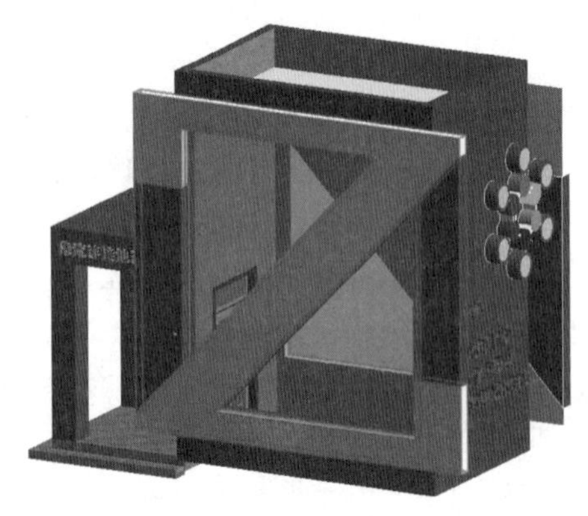
图 5　退水闸启闭机室模型

型可以相互导入。Revit 中创建的建筑模型附加有颜色、材质等特性，导入到 Inventor 中时，虽然模型结构完整，但材质信息丢失，不能很好地展示建筑设计风格。所以，模型整合总的思路是金属结构模型和水工结构模型在 Inventor 中整合，通过“BIM 内容”—“导出建筑零部件”命令生成 .rfa 族文件，然后在 Revit 中导入该族文件，放置建筑结构模型，最终通过“外部工具”命令无缝导入 Navisworks，完成整合漫游和碰撞检查。稳流连接池整合剖切模型如图 6 所示。

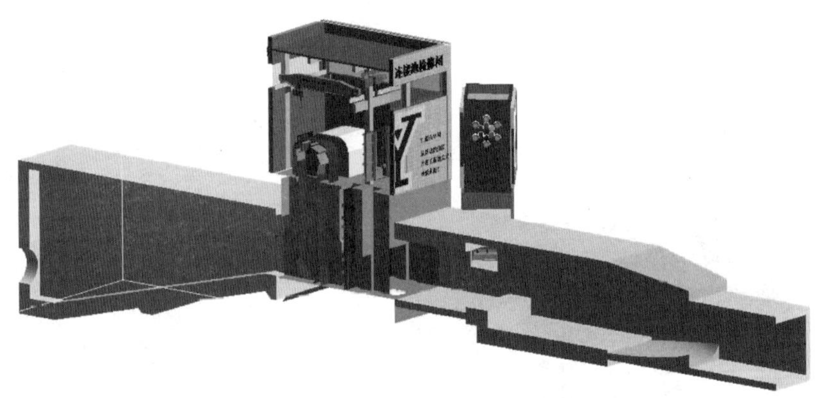
图 6　稳流连接池整合剖切模型

6　结论与展望

（1）水利水电工程设计涉及水工、金属结构、建筑、机电、施工等不同专业，开展 BIM 设计时，应根据专业各自的不同特点和需要解决的不同问题对症下药。各专业分开应用适合本专业软件的时候，可以根据该软件本身的特点和优势，独立自主地进行深入的研究，充分解决本专业的设计问题；需要项目协同和总体布置的时候，重点研究各专业模型的数据接口和相互的关联性，集中整合。

（2）稳流连接池的 BIM 设计只是初步尝试和技术验证，随着研究应用的深入，需要利用 Vault 软件搭建项目协同平台，建立资源中心库，定制协同数据库，实现数据无缝流通、模型广泛共享、项目高度协同。

（本文发表于 2020 年第 4 期《内蒙古水利》，此处有改动。）

三维配筋技术在水工结构中的应用

李利荣　张　波

1　概述

水工结构种类较多，形式多样，存在异形结构，混凝土结构配筋在整个工程中占据着重要地位。施工图阶段，钢筋图占据着设计者大部分的时间和精力。例如：电站流道、涵洞进出水口渐变段、大坝溢流堰等，这些异形结构在手工配筋计算过程中都会花费大量的时间和精力，而且容易出现钢筋错漏现象。

随着三维技术的日益成熟，三维配筋技术在水利行业也有了突破性进展，三维可视化配筋技术能直观展示结构和钢筋在三维空间的布置情况，可有效防止配筋中出现的错误，同时，可与AutoCAD软件结合，在三维配筋模型的基础上进行剖切、投影平、立、剖面的钢筋图，转换为二维图纸，满足设计、施工、管理等的需要。

2　软件介绍

“混凝土结构三维一体化系统”Visual FL是基于三维结构模型的自动配筋出图系统，可导入建模平台上创建的实体模型，在模型上布置钢筋，能修改其空间位置、长度、间距、直径等，也能从不同方位观看模型内部结构，检查钢筋空间布设。通过切取剖面后可在AutoCAD自动生成钢筋图和钢筋信息表。

3　实际应用

本文以引绰济辽工程稳流连接池集水池为例进行建模并配筋，稳流连接池集水池为渐变结构，特点为所配钢筋均没有常规尺寸，多为渐变结构，采用常规配筋软件，统计钢筋较为困难，并且钢筋的计算长度容易产生误差，三维配筋技术可解决这些复杂问题，并且会使钢筋图更加直观。集水池段三维模型如图1所示。

图1　集水池段三维模型

3.1　主要步骤

采用Inventor软件对结构按照比例进行三维建模后，导出扩展名为.sat或.stp等格式的三维模型文件，利用Visual FL打开此文件进行结构配筋。主要步骤如下：

第一，确定钢筋所在结构面，并拾取这些面，选择面配筋命令。

第二，选择结构面配筋的引导线，并确定配筋方向，同时约束钢筋起始点布置范围。

第三，设置钢筋的参数，主要包括钢筋直径、间距、保护层厚度、级别、内外层关系，端头形式等参数。

第四，修改个别钢筋长度、端头形式、折弯方向，检查并删除多余钢筋或补充缺少的钢筋。

第五，选择并定义剖切面、投影面，生成二维配筋图。

第六，在 AutoCAD 中读取二维配筋图，进一步调整钢筋标注位置，并添加配筋图尺寸标注、图名、高程、说明等信息。

第七，添加图框，整理并生成最终配筋图和钢筋信息表。

3.2 图形生成及运用

配筋模型可直观显示钢筋布置的合理性，通过空间旋转可判断结构各个部位有无错漏钢筋。其切图功能也可根据需要，剖切任何部位的二维图纸，快速生成的钢筋表解决了对渐变钢筋处理困难的问题，节省了大量时间，也避免了人为疏忽造成的错误，极大提高了配筋设计效率。三维配筋模型、二维配筋图及钢筋材料表如图 2～图 4 所示。

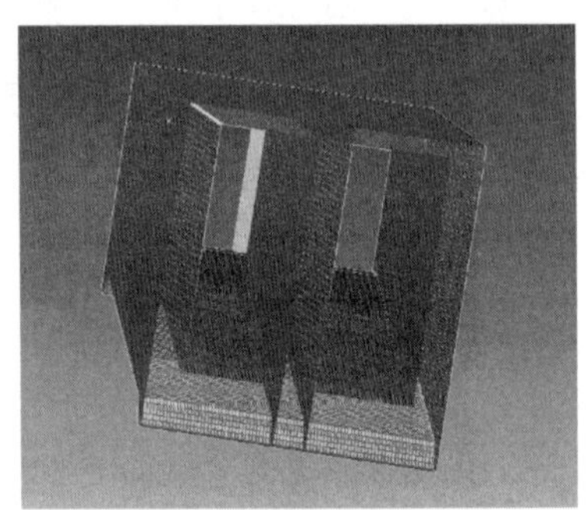

图 2　三维配筋模型

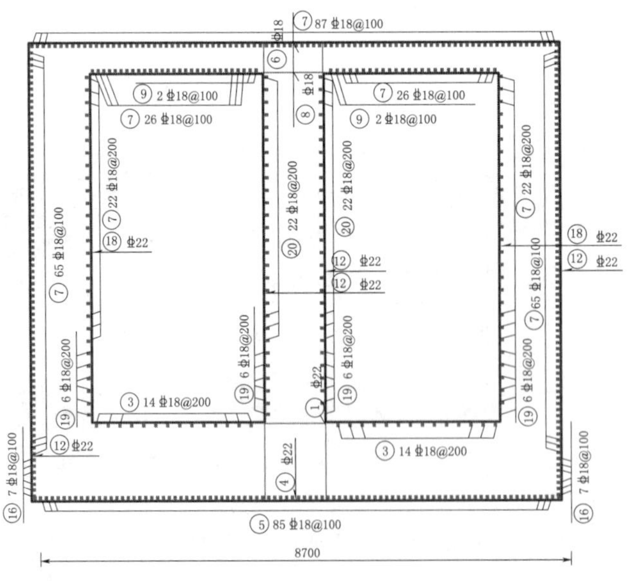

图 3　二维配筋图

材料表

编号	直径(mm)	形 状(mm)	单根长(mm)	根数	总长(m)	备注
①	Φ22	7600	7600	51	387.60	
②	Φ22	6600	6600	3	19.80	
③	Φ18	166° 940 11290	12230	28	342.44	
④	Φ22	8600	8600	67	576.20	
⑤	Φ18	10050	14080	85	1196.80	
⑥	Φ18	8600	8600	120	1032.00	
⑦	Φ18	11900	11900	313	3724.70	
⑧	Φ18	6600	6600	120	792.00	
⑨	Φ18	11950~11550	11950-11550	2X2	47.00	Δ=400
⑩	Φ22	6440	6440	3X2	38.64	
⑪	Φ22	6280~6080	6280-6080	2X2	24.72	Δ=200
⑫	Φ22	5940~8330	5940-8330	49X4	1398.46	Δ=50
⑬	Φ22	8400~8990	8400-8990	4X4	139.12	Δ=197
⑭	Φ22	9150	9150	3X4	109.80	
⑮	Φ18	440~1130	440-1130	8X2	12.56	Δ=99
⑯	Φ18	1300~8450	1300-8450	19X2	185.25	Δ=397
⑰	Φ22	4200	4200	5X2	42.00	
⑱	Φ22	4310~7040	4310-7040	56X2	635.60	Δ=50
⑲	Φ18	10690~440	10690-440	14X4	311.64	Δ=788
⑳	Φ18	10980	10980	22X2	483.12	

材料表

直径(mm)	总长(m)	单重(kg/m)	总重(kg)	钢筋合计(t)	混凝土(m3)
Φ18	8127.51	2.000	16255.02	26.303	390.14
Φ22	3371.94	2.980	10048.38		

图 4　钢筋材料表

4　结语

三维配筋技术以独特的三维视角，直观展示了结构体配筋的整体布局、钢筋分布、搭接方式及内外层关系，丰富了图纸表达深度，为设计图纸的质量提供了有力保障。同时，三维配筋技术有效解决了当前二维、三维图纸的空间转化问题，提高了水利工程复杂结构的直观性、出图效率，实现了水工结构从三维建模到三维配筋，再到二维出图的整体过程，对水利工程设计的统一协调管理具有重要的意义。

使用 Dynamo 创建参数化蜗壳模型

贾瑞红　张　波　黄树栋

1　项目概述

1.1　需求

根据蜗壳截面半径、中心点、旋转角度等创建蜗壳三维模型，可进行参数化定制，即蜗壳参数发生变化后，三维模型随之发生变化。

1.2　软件

使用 Dynamo 软件。

1.3　思路

蜗壳三维模型的创建是通过连续两个截面之间放样形成的，参数化设计是通过读取 Excel 参数表实现的。

1.4　难点

确定各截面位置。

2　实施步骤

2.1　绘制截面

蜗壳是由半径不同、中心点给定角度偏移的多个截面形成的，因而绘制每个截面就是核心任务。此处采用的方案如下：

（1）以 *YZ* 平面为起始截面位置，将 *YZ* 平面沿 *X* 轴旋转截面偏移角度，得到截面所在坐标系位置（图 1）。

（2）以原点（0，0，0）为圆心，以截面半径为半径绘制一个圆形截面（图 2）。

（3）将该截面沿本截面所在坐标系方向从（0，0，0）点进行偏移，偏移量为参数偏移距离，从而得到该截面的正确空间位置（图 3）。

（4）将以上过程定义为“坐标系偏移”的自定义节点，便于后面使用（图 4）。

2.2　读取参数

（1）将蜗壳截面的半径、圆心、偏移角度等参数放置到 Excel 参数表中（图 5），第一列到第四列的参数分别为序号、偏移角度、半径、坐标系偏移距离（注：最后一行参数用于让蜗壳形成闭环，其中半径应略大于管壁厚，偏移量略小于机组中心线半径）。

（2）将参数表读取到 list 中，以备使用（图 6）。

（3）将 list 参数表进行一下向量转置，以便每一列刚好对应一个截面的所有参数（图 7）。

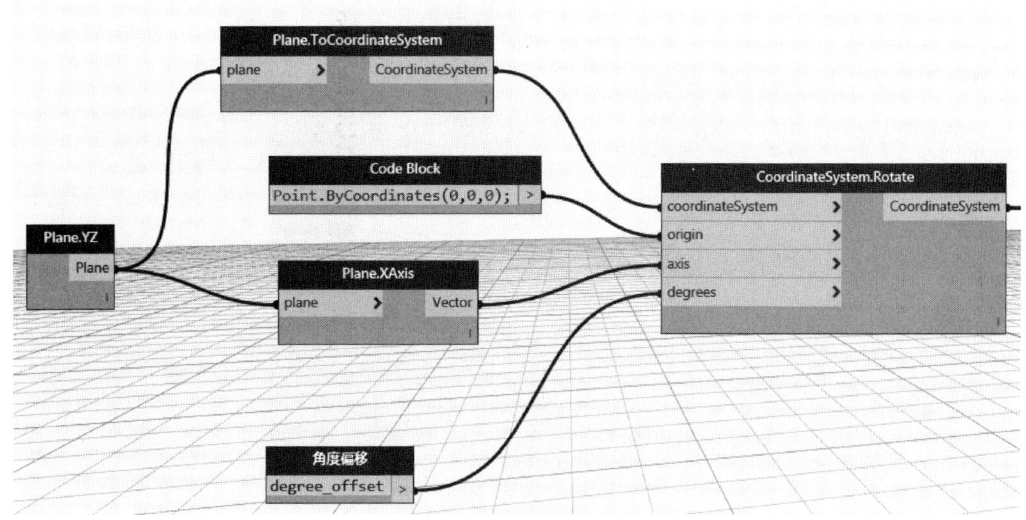

图 1　截面坐标系绘制

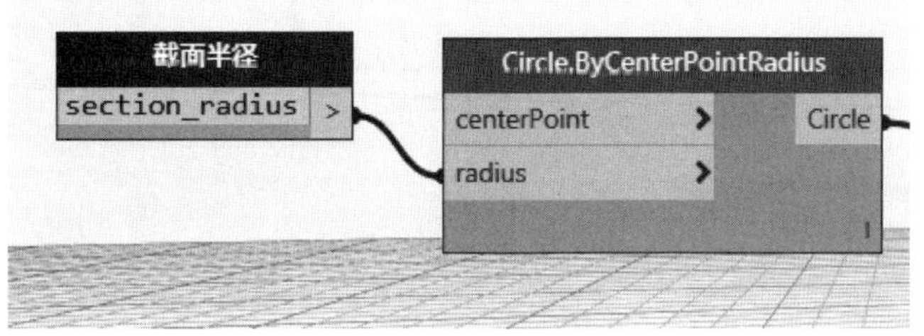

图 2　圆形截面绘制

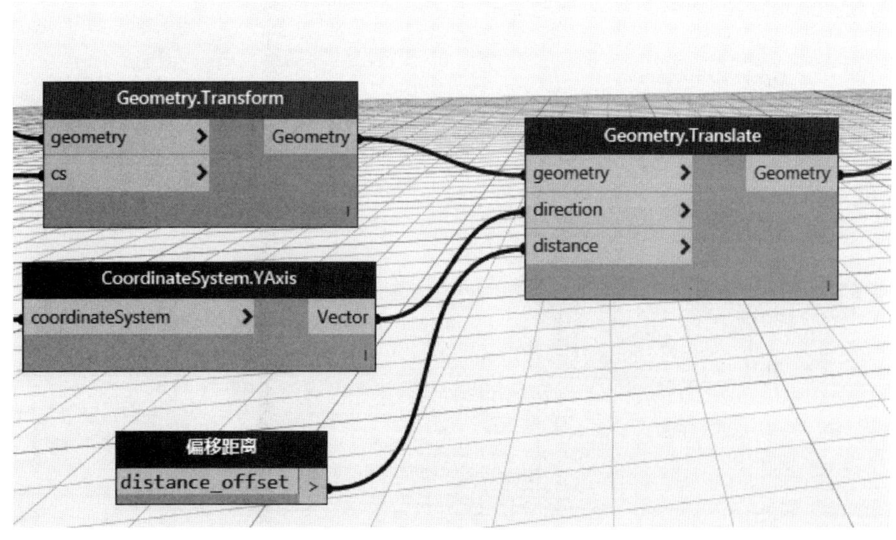

图 3　截面空间位置调整

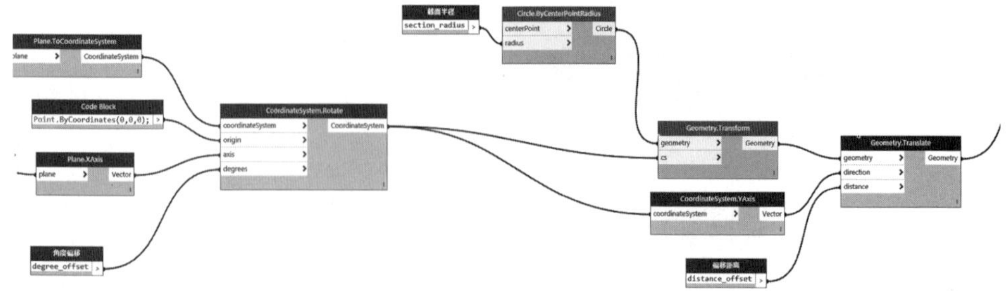

图 4　“坐标系偏移”节点

序号	偏移角度	半径	坐标系偏移距离	序号	偏移角度	半径	坐标系偏移距离
1	0	1.96	4.297	12	165	1.299	3.541
2	15	1.905	4.238	13	180	1.232	3.456
3	30	1.85	4.177	14	195	1.164	3.367
4	45	1.794	4.114	15	210	1.095	3.274
5	60	1.736	4.051	16	225	1.027	3.175
6	75	1.677	3.985	17	240	0.96	3.068
7	90	1.618	3.918	18	255	0.894	2.951
8	105	1.557	3.848	19	270	0.835	2.817
9	120	1.495	3.776	20	285	0.787	2.658
10	135	1.431	3.702	21	300	0.772	2.446
11	150	1.366	3.623	22	360	0.04	2.29

图 5　蜗壳截面参数表

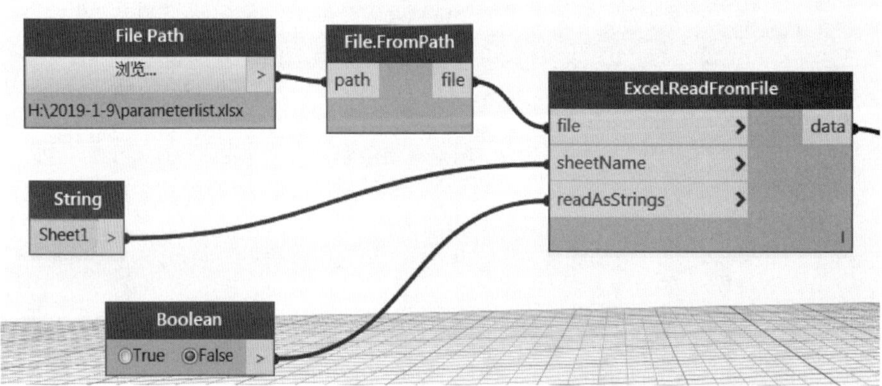

图 6　读取蜗壳截面参数

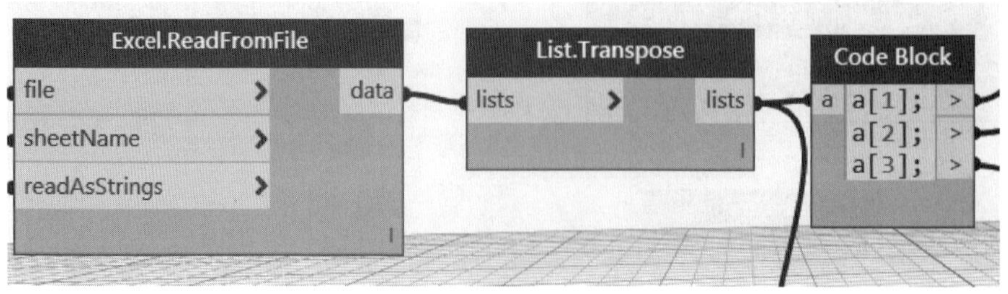

图 7　参数表向量转置

2.3 绘制蜗壳

（1）将参数表的每一行赋予“坐标系偏移”自定义节点，即可绘制出全部的截面，采用 Solid. ByLoft 操作将所有截面放样，形成蜗壳实体模型（图 8）。

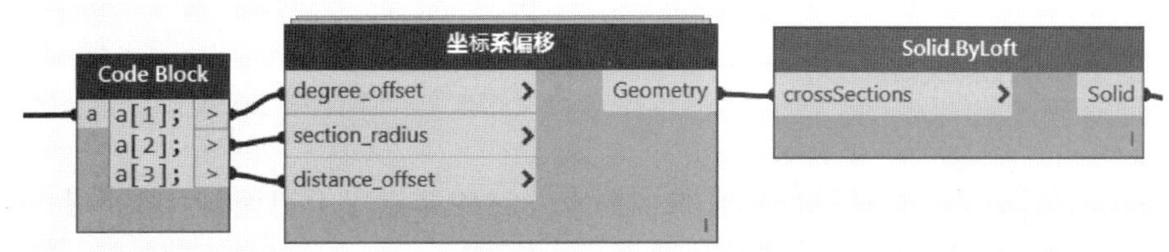

图 8　绘制蜗壳实体模型 1

（2）根据蜗壳壁厚，利用同样的参数绘制一个较小的实体蜗壳（图 9）。

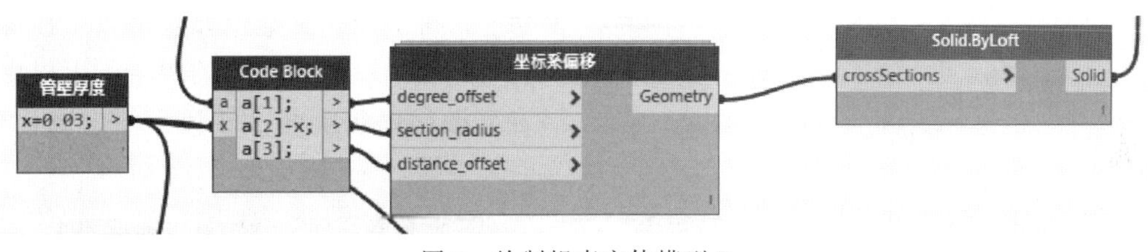

图 9　绘制蜗壳实体模型 2

（3）使用 Solid. Difference 将两个蜗壳取差，就得到空心蜗壳，蜗壳主体绘制完毕。

2.4 绘制蜗壳进口直管

（1）确定进口直管起始截面参数，包括截面半径、距蜗壳偏移量等，绘制直管起始截面。

（2）通过放样将直管起始截面与蜗壳截面相连，形成整体模型，绘制完毕（注：进口直管截面所采用的坐标系偏移规则与蜗壳截面坐标系偏移规则不同，不能直接放到参数中一次性生成，因而需增加这一步）。

3 蜗壳模型

使用 Dynamo 创建的蜗壳模型见图 10。

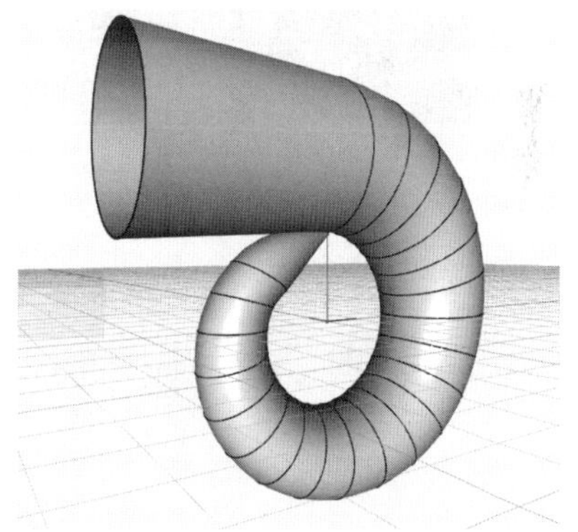

图 10　使用 Dynamo 创建的蜗壳模型

使用路易 2018——道路 BIM 设计软件的初步认识

伊拉古玛　陈文斌

路易作为道路 BIM 设计软件拥有很多亮点，这些亮点对于道路设计工作提供了很多便捷之处，致使让平时设计工作提高了效率。

路易软件没有改变传统道路设计的习惯，即包括以下内容：地形识别、平面线性设、线转道路、纵断拉破、道路平面设计、横断土方计算、出图、出表。

图 1　菜单栏

路易跟传统道路设计软件比增强了互联网功能，可上网下载地图并且可以生成等高线，对于暂时没有地形图的项目，可以做道路方案设计，甚至可以做初步的方案比较，见图 1～图 3。

图 2　三维渲染

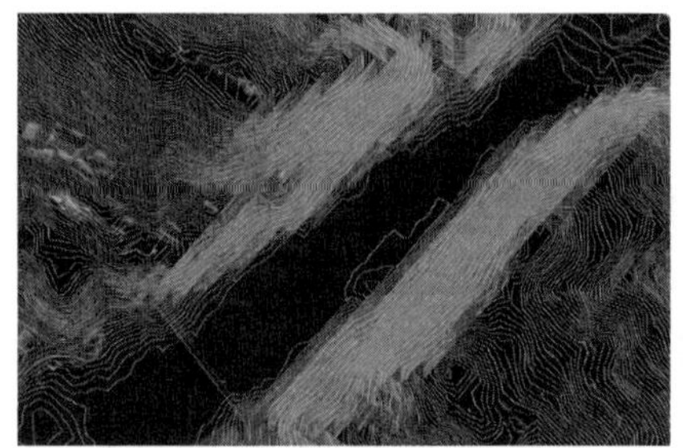

图 3　生成地形图

路易最大特点是 BIM 数据库管理各种设计成果，见图 4。

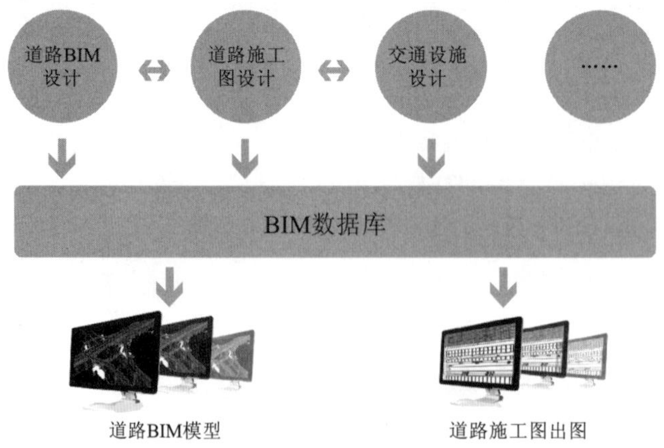

图 4　BIM 数据库管理

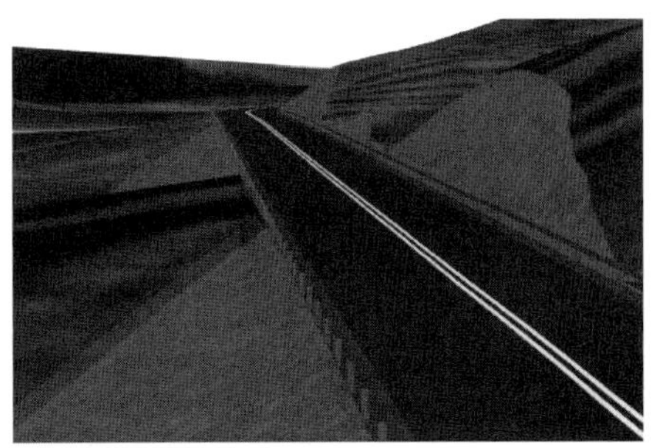

图 5　三维成果

由于 BIM 数据库管理各种设计成果，在实际道路设计过程中可以实现实际模型与施工图互通，可以随时切换到三维设计环境，检验道路三维成果，使设计工作更直观，更贴切实际，见图 5～图 7。

在进行纵断拉坡时，可采用平面、纵断面、横断面多维度视口，在设计过程中可以提供更多的参考信息，并且可以实时查询规范，见图 8。

路易将平面、纵断面、横断面、成果表三维模型设置为联动修改，只要以上一个因素有变化，其他的也会跟着自动计算，让道路设计工作更简单更便捷，见图 9～图 18。

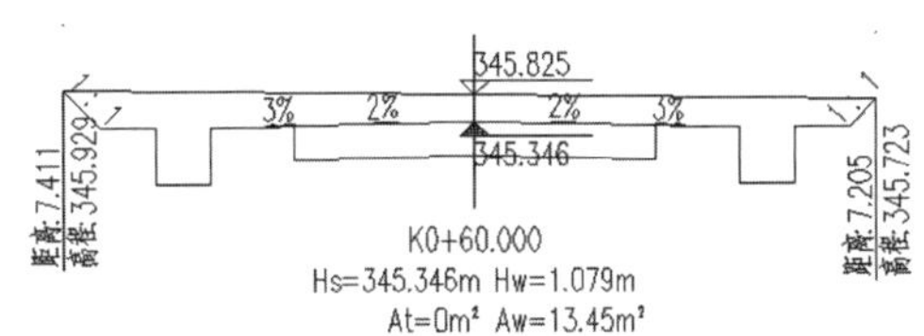

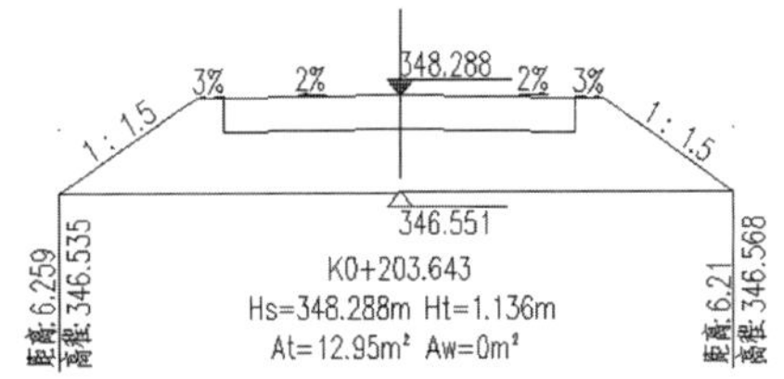

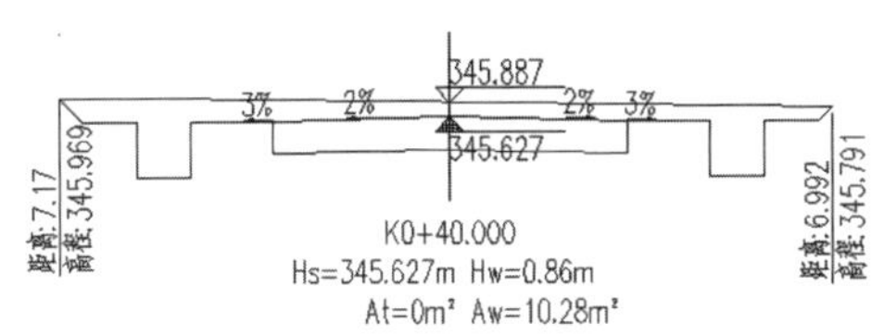

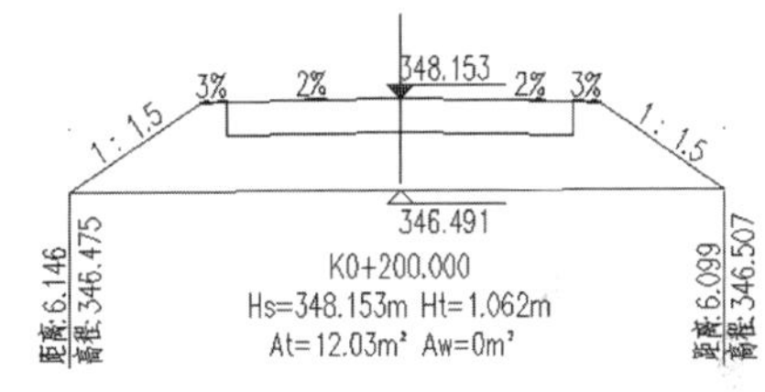

图 6　横断面设计成果

土方总量计算表

桩号	填方面积/m²	挖方面积/m²	填方量/m³	挖方量/m³
K0+960.000	24.79	3.248		
			247.9	269.81
K0+980.000	0	23.733		
			0	691.94
K1+0.000	0	45.461		
			0.8	815.85
K1+20.000	0.08	36.124		
			395.27	400.13
K1+40.000	39.447	3.889		
			1277.5	68.13
K1+60.000	88.303	2.924		
			1929.2	49.17
K1+80.000	104.617	1.993		
			2082.1	39.94
K1+100.000	103.593	2.001		
			1689.14	52.555

桩号	填方面积/m²	挖方面积/m²	填方量/m³	挖方量/m³
K1+202.370	1.652	15.569		
			25.343	107.865
K1+210.000	4.991	12.705		
			7.305	21.419
K1+211.646	3.885	13.321		
			14.1	41.72
K1+214.870	4.862	12.56		
			27.166	63.679
K1+220.000	5.729	12.266		
			81.181	69.385
K1+227.370	16.301	6.563		
			406.534	47.855
K1+240.000	48.075	1.015		
			904.76	33.67
K1+260.000	42.401	2.352		
			184.424	10.77

图 7　工程量统计成果

路易引进了装配式道路设计理念，将组建方案进行模板化，可将道路设计成果经验进行保存、分享，便于设计成果的重复利用，大大提高了道路设计工作效率。

如今，建筑设计行业发展迅速，其中建筑信息模型（BIM）作为新兴工具拥有众多的优越性，有着可视化、协调性、模拟性、优化性、可出图性等特点。今后需要进一步学习与探索。

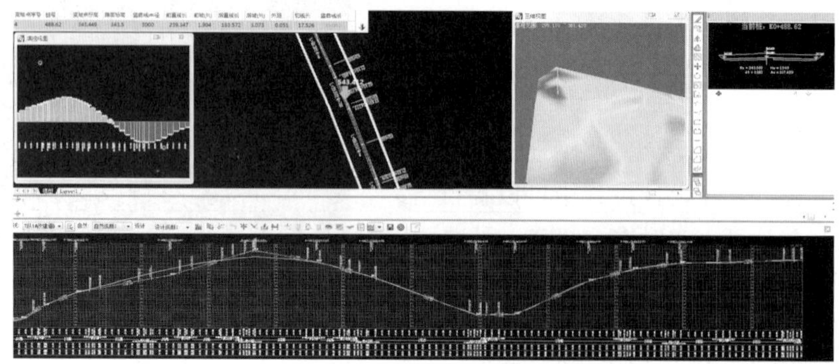

图 8　平面、纵断面、横断面多维度视口

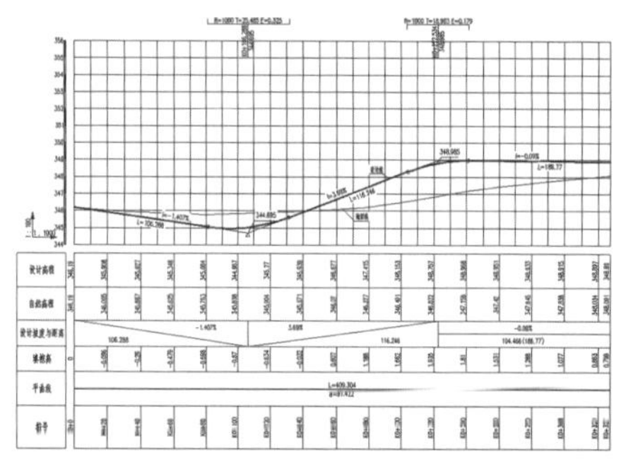

图 9　纵断面图（1）

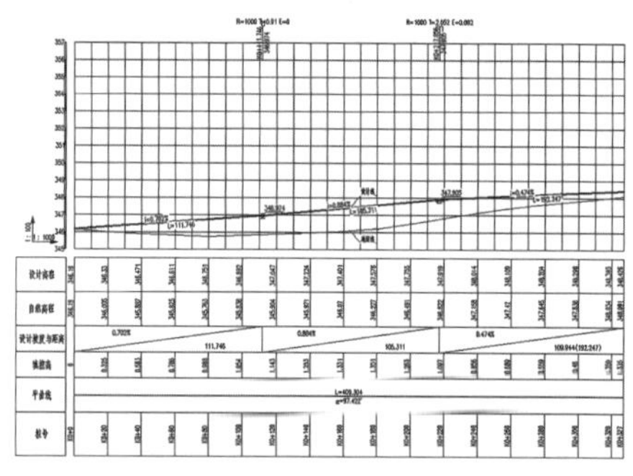

图 10　纵断面图（2）

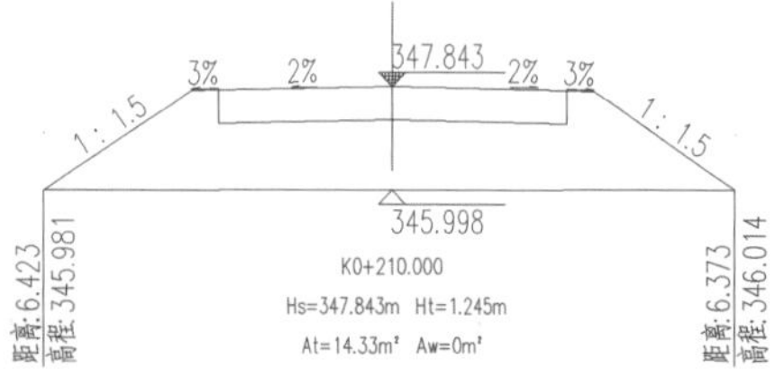

图 11　横断面图（1）

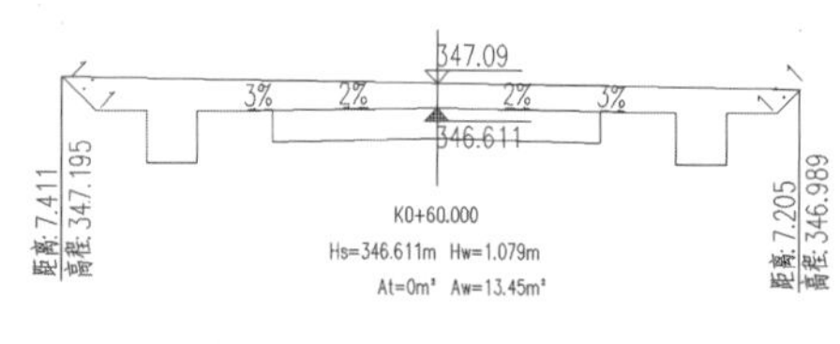

图 12　横断面图（2）

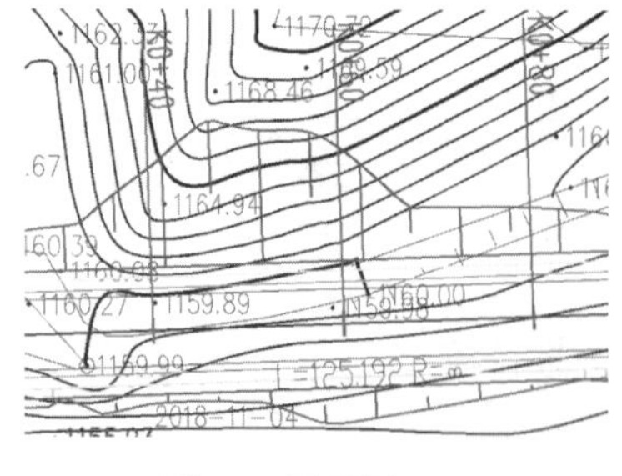

图 13　平面图（1）

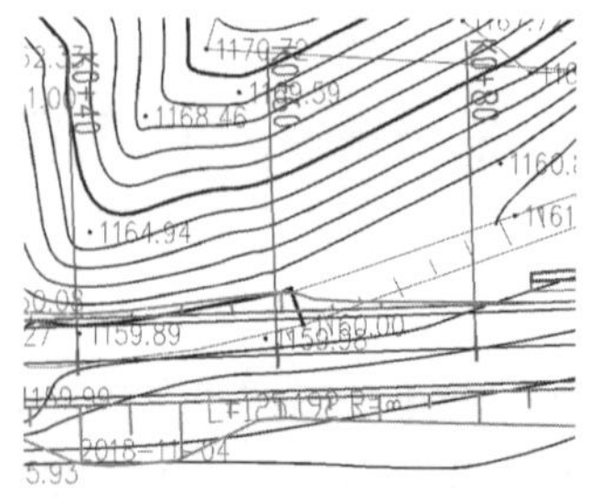

图 14　平面图（2）

土方总量计算表

桩号	填方面积（平方米）	挖方面积（平方米）	填方量（立方米）	挖方量（立方米）
K0+0		2.599		
				252.8
K0+100		2.457		
				253.25
K0+200		2.608		
			0.05	239.4
K0+300		2.18		
			0.05	266.25
K0+400		3.145		
				317.25
K0+500		3.2		
				381.55
K0+600		4.431		
				351.75
K0+700		2.604		
				286
K0+800		3.116		
				330.85
K0+900		3.501		
				313.25
K1+0		2.764		
			0.25	259.3
K1+100	0.005	2.422		
			0.25	235.1

图 15　土石方表（1）

土方总量计算表

桩号	填方面积（平方米）	挖方面积（平方米）	填方量（立方米）	挖方量（立方米）
K0+0	0.006	2.356		
			0.36	234.35
K0+100		2.332		
			0.06	290.25
K0+200		3.473		
			0.06	305
K0+300		2.627		
			0.2	256.65
K0+400	0.003	2.506		
			0.15	290.5
K0+500		3.304		
				312.85
K0+600		2.953		
				275.2
K0+700		2.551		
				291.75
K0+800		3.284		
				323.75
K0+900		3.191		
			1.6	244.65
K1+0	0.032	1.702		
			1.6	221

图 16　土石方表（2）

图 17　平面图（1）

图 18　平面图（2）

三维地质建模流程

李丽娜　单　威

1　目的

为了更好展示地质体的空间形态，展示工程地质实际，表达工程地质条件，解决工程地质问题，三维模型可以多角度、多尺度、直观展示客观实际。让“地下的”钻孔资料以更直观的方式，展现出来，从而为后续三维设计提供基础资料。

2　建模流程

三维地质建模的流程（图 1）如下：

（1）收集二维资料，包括但不限于平面图、剖面图、柱状图、原始地形图等。

（2）将上述资料录入到三维建模平台的数据库中。

（3）通过基于 Civil 3D 的三维建模平台，将原始二维地形图转成三维建模所需要的地形曲面。

（4）将基础地质资料导入三维建模平台，通过系统提供的各种功能将基础地质资料转换为空间点、线数据；通过点模型、线模型，建立各地质曲面，包括地层岩性、覆盖层、基岩等。

（5）通过提取各地质曲面间的实体，并通过并集、差集、交集等实体运算，建立各地质体的实体模型。

（6）输出模型，为后续设计专业应用提供实体模型或各类曲面，可以将模型直接导出为 nwc 格式，利用 Navisworks 平台，将设计模型与地质模型合并。

三维地质建模平台是建立在 Civil 3D 基础之上的，生成的各类地质曲面可以直接供设计使用，为后期做开挖分析、工程量计算等工作提供基础地质资料。

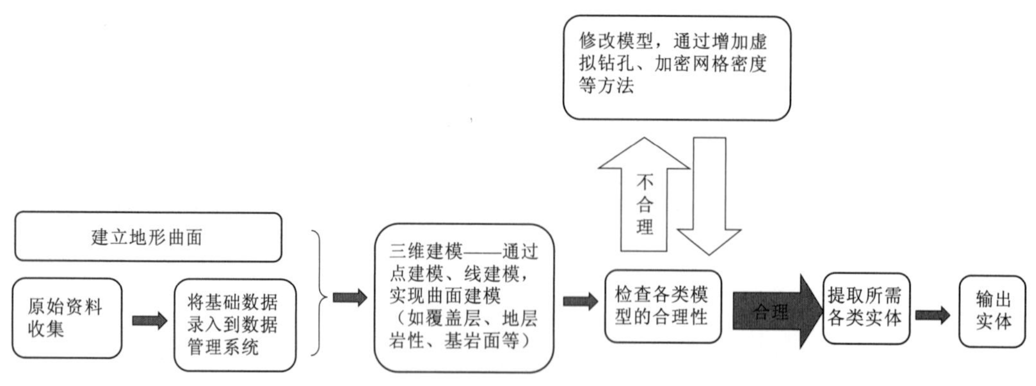

图 1　三维地质建模流程图

3 应用案例

以某项目调压塔为例，工程区地层岩性上部为含细粒土砂，下部为花岗岩。

（1）将收集到的关于钻孔的资料录入到数据库。工程区涉及的钻孔为 6 个，将钻孔坐标、高程、钻孔深度、各土层信息等成果直接录入到数据库中。图 2～图 4 分别为工程数据库管理系统中钻孔总览界面、地层岩性输入界面以及风化程度输入界面。

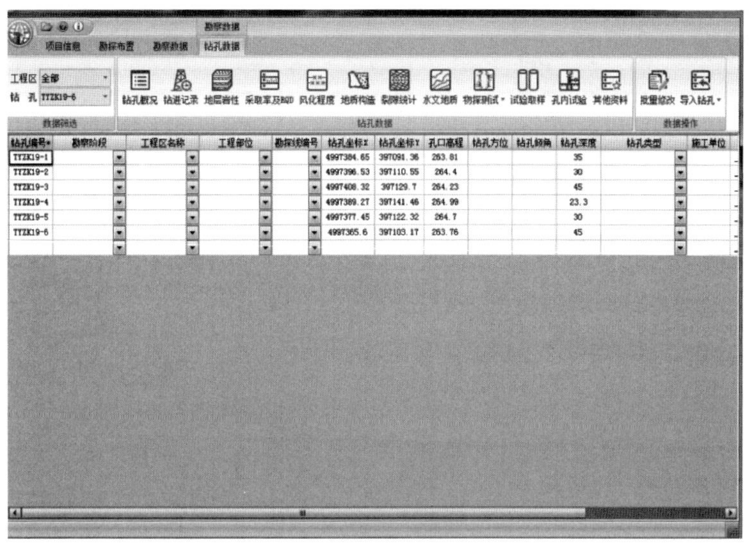

图 2　钻孔总览界面

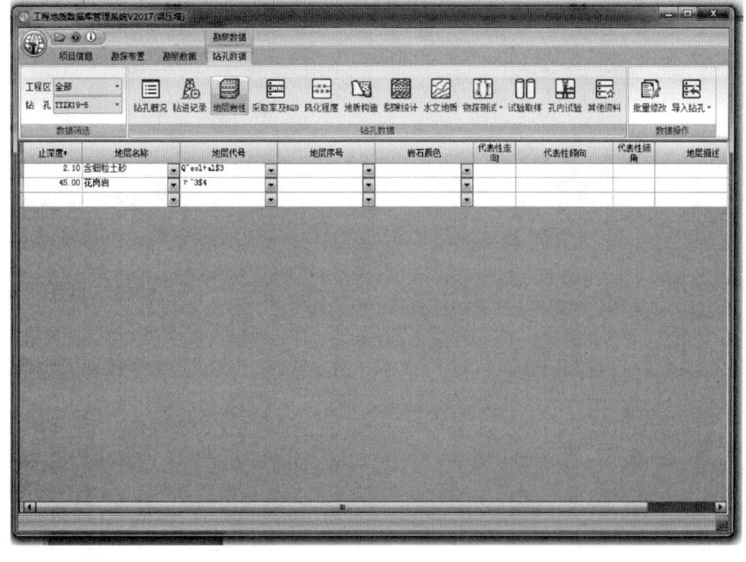

图 3　地层岩性输入界面

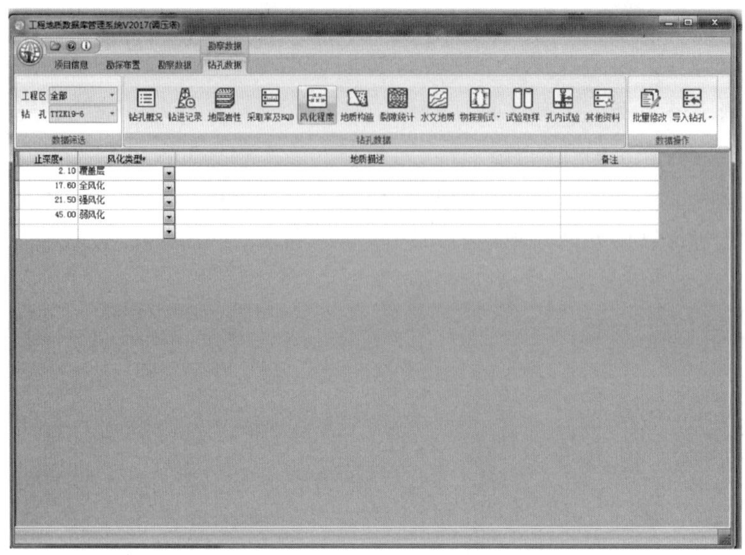

图 4　风化程度输入界面

（2）利用三维地质建模模块，将测绘成果，包括地形点和等高线，导入进 Civil 3D 中，生成建模所需的原始地形曲面（如果有测绘提供的地形曲面数据，该步骤可省略，直接利用地形曲面即可）。图 5 即为本实例的地形曲面。

图 5　由测绘数据生成的原始地形曲面

（3）地质对象建模。分析地质资料及设计方需求，建立所需的各类地质对象模型。

该项目地层分布较为简单，地层划分为 2 个岩性层，上部为含细粒土砂层，下部为花岗岩层。下部花岗岩层根据风化程度的不同，分为全风化、强风化和弱风化层。

在三维地质建模模块中，链接数据库，将各类钻孔数据通过系统功能转换为空间点数据，对同一属性的空间点按照系统的算法拟合成需要的各个地质层面模型。

图 6 为地形曲面与钻孔点；图 7 为地形曲面、覆盖层曲面、全风化曲面和强风化曲面及钻孔点。

图 6　地形曲面与钻孔点

图 7　地形曲面、覆盖层曲面、全风化曲面和强风化曲面及钻孔点

需要说明的是，各类地质曲面模型的数据来自勘探点，因此勘探点的精度直接影响到模型的精度。有些时候，直接由钻孔数据得到的地质曲面与实际出入较大，此时就需要通过建模人员的经验，利用建模软件提供的各项功能，来检查模型、修改模型。具体可以通过建立剖面线、建立虚拟钻孔等方式，完善模型。需要通过三维建模平台的相关功能，不断地加以调整，以建立最终较为合理的三维地质模型。

(4) 提取实体。各地质曲面完成之后，利用 Civil 3D 的提取实体功能，将各个地质实体提取出来，并赋予其地质属性，这样后续各设计专业可以直接在 Navisworks 应用模型，而不需要加载专门的地质建模软件。图 8 为本例提取的各类地质实体，不同的颜色代表不同的地质体。

需要说明的是，三维地质模型中各地质对象都不是孤立无联系的，比如说地质曲面就受到点模型和线模型的制约，地质实体就受到地质曲面的制约。要想建立较为符合实际的模型，需要从源头控制，采集足够的勘探点数据，满足相应的精度要求。

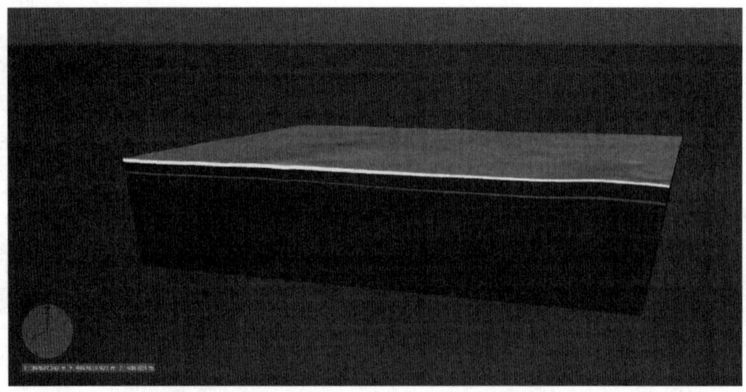

图 8　提取的地质实体，从上到下依次为覆盖层、全风化层、强风化层以及弱风化层

Civil 3D 在道路中的应用

潘宏岳　亢文婷

Civil 3D 是 Autodesk 公司的一款面向基础设施行业的 BIM 解决方案的软件，广泛适用于勘察测绘、岩土工程、交通运输、水利水电、市政给排水、城市规划和总图设计等众多领域。Civil 3D 架构在 AutoCAD 之上，包含 AutoCAD 的所有功能，与 AutoCAD 有着高度一致的工作环境，通过工作空间的切换，可以变成熟悉的 CAD 操作界面，便于日常工作。

Civil 3D 提供了强大的道路建模功能，可以使用这些功能创建灵活且可配置的三维道路模型，例如公路、铁路。基于水利工程，既可以做渠道、管线，也可以做永久、临时道路。下面结合日常工程实例来分享 Civil 3D 软件的使用心得。

1　建立曲面

Civil 3D 在曲面创建上可使用的方法非常多，可以通过边界、特征线、DEM 文件、图形对象、编辑、点文件、点编组等来创建曲面，下面介绍两种常用的方法，一种是通过添加等高线创建曲面，另一种是通过图形对象（点）创建曲面。

1.1　添加等高线建立曲面

打开 Civil 3D 的“工具空间”，在“浏览”页面的“曲面”节点下，点击右键，创建一个新的曲面，命名为“地形曲面”。逐一点开“曲面”“地形曲面”“定义”前“+”，找到“等高线”。这时候注意，在图形中任意选中一根等高线，单击鼠标右键，“选择类似对象”命令，然后左键单击菜单栏中的“等高线”，点击右键选择“添加”命令，曲面就生成了，见图 1。

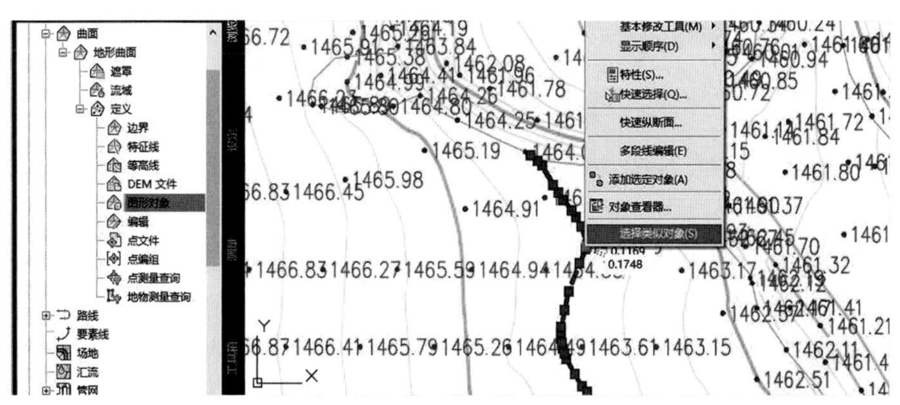

图 1　添加等高线建立曲面

1.2 图形对象建立曲面

在地形图中，每一个高程点都是以单独的“块”存在的，利用高程点建立曲面就需要使用“图形对象”命令。在“定义”菜单栏，找到“图形对象”，鼠标左键单击“图形对象”，点击右键在下拉菜单中选择“块”，确定后在绘图区框选所有高程点，按回车键，曲面就生成了，见图 2。

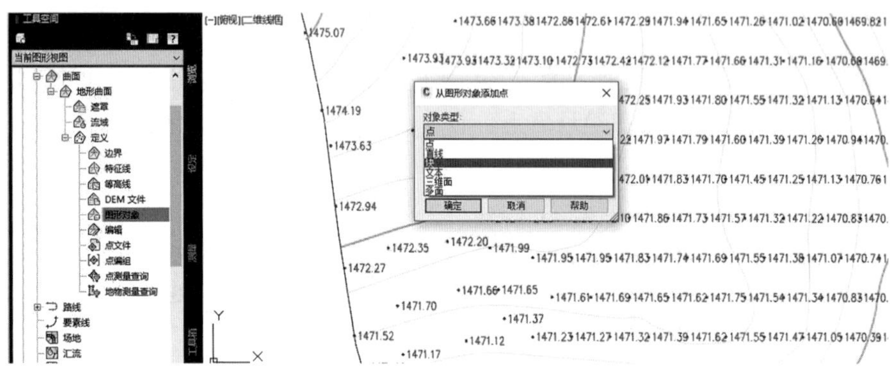

图 2 图形对象建立曲面

1.3 对象查看器

曲面创建完成后点击定义曲面的边界，点击鼠标右键选择“对象查看器”命令，可以看到根据定义等高线所生成曲面的三维空间形状，见图 3。

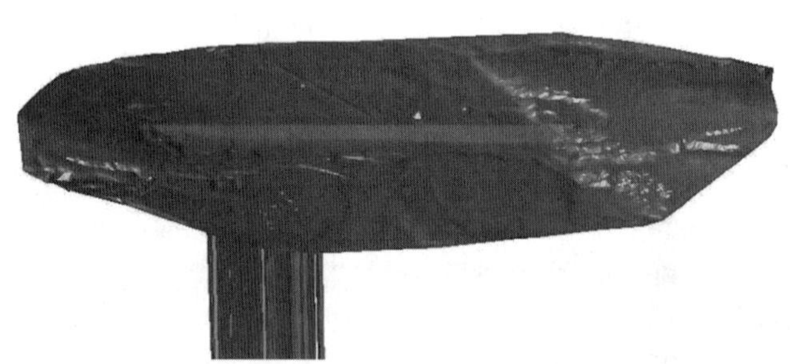

图 3 原始地形曲面未处理

1.4 图形处理

这时候会发现有一些明显错误的点，这可能是前期测量成图时数据输入而导致的错误，这时候使用曲面特性命令，对生成曲面做精细处理。点击曲面，右键选择“曲面特性”，定义、生成、排除小于此值的高程（选择是），输入 1，所有负值点全部排除。见图 4 和图 5。

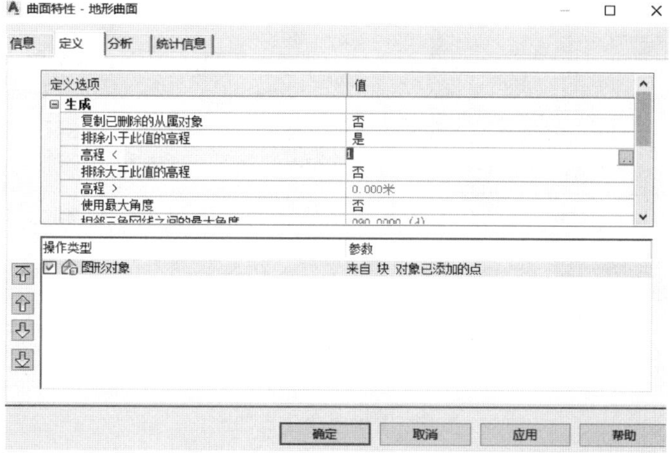

图 4　曲面特性-地形曲面编辑

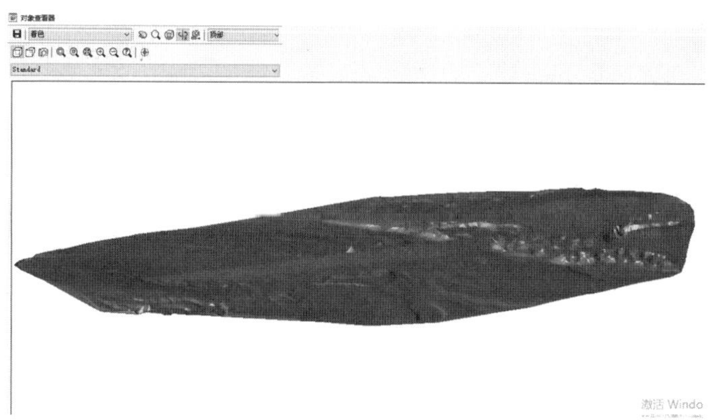

图 5　原始地形曲面处理后

这里需特别说明，上面两种方式创建曲面的区别："添加等高线建立曲面"适用于新建工程，已建建筑物无等高线，不能真实反映现状地形地貌；而"图形对象建立曲面"没有限制，只要有高程点，高程点精度够高，就能如实反映现状地形地貌。以耳字沟项目为例，两种方式创建的地形曲面效果见图 6 和图 7。

图 6　添加等高线生成曲面

图 7　图形对象生成曲面

2　道路设计

2.1　道路中心线设计

曲面处理完成后，进行道路中心线设计。选择常用工具栏下“路线”选项，下拉后选择“路线创建工具命令”。弹出下面对话框，可以自定义道路名称“1 号施工道路”，添加描述，然后对场地、路线、路线标签集进行确定，如没有特别的要求，一般使用默认样式标签集，在设计规范选项，可以选择设计该道路的时速，然后点选使用规范文件，这时系统会默认把设计过程中不满足规范的数据提示出来，见图 8 和图 9。

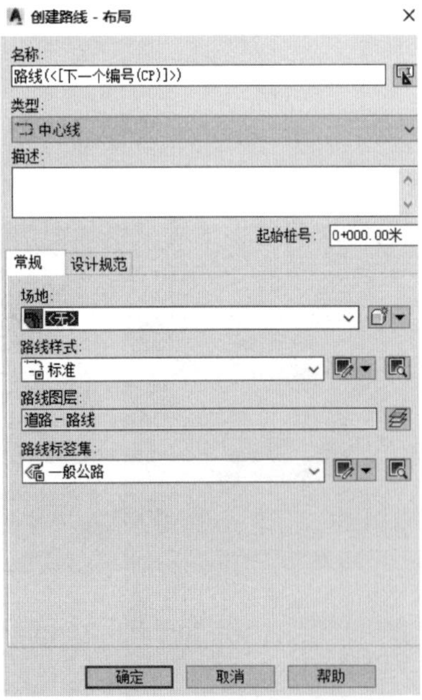

创建路线 - 布局
名称:
路线(<[下一个编号(CP)]>)
类型:
中心线
描述:
起始桩号: 0+000.00米
常规
设计规范
场地:
<无>
路线样式:
标准
路线图层:
道路 - 路线
路线标签集:
一般公路
确定
取消
帮助

图 8　路线创建工具（常规）

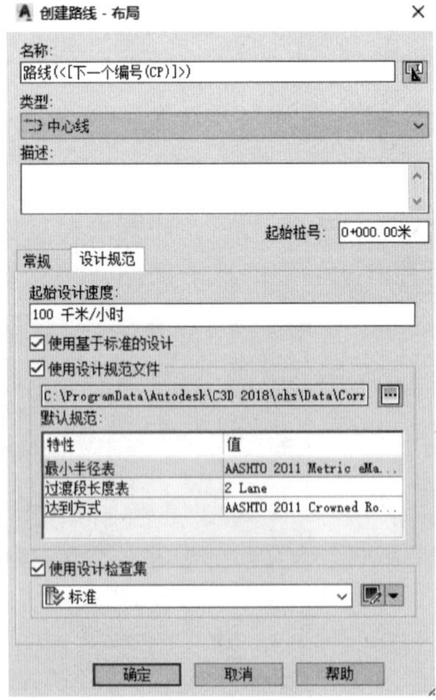

图 9　路线创建工具（设计规范）

这里需要说明的是 Civil 3D 默认的规范是满足美国标准的规范，对中国的标准有一些并不适用，但是其规范编辑器是完全开放的，可以自行修改，满足中国标准就可以，如果用得少，也可以不勾选“使用设计规范文件”，自行翻阅国内规范并约束就可以。

Civil 3D 提供了两种创建道路中心线的方法，分别是“按布局创建路线”和“从对象创建路线”。从功能上来说，“按布局创建路线”提供了极其丰富的路线创建和编辑命令，可以根据不同道路等级、不同参数而设定不同的曲线方式，多种多样的设置方式要先理解各自的适用情况，很多曲线的设置方式用不同途径的设置都可以实现，开始创建路线时，首先要标记道路路线中心线的切线和交点的位置。然后根据设计要求设置不同曲线，见图10。下面以琥珀沟水库为例，进行 1 号施工道路的设计。

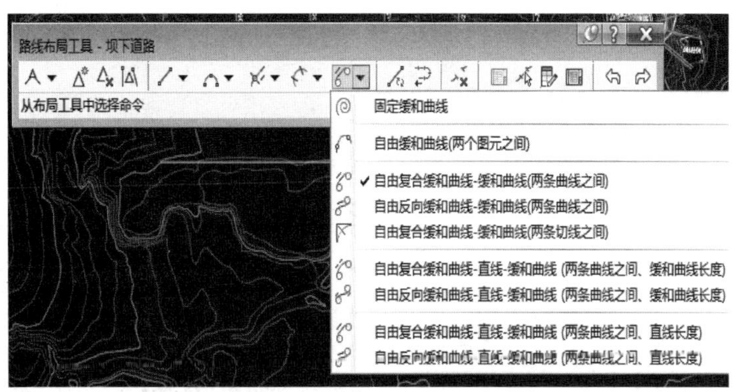

图 10　路线布局工具

在创建过程中，切线之间的曲线可以自动创建，也可以在以后添加。为了适应高速通行，可以向曲线添加缓和曲线和超高。可以在“路线图元”表中为直线、曲线和缓和曲线输入数字参数值。这种多方面输入不同参数的设计方法，对于复杂的道路平面线型，仍然可以轻松搞定，且十分灵活，比较适用于新建道路。而“从对象创建路线”则更加简单易用，比较适用于改扩建道路，如果改扩建道路不满足设计规范，也可以很快把线形生成，然后再运用“按布局创建路线”的方法进一步完善设计。可以根据实际情况，选择创建方法。琥珀沟 1 号施工道路中心线见图 11。

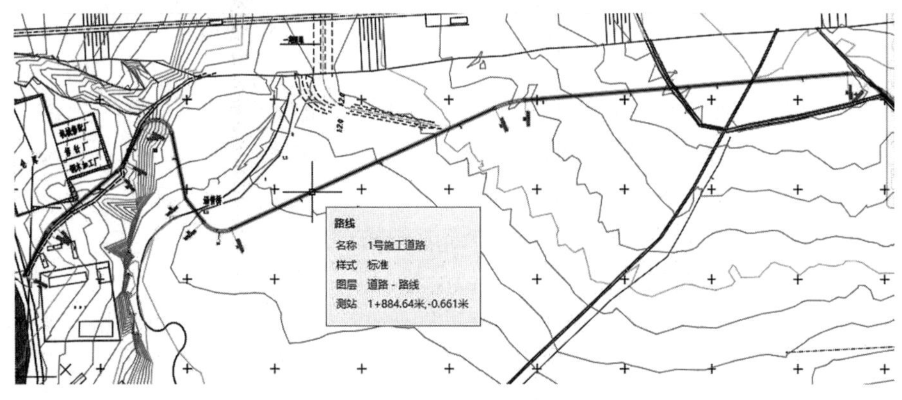

图 11　琥珀沟 1 号施工道路中心线

2.2 道路纵断面设计

选择常用工具栏断面选项下拉，并选择“从曲面创建纵断面”，生成纵断面图“1 号道路设计纵坡”，再选择“纵断面创建工具”绘制道路竖曲线（设计路面高程线）。可用来绘制布局纵断面的方法有三种：①使用“绘制切线”命令指定一系列直线切线的变坡点，然后使用特定参数在切线之间添加自由曲线；②使用“绘制曲线切线”命令指定切线的变坡点，进而自动使用在“竖曲线设定”对话框中指定的参数在切线之间创建曲线；③使用基于约束的纵断面设计命令来创建一个纵断面子图元。

对已创建好的纵断面，通过“纵断面创建工具”对竖曲线进行修改。可以添加、删除、移动变坡点，通过“纵断面栅格视图”调整变坡点的高程；通过点击纵断面右键，选择“纵断面样式”“编辑纵断面特性”对纵断面表格及纵横比进行编辑。道路纵断面见图 12。

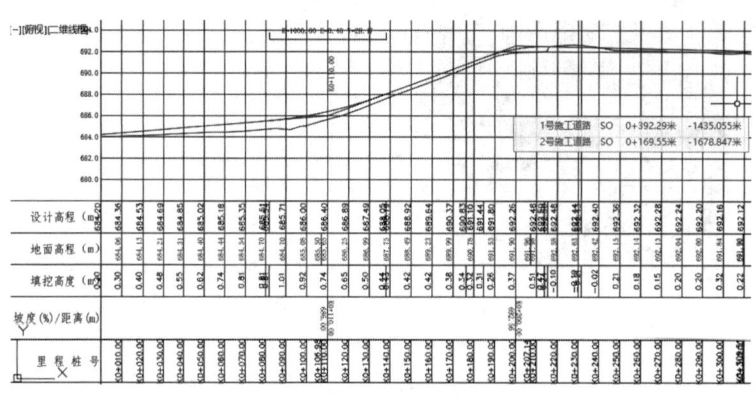

图 12 道路纵断面图

2.3 道路装配设计

在 Civil 3D 中，创建道路装配即为道路横断面设计的过程。道路装配是由一组部件按照顺序组合后的部件集合，用于反映道路横断面各个位置的关系。装配就是被铺设到路线上指定的里程范围。使用附加的路线定义，也可以设计水平过渡段或者道路上的附属的东西，例如中间带。部件是组成装配的基本元素，包括点、连接和造型代码，它们定义了道路模型中的抽象数据：点代码可以输出点，连接定义了造型之间的平面，而造型表示封闭的轮廓，并且可以单独计算各自的体积（例如：路面、路缘石等）。从技术上讲，它们是通过 VBA 代码而创建的，但是 Autodesk 提供了大量的缺省代码来涵盖多个领域，并在这些种类繁多的部件中可以设定宽度、高度、坡度等参数。特别强调的是，部件为构成道路装配的基本单元，必须保留图文件中的装配，删除了装配道路就不完整了。

具体操作为选择菜单“装配”，点击“创建装配”，然后输入名称为“施工道路”，点击“确定”按钮，在图形点击空白处。然后添加部件，在工具选项板上根据需要选择。在琥珀沟工程施工道路中，选择了“基本车道”＋“基本边坡挖方沟渠”的组合，在“特性”选项板里对部件参数进行设置。将道路单侧宽度参数设置为“3.75 米”，挖方坡度设

置为“1∶1”，填方坡度设置为“1∶2”。道路横断面装配设计见图 13。

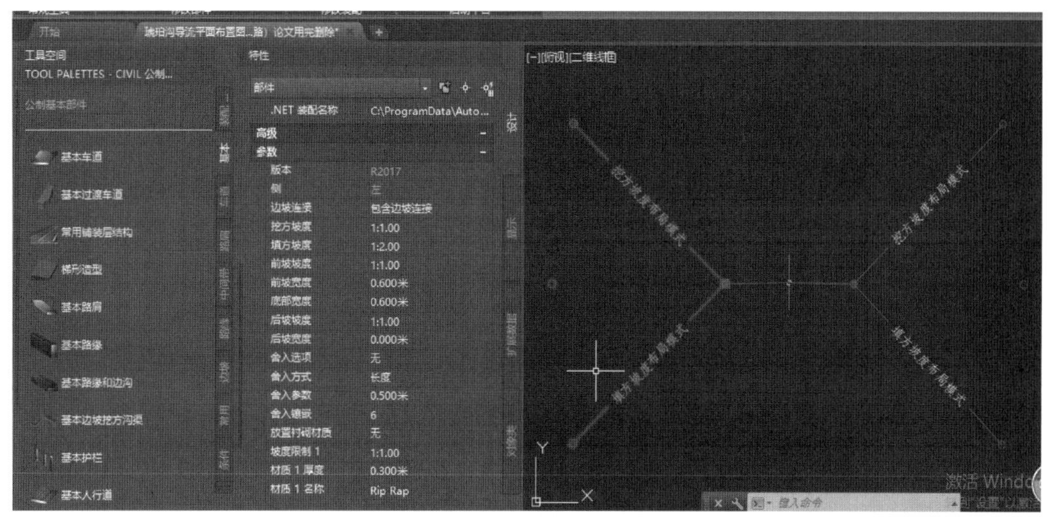

图 13　道路横断面装配设计

2.4　道路建模

在常用工具栏下选择创建简单道路，按界面下方提示分别输入名称“1 号施工道路”，选择道路平面线“1 号施工道路”、纵断面“1 号道路设计纵坡”以及之前设置好的装配“施工道路”，然后进入目标映射界面，进行设计装配映射曲面选择（选择地形曲面）。

这里要特别注意目标映射曲面的选择，目标曲面一定要选择地形曲面，因为随着道路、场地越做越多，可选择的曲面会很多，容易弄混乱。如果选择的不是地形曲面，装配将无法映射，也就无法生成道路曲面。道路目标曲面的选择见图 14。

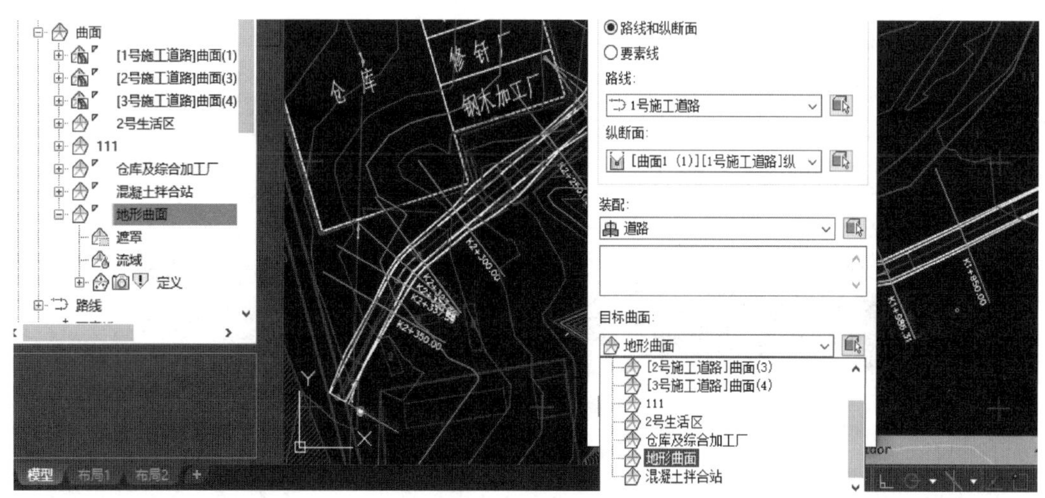

图 14　道路目标曲面的选择

现在生成的只是一个形状，还不是一个道路曲面，选择工具空间里面的道路特性选项，创建道路曲面并添加“指定代码”，数据类型选择“连接”，点击“添加按钮”，指定代码为顶部，再点击“添加按钮”，指定代码为边坡就可以了，点击“确定”。道路特性选项板见图 15。

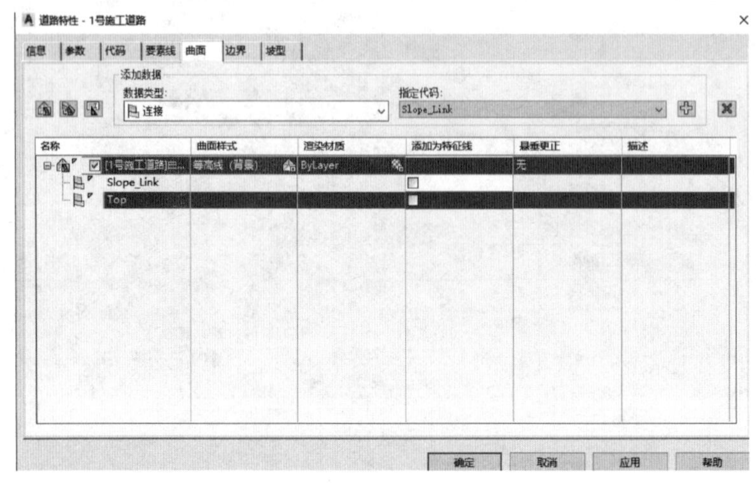

图 15　道路特性选项板

这时图上会出现一个比道路形状范围要大的黄线，这就是通过道路放坡后用三角网生成的一个范围曲面，选择常用工具栏下从道路创建边界命令，选择完成后会自动根据道路边坡点的集合生成一条道路范围线，选择添加边界，拾取这根线，这样一条道路的曲面就生成了。道路三维模型见图 16。

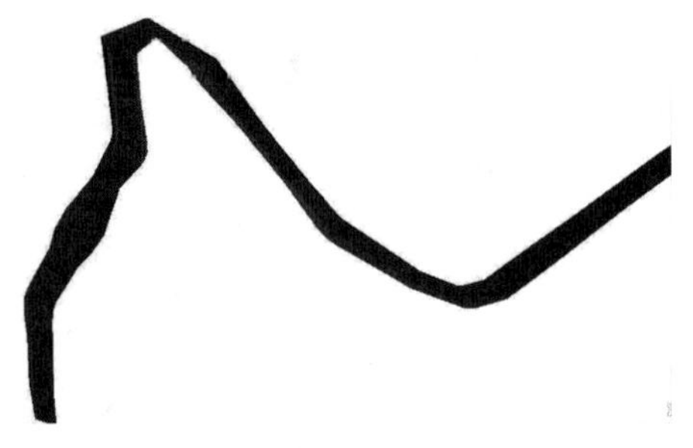

图 16　琥珀沟 1 号施工道路三维模型

2.5　道路横断面

在菜单栏创建“采样线”，右键选择路线“1 号施工道路”，通过采样线工具下拉菜单，选择“按桩号范围…”，进行样本宽度，采样增量等设置。道路创建采样线见图 17 和图 18。

图 17　道路采样线工具

确定后，在菜单栏点“横断面图”，选择“多个横断面”，选择线路“1 号施工道路”、横断面图名称“1 号施工道路横断面图”，点击“创建横断面图”，在图形点击空白处，生成横断面图，见图 19。

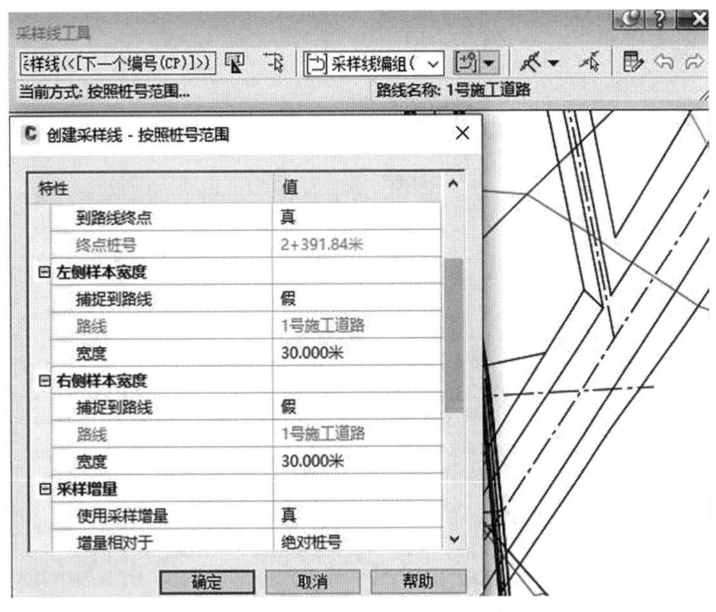

图 18　道路采样线编辑

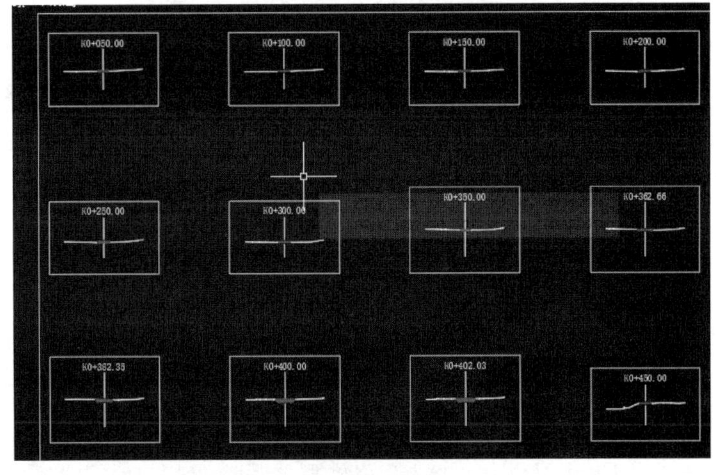

图 19　琥珀沟 1 号施工道路多个横断面图

2.6　施工图相关图表生成

点击菜单栏“分析”，选择“计算材质”，选择“1 号施工道路”“采样编组（1）”，确定后，填筑材质完成。添加材质见图 20。

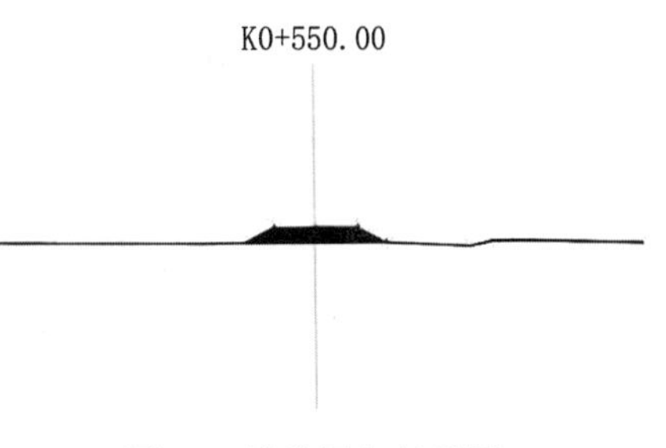

图 20　道路添加材质图

点击菜单栏“分析”，选择“总体积表”，选择“1 号施工道路”“采样编组（1）”，确定后，在图形点击空白处，生成总体积表，见图 21。

总体积表							
里程	挖方面积	填方面积	挖方体积	填方体积	累计挖方体积	累计填方体积	净体积
20+20.85	0.00	8.61	0.00	136.75	1790.59	7713.78	-5923.19
20+50.00	0.00	17.84	0.00	385.50	1790.59	8099.28	-6308.69
20+54.56	0.00	16.26	0.00	77.68	1790.59	8176.96	-6386.37
21+00.00	0.00	8.41	0.00	560.69	1790.59	8737.65	-6947.06
21+28.87	0.00	27.54	0.00	518.96	1790.59	9256.61	-7466.02
21+50.00	0.00	3.53	0.00	342.31	1790.59	9598.92	-7808.33
21+52.06	0.79	0.40	0.61	4.19	1791.21	9603.12	-7811.91
21+75.25	30.94	0.00	396.81	4.87	2188.01	9607.99	-7419.98
22+00.00	16.42	0.00	586.10	0.00	2774.12	9607.99	-6833.87
22+19.85	16.16	0.00	323.34	0.00	3097.46	9607.99	-6510.53
22+25.23	17.59	0.00	87.57	0.00	3185.03	9607.99	-6422.96
22+30.62	15.97	0.00	88.51	0.00	3273.54	9607.99	-6334.45
22+50.00	1.86	0.51	172.83	4.96	3446.37	9612.96	-6166.59
23+00.00	0.00	11.12	46.60	290.88	3492.97	9903.84	-6410.87
23+23.80	0.00	9.09	0.00	240.49	3492.97	10144.33	-6651.36
23+30.69	0.00	9.89	0.00	64.83	3492.97	10209.16	-6716.19
23+37.59	0.00	9.46	0.00	65.99	3492.97	10275.15	-6782.18
23+50.00	0.00	6.49	0.00	98.96	3492.97	10374.12	-6881.15

图 21　总体积表

3　总结

Civil 3D 有许多功能，目前还处于学习探索阶段，只学习到该软件的一点儿皮毛，但就是这点皮毛，也给设计工作带来了极大的帮助，提高了工作效率。下面将 Civil 3D 的优点介绍如下：

（1）动态关联。在 Civil 3D 中，创建道路模型之后，可以从中提取数据，包括曲面、要素线（如多段线、路线、纵断面和放坡要素线）和体积（土方计算）数据。同时，平、纵、横的施工图纸也可以在 Civil 3D 中完成，并保持和道路模型的动态关联。

（2）土方量计算。Civil 3D 支持利用复合体积算法或平均断面算法，更快速地计算现有曲面和设计曲面之间的土方量。使用 Civil 3D 生成土方调配图表，用以分析适合的挖填距离，要移动的土方数量及移动方向，确定取土坑和弃土堆的可能位置。

（3）提交高质量、协调一致的施工图纸。提交协调一致，即使发生设计变更仍与模型保持同步的施工图纸。通过模型与文档之间的智能关联，AutoCAD Civil 3D 可以帮助提高工作效率，交付高质量的设计和施工图纸。Civil 3D 中基于样式的绘图功能有助于减少错误，提高图纸的一致性。

（4）多领域协作。可以将 Revit 软件中的建筑外壳导入 Civil 3D，以便直接利用公用设施连接点、房顶区域、建筑物入口等设计信息。同样，也可以将纵断面、路线和曲面等信息直接导入 Revit 软件中设计桥梁、箱形涵洞和其他交通结构物。

（5）可视化。创建出色的可视化效果，让相关人员能够超前体验项目。直接从模型创建可视化效果，获得多种设计方案，以便更好地了解设计对于周围环境的影响。将模型发布到 Google Earth 地图服务网站，以便在真实的环境中更好地了解项目。使用 Autodesk 3DS Max 软件为模型生成照片级的渲染效果图。在 Autodesk Navisworks 软件中对 Civil 3D 模型进行仿真，让项目相关人员更全面地了解项目在竣工后的外观和性能。

（6）基于标准的几何设计。按照政府标准或客户需求制定的设计规范，快速布置道路平面和纵断面。当不满足指定设计规范时，设计约束会自动向用户发出警告并提供即时反馈，以便进行必要的修改。

基于无人机倾斜摄影测量的实景三维模型构建方法

赵文良

无人机倾斜摄影测量是目前测绘领域发展的热点之一，正广泛应用于水利、交通、城市建设等BIM工程项目中，同时也应用于常规地形图及定线测绘，利用实景三维模型，可以将外业工作搬到室内在模型上完成，三维模型上绘制地形图，减轻了外业工作强度，提高了工作效率，节约外业生产成本，并且缩短了生产周期。倾斜摄影三维建模流程见图1。

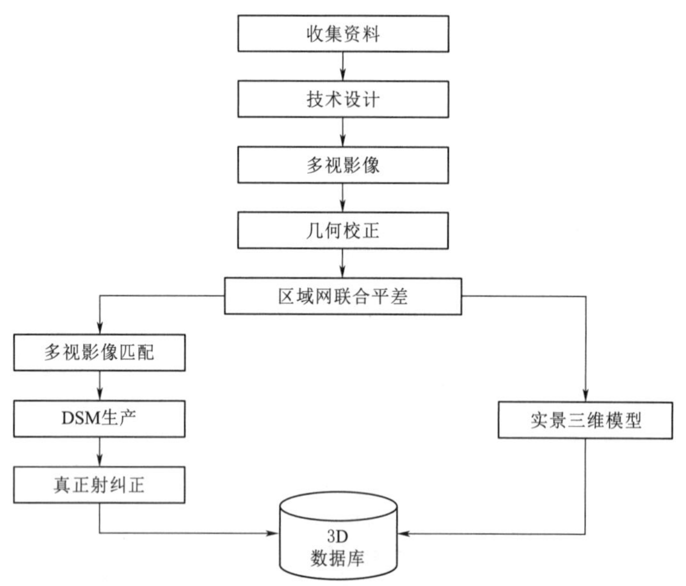

图1　倾斜摄影三维建模流程图

1　倾斜摄影测量简介

倾斜摄影技术是在无人机飞行平台上搭载多台传感器，它比传统的摄影测量多了四个倾斜拍摄角度，同时从一个垂直、四个侧视等不同角度采集影像，从而能够获取到更加丰富的侧面纹理等信息。倾斜摄影是获取实景三维影像的主要方法，主要用于航拍建筑物或地物的侧面影像信息，与垂直镜头保持同步工作。可以将它理解为进化了的摄影测量技术，五镜头倾斜相机见图2。

图2　五镜头倾斜相机

无人机配备定位定姿系统（POS），POS 系统是 IMU（惯性测量装置）/DGPS（差分 GNSS）组合的高精度位置与姿态测量系统，POS 系统可以为每一张相片提供拍摄时的外方位元素，通过后差分算出高精度的 POS 信息，将 POS 信息应用到影像处理系统，使得航测的成图精度达厘米精度，这样可以节省大量的外业相片控制测量。航拍时地面需要架设一台基准站，为无人机上的 POS 系统提供不间断的 GNSS RTK 差分信息，为后期空中三角测量提供控制信息。

无人机倾斜测量是三维测量效率较高的一种方法，同时还可获取数字地形模型（DTM）、数字高程模型（DEM）、数字表面模型（DSM）、数字正射影像图（DOM）、真正射影像图（TDOM）等成果。

2 外业航飞

2.1 基础控制测量

平面控制测量主要采用 GNSS 测量，常用的坐标系统有西安 80 坐标系和国家 2000 坐标系；高程控制测量利用电子水准仪、三角高程及 GNSS 拟合高程等，一般高程系统采用 1985 国家高程基准。

2.2 像控制点布设

航拍前需先布设像控点，点位选在易保存的地方，像控点测量采用 GNSS RTK 法作业模式联测，通过 WGS84 坐标和地方坐标求得转换参数，可实时获取测区内的三维坐标，图 3 为路边布设的像控点 P1。

2.3 设计航线

图 4 是在谷歌地图上布设的飞行航线，根据地形最高处的相对高程设计航高、航向重叠及旁向重叠度，图中的数字 1～13 为像控点的编号。

图 3 布设像控点

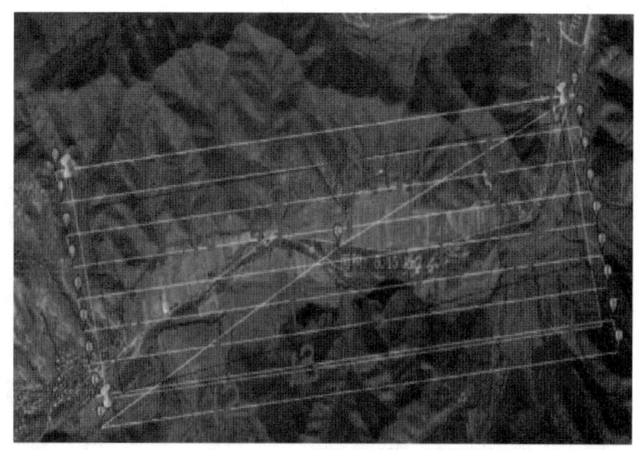

图 4 布设飞行航线

3 三维建模

3.1 组建计算机局域网

由于三维建模数据量较大，一般配置的电脑无法胜任，需要用电脑工作站组成局域网完成三维建模，每台工作站安上三维建模软件分块去完成建模。交换机及电脑工作站配置见表 1、表 2，图 5 为工作站组成的局域网示意图。

表 1　　华为 S1730S-S24T4S-A 交换机参数

下行接口类型	上行端口速率	下行端口速率	端口数量
以太网交换机	千兆	千兆	24 口

表 2　　电脑工作站配置表

CPU	内存	硬盘	显卡
Intel (R) Xeon (R) Bronze3204CPU@1.9GHz	128GB	4TB	NVIDIA Quadro P5000

3.2　建模软件

PhotoScan 是一款基于影像自动生成高质量三维模型的实景建模软件，整个工作流程无论是影像定向还是三维模型重建过程都是完全自动化的，可生成高分辨率真正射影像（使用控制点可达 5cm 精度）及带精细色彩纹理的 DEM 模型。

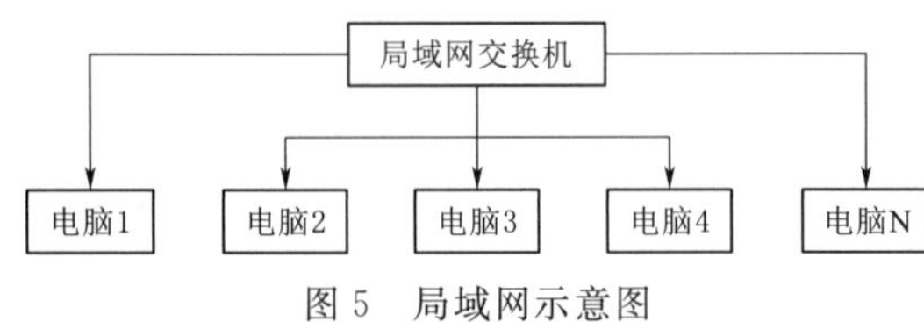

图 5　局域网示意图

Smart 3D（ContextCapture）俗称 CC，是一款自动化建模软件，无须过多的人工干预，是无人机航测三维建模首选软件。

3.3　像控点刺点

将图 3 中像控点影像位置与对应的坐标及高程发生关联，为空三加密解算做准备，像控点布设的位置及数量按规范要求确定。

3.4　空中三角测量

由于 CC 软件存在空三加密计算过程不易通过的问题，需要先用 PhotoScan 进行初步空三概算，然后导入到 CC 中先进行刺点，再进行空三加密计算，这样可以较好地解决空三加密计算通过难的问题。进行第一次整体平差时，可以通过自动滤波处理误差较大的连接点。利用像控点、POS 数据及相机参数，进行整个区域网整体平差，通过改变控制点的数量和位置观察空三加密的精度，最终达到满足精度的要求。图 6 为空三加密通过后的 3D 视图。

图 6　空三加密通过后的 3D 视图

3.5　实景三维建模

空三加密合格后，系统可自动生成畸变差改正影像用于后续纹理提取，建立影像金字塔文件，可为三维模型的细节层次结构提供数据基础。

自动三维建模是提取出最佳视角的点云文件，以此为基础构建简单、精确且结构合理的三角网，并为其自动贴附纹理，该过程基于瓦片技术，将建模区域分割为多个“Tile”。CC根据并行机制，将每个“Tile”的三维模型建立打包成为一个任务，分配到局域网上的某台工作站上，进行测区实景三维模型生产。图7为丘陵地形实景三维模型，图8是内蒙古自治区水利水电勘测设计院为乌梁素海生态修复补水专用通道项目建的三维模型，属于平原地形实景三维模型。

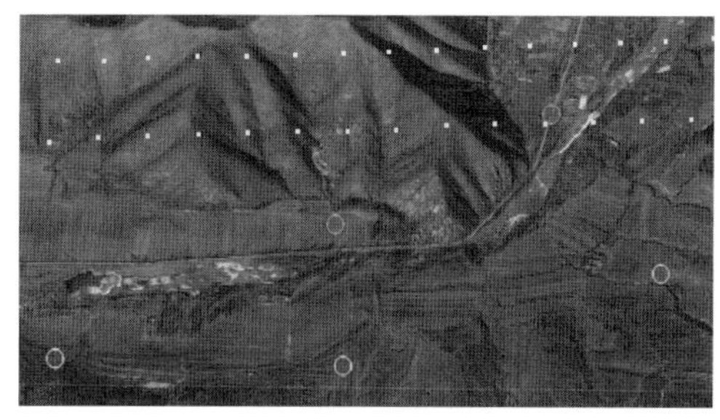

图7　丘陵地形实景三维模型

图8　平原地形实景三维模型

3.6　质量检查

三维模型质量检查，根据设计等级的要求主要采取外业实地量测与模型上采集的数据进行比对，计算出中误差评定精度。三维可视化表达的要求可以用平面精度、高程精度、地形精度、DOM精度、模型精度以及纹理精度六个指标表述。每个指标划分为不同表达级别，每个级别对应相应的技术要求。

4　结语

目前存在的问题：①水域、沙漠地形特征高度一致导致难找到连接点，高程精度难保证，需要人工测绘；②沙漠地区易出现“黑洞”现象；③未来应加大地物修模攻关力度。

无人机倾斜摄影在水库实景三维模型建设中的应用

边　超

无人机航测技术现在发展越来越完善，在水利监测、测绘、应急等方面都有很多应用。相较于传统测绘，倾斜三维摄影测量精度高，在山区、水库等危险区测量具有效率高、安全等特点。而且随着科技日益发展，三维协同设计已经是未来水利设计行业趋势，这就需要为设计人员提供三维实景模型。

1　项目背景

“五龙石水库 BIM 设计”项目有着广泛的应用度，该项目依托于五龙石水库区域规划设计的需要，由内蒙古自治区水利水电勘测设计院承担其基于倾斜摄影测量模型生产及相关地形图的测绘与应用任务。

2　测区介绍

测区位于内蒙古自治区东北部，兴安盟中西部，大兴安岭南麓，科尔沁右翼前旗索伦镇境内，地理位置为东经 121°12′～121°15′、北纬 46°46′～46°48′之间，东与兴安盟扎赉特旗毗邻；南和吉林省白城市相接；西同锡林郭勒盟东乌沁旗相连，北靠边陲镇兴安盟阿尔山市；西北与蒙古国接壤。地势至西北向东南渐低，由显著的低山、浅山、丘陵、河谷冲积平原四种地貌类型组成。

科尔沁右翼前旗属北温带大陆性气候区，四季分明，年平均气温在 4℃左右，年平均降水量约 400mm，无霜期达 90～120 天。

境内有白阿铁路干线，111 国道、S203 省道、省际大通道、科霍线等公路贯穿南北、东西。五龙石水库倾斜摄影范围及像控点布置见图 1。

3　设备选用

基于无人机开展倾斜摄影及 1∶500 地形图测绘中，为了保证精度，要求航摄分辨率优于 5cm。考虑到该项目区的高程特点及天气情况，采用安尔康姆MD-1000 四旋翼无人机搭载睿铂 D2 五镜头倾斜相机进行航摄，见图 2，D2 倾斜相机系统参数见表 1。

表 1　D2 倾斜相机系统参数

项　目	内　容	指　标
性能指标	CCD 数量	5
	传感器尺寸	23.5mm×15.6mm

续表

项　目	内　容	指　标
性能指标	单相机像素点	6000×4000
	五镜头相机总像素	1.2亿
	侧视镜头倾角	45°
	焦距	正射20mm/倾斜35mm
	储存器容量	5×64GB
	使用温度	−40～+70℃
物理指标	总质量	840g

图1　五龙石水库倾斜摄影范围及像控点布置图

图2　MD-1000四旋翼无人机搭载睿铂D2五镜头

4　航飞参数设计

五龙石水库地势复杂，按照四个航摄分区进行航飞。航高根据所航摄区域地表高度、地面分辨率、现场周边情况综合考虑设计。航高示意图（图3）及公式如下：

$$\frac{a}{GSD}=\frac{f}{h} \qquad h=\frac{f \cdot GSD}{a}$$

式中　h——飞行高度；

f——镜头焦距（50mm）；

a——像元尺寸（9μm）；

GSD——地面分辨率（优于0.05m）。

图3　航高示意图

根据测区情况，为达到地面分辨率优于0.05m及为兼顾飞行效率，相机正射地面时相对航高一般设为250m。航向/旁向重叠度为80%/75%。

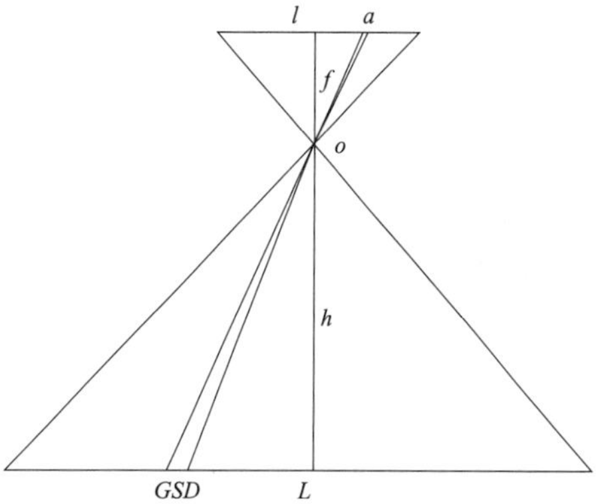

测区有效面积约为14km^2，实际航飞面积为15km^2，累计飞行约36架次。考虑到山区多风影响，航飞速度8m/s，单架次飞行时间约25min。共获得5万多张影像数据，含POS点位信息或每张照片精确外方位元素信息，航片影像清晰，色彩均匀，满足本次项目使用，可通过解析空中三角测量的方式获取高精度的地表数据模型。

航线应按摄区走向直线方法敷设，平行于摄区边界线的首末航线必须确保侧视镜头能获得测区有效影像。航测飞行控制软件及航线规划见图 4。

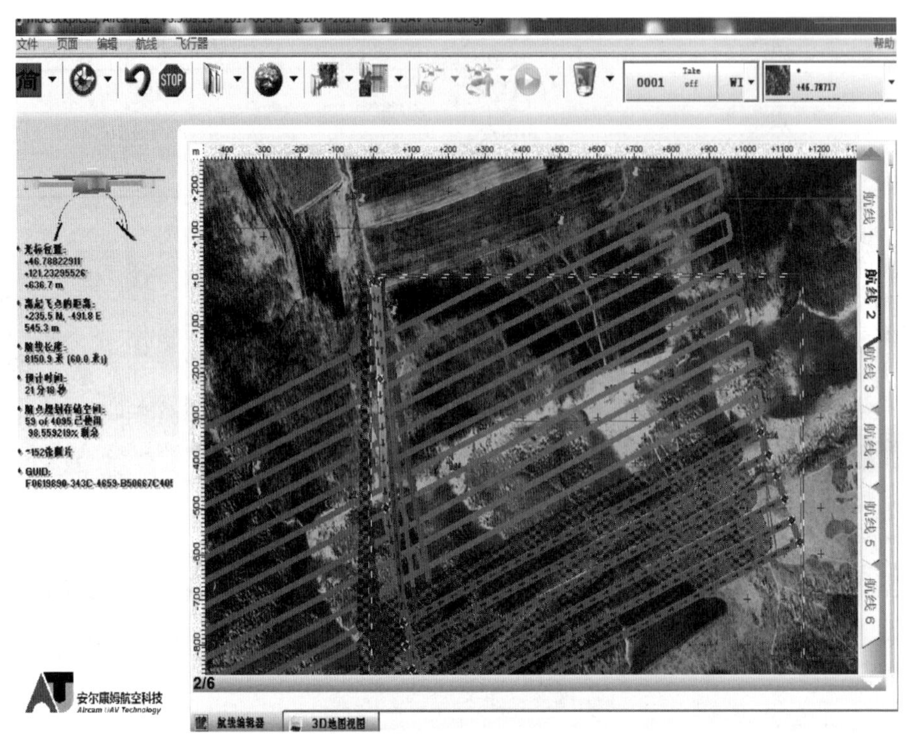

图 4　航测飞行控制软件及航线规划图

摄影时天气情况要求良好，确保有足够的光照度，摄影时太阳高度角应大于 45°，阴影不大于 1 倍。摄影时间以 10～15 时为最佳选择。

影像上不应有云、云隐、烟、大面积反光、污点等缺陷。虽然存在少量缺陷但不影响立体模型的连接和三维模型建立，可以用于三维模型生产。拼接影像应无明显模糊、重影、错位现象。

5　数据处理

在数据处理前，先对原始影像进行预处理，对原始影像进行色彩、亮度和对比度的调整和匀色处理。匀色处理应缩小影像间色调差异，使色调均匀，反差适中，层次分明，保持地物色彩不失真，不应有匀色处理的痕迹。本次内业处理采用 Photoscan 软件进行空中三角测量处理，结合 ContextCapture Center 软件进行模型生产。Photoscan 软件处理空中三角测量具有速度快、不容易出错等优点。ContextCapture Center 处理倾斜模型，具有纹理细节清晰、色调均匀、处理数据量大等优点。

具体步骤见图 5。

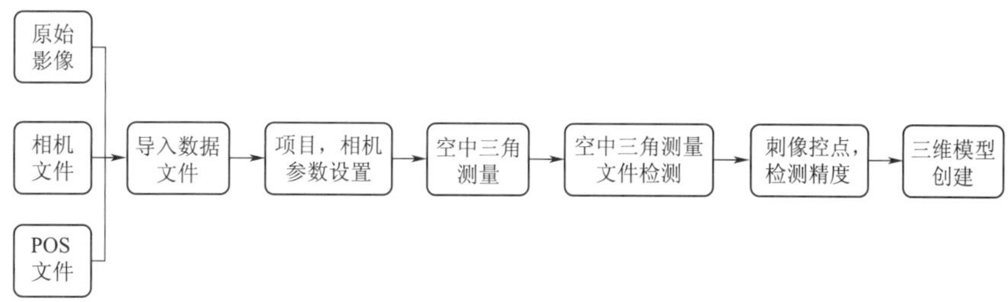

（a）软件建模流程

（b）软件效果

图 5　ContextCapture Center 软件建模流程及软件效果展示

6　DLG 生产

该项目基于空中三角测量与模型成果，在 EPS4.0 软件里进行 1∶500 地形图展示见图 6 和图 7，经检验满足测图精度。

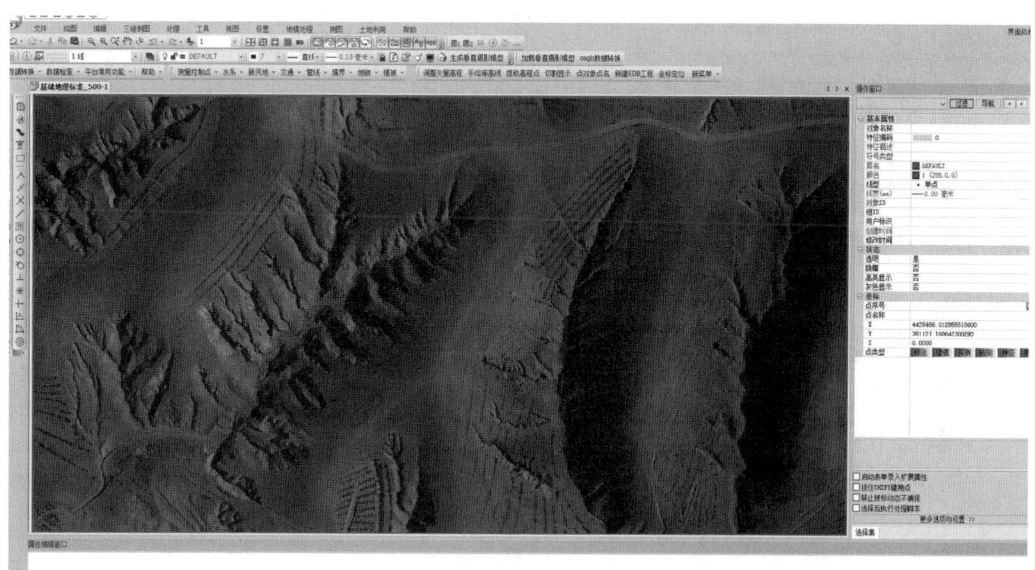

图 6　EPS 软件工作界面

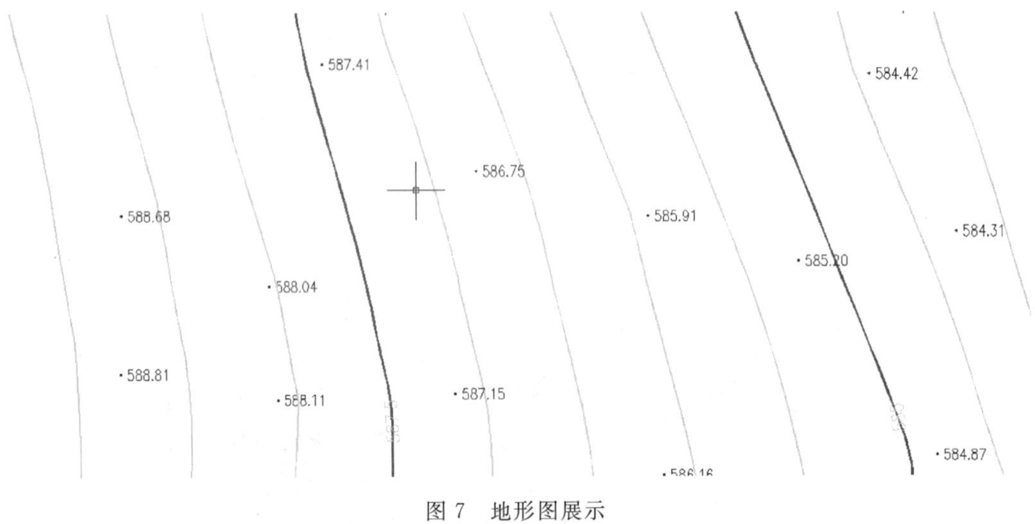

图 7　地形图展示

7　模型效果展示

五龙石水库拟建东坝址区、坝区南侧和库区模型效果见图 8～图 10。

图 8　五龙石水库拟建东坝址区模型效果

图 9　五龙石水库库区模型效果

图 10　五龙石水库拟建东坝址区南侧模型效果

8　感想

该项目应用目的是为五龙石水库建立实景三维模型，进一步完善基础地理信息数据，为五龙石水库设计规划搭建数据平台，探索内蒙古水利水电勘测设计院 BIM 设计发展，是对 BIM 设计的一次积极的尝试。

利用基于三维模型的矢量采集，实现三维模型的量取、裁剪，结合矢量信息将三维模型逻辑单体化，满足精细化要求，实现实景三维模型，高精度地形图，正射影像数据，DEM、DSM 等各类地理信息数据综合管理。

将设计 BIM 方案与实际三维场景进行对比，实现方案设计对比，重大项目实施进度监控，满足规划、设计等需求。

这次航测任务是对测绘技术队伍的一次检验。测绘技术的发展日新月异，倾斜摄影技术在地理信息产业中扮演重要的角色，只要抓住发展机遇，不断发展行业新技术，现在航测软硬件设施配套齐全，航测人才队伍不断壮大，无论航测外业还是内业都能高效率保质量的完成。发展的同时也面临着很大的挑战，面对着市场竞争，优胜劣汰，面对技术不断创新，软硬件不断更新，新技术层出不穷，但是只要踏实肯干努力创新，紧跟行业发展，一定会取得更好的成绩。

基于 BIM 的灌区建筑物设计应用实例——土默特右旗大城西沿黄灌区节水配套改造项目

严坤钦　李国宁　王雪岩　范　岳　嘉晓辉　郭　嘉

1　项目背景

大城西沿黄灌区位于包头市土默特右旗黄河左岸冲积平原，隶属土默特右旗明沙淖乡。灌区设计灌溉面积 4.5 万亩，属于中型灌区，近几年平均灌溉取水量约为 2350 万 m^3。本次项目设计为 2019 年度工程，包括大城西沿黄灌区 5 个扬水站中的 2 个，即大城西扬水站和田家圪旦扬水站以及由此 2 站控制的灌溉面积共 2.4 万亩。

2　BIM 技术在施工图设计阶段的应用

2.1　技术方案

该项目经过了前期初步设计阶段审查，共批复灌区闸涵建筑物建设数量为 106 座，结构型式大体上可分为 3 类。由于建筑物种类少、数量多，为提高工作效率，考虑在施工图阶段尝试使用 BIM 技术完成工作任务。针对大城西灌区建筑物的特点，以专业需求为导向，定制了灌区建筑物 BIM 正向设计技术流程图，见图 1。

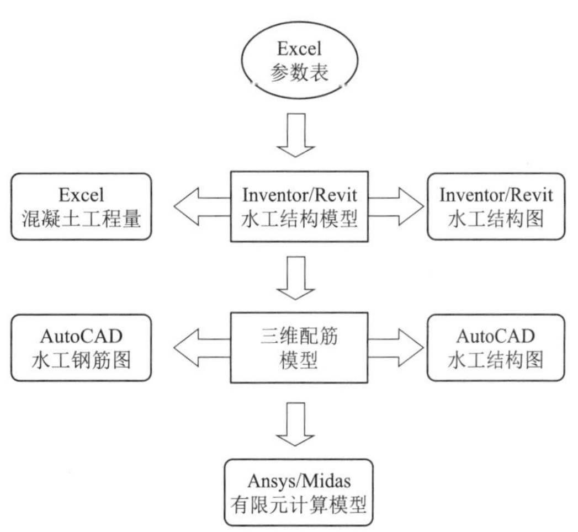

图 1　BIM 正向设计技术流程图

2.2　灌区建筑物结构设计

进行水工结构三维体型设计时，需建立各类水工结构的参数化模型，实现各结构模型的快速建立及调整修改，具体参数化模型应包含尺寸、定位、材质等信息，见图 2。

2.3　灌区建筑物配筋设计

配筋设计是施工图阶段量大、重复性高的一项工作，采用传统的 CAD、远胜等工具存在效率不高、容易出错等问题；尤其是当钢筋图已经完成后，因三级校审、设计变更等原因需要修改结构时，设计人员的修改工作量更大。大城西灌区建筑物数量多，钢筋图绘制工作量大，传统方法把大量时间和精力耗在图纸修改上，效率太低。三维配筋设计可以一定程度上解决这个困扰水工设计人员多年的问题，配筋设计基于水工结构三维模型进行钢筋配筋，三维钢筋的生成要求符合水工专业的习惯。在三维配筋的基础上，实现钢筋类

(a) (b) (c)

图 2 建筑物结构模型

型、数量的自动统计及钢筋表、材料表的自动生成。采用网格图面布局算法及自定义对象技术，有出图质量高、后续修改方便的优点；同时支持对已配钢筋进行灵活编辑，自动统计钢筋型式和工程量；出图采用 AutoCAD 平台，提供最终施工图，且钢筋图纸与配筋模型数据关联，一类建筑物可以通过不断衍生出版多套图纸，大幅提高钢筋图绘制效率，解放生产力，见图 3。

2.4 图纸输出

建立适合水利水电工程设计规范的统一制图模板，基于各类专业三维模型实现各类工

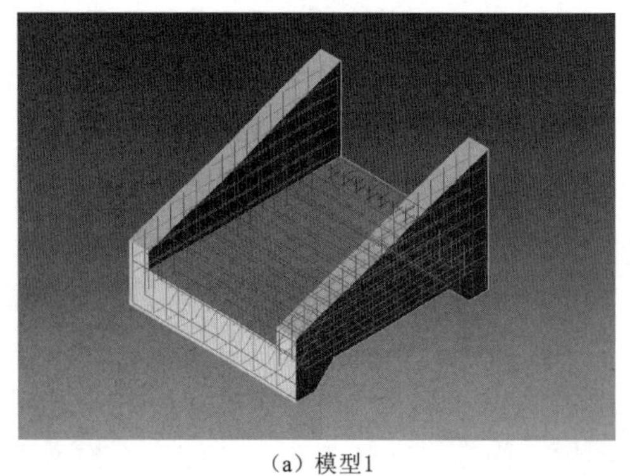

(a) 模型1

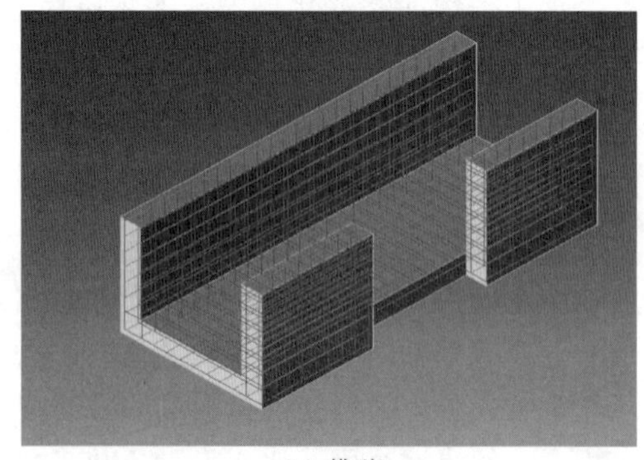

(b) 模型2

图 3（一） 建筑物配筋模型

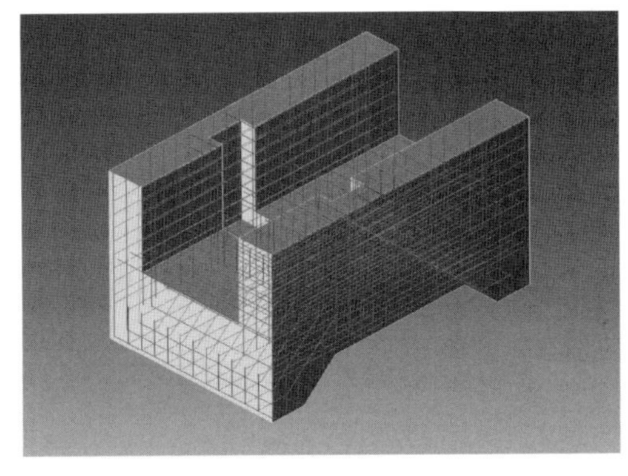

（c）模型3

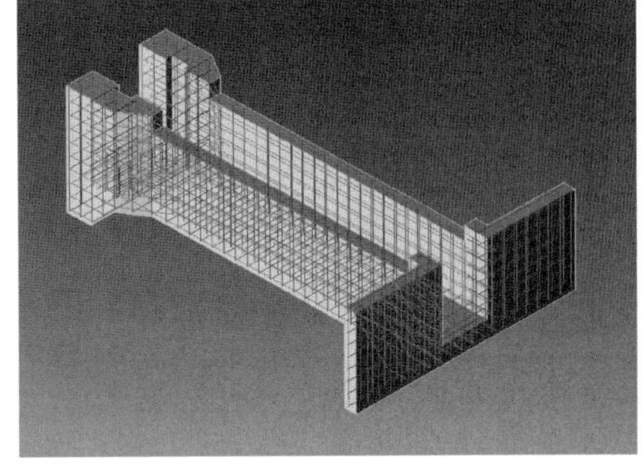

（d）模型4

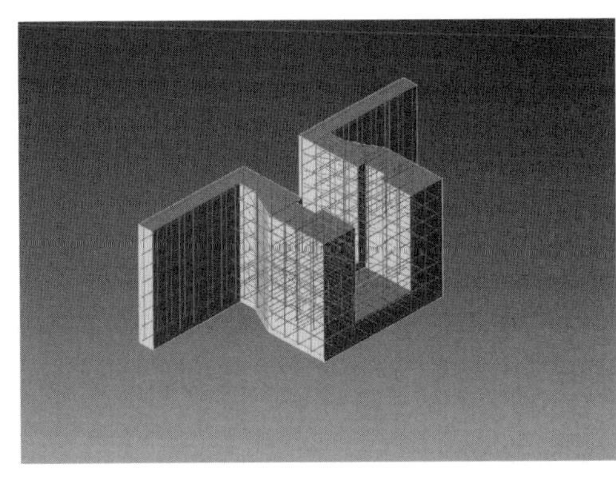

（e）模型5

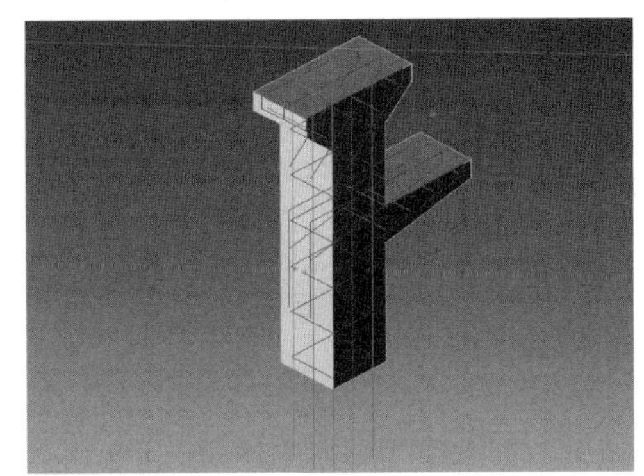

（f）模型6

图 3（二）　建筑物配筋模型

程图纸的生成，包括平面图、剖面图、立视图以及局部详图等，内容包括图框及标题栏、各类标注、各类数据表格、图幅及比例尺适配等。生成的工程图纸需与相应的水工结构三维模型关联，实现设计调整修改时，工程图纸的自动更新，见图 4。

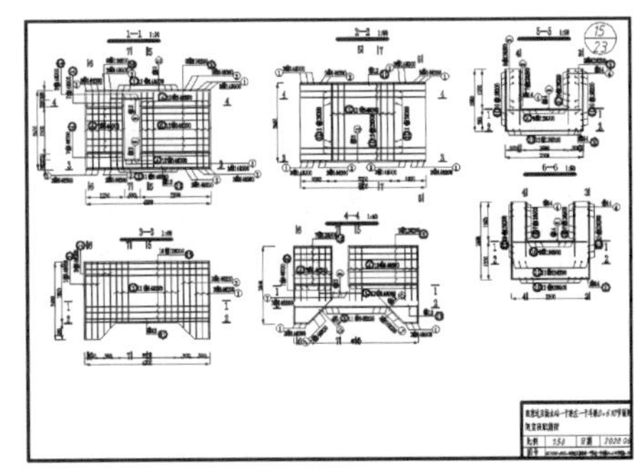

（a）施工图1

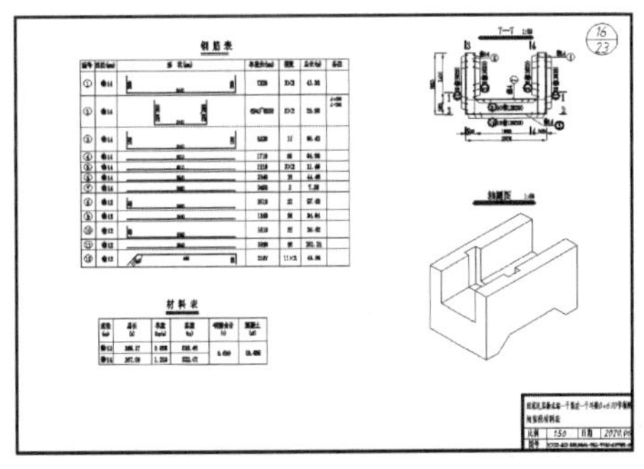

（b）施工图2

图 4（一）　建筑物施工图

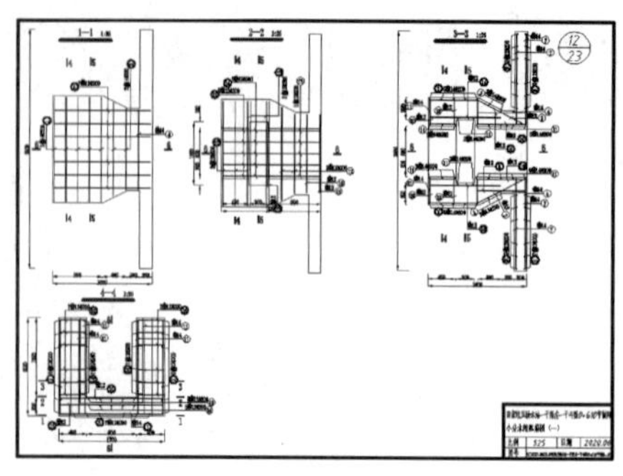
(c)施工图3

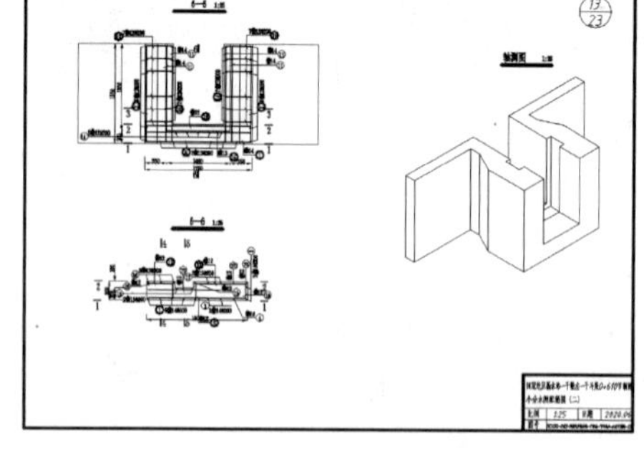
(d)施工图4

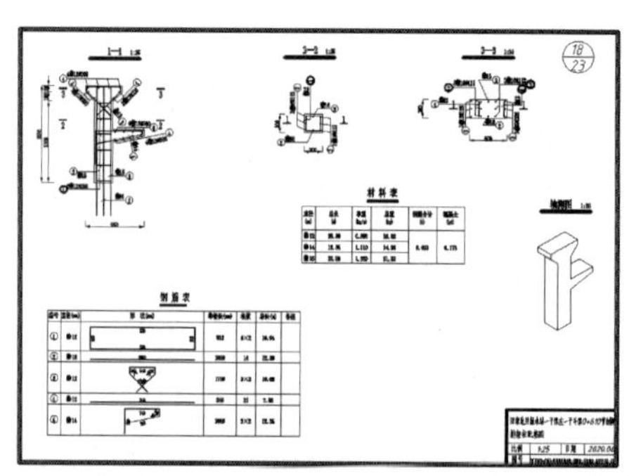
(e)施工图5

图 4(二) 建筑物施工图

3 BIM 技术在设计变更阶段体现出的优越性

2020 年 4 月项目组按期提供了所有施工图图纸，工程进入开工建设期。在实施的过程中，由于征地问题解决不了，同时为了避免砍伐较多树木，减少社会矛盾，应业主来函要求，对部分渠道断面宽度、边坡、渠深等作出设计变更，并对所有的闸涵变更上、下游连接段形式。由于采用了 BIM 技术，前期进行了参数化模型的建立，因此，按照传统绘图方法理解，需要逐张图纸进行修改的工作变得轻松许多：①对于渠道断面尺寸变化的变更，只需要对参数表进行数字修改，相应的三维结构模型、三维配筋模型都能够实现联动，十分便捷；②对于闸涵变更上、下游连接段形式的变更，只需要对该部位进行单独的结构模型修改，并不影响其他部位，见图 5 和图 6。基于以上操作方法，项目组于 6 月完成了设计变更全部内容并出版，仅用了 1 个月的时间。

通过施工图、设计变更两个阶段的实践应用，证实了 BIM 技术在灌区建筑物设计当中的优越性，大大节省了结构图、钢筋图的绘制时间，提高了生产效率，应用前景十分广阔。特别是提供了建筑物结构单元模块化和组装设计的思路，为将来进行建筑物装配式建模打下了一定的基础。

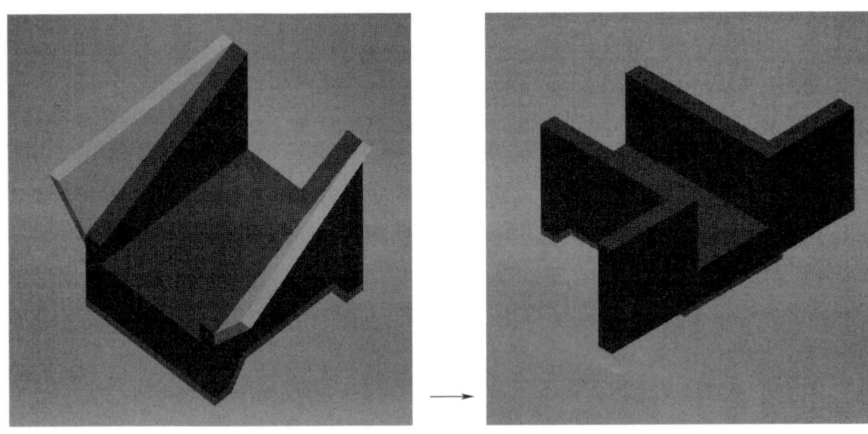

图 5　建筑物连接段结构模型变更

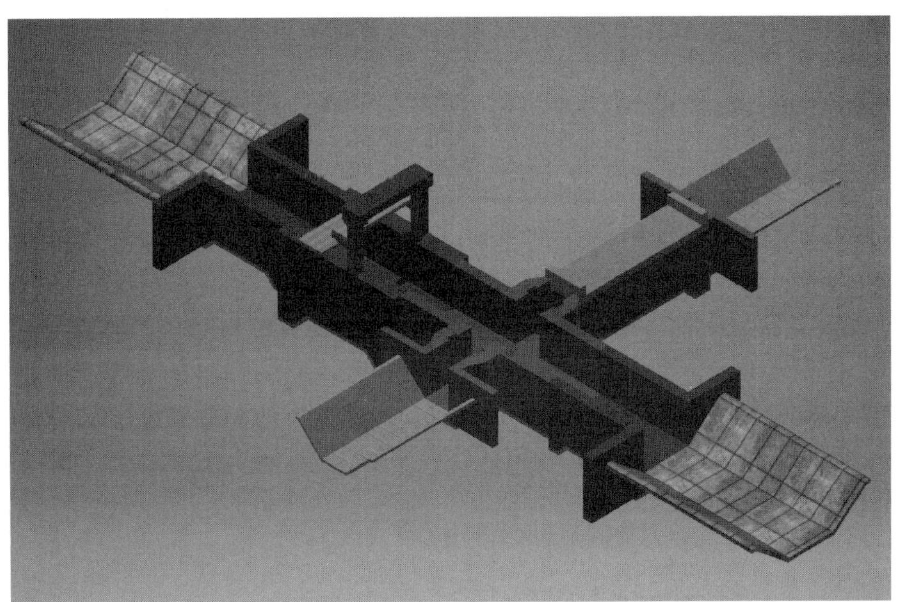

图 6　替换后的建筑物结构模型

绰尔新区供水工程岸边泵站、挡土墙 BIM 正向设计应用

郭　嘉

1　工程概况

绰尔新区取水建筑物为供水工程的取水头部，主要是利用绰尔河水经绰勒水库拦截蓄水作为供水水源，经建设在库岸的取水岸边泵站，将库水经泵站提升后通过输水管道将水输送至净水厂区。该工程设计的内容为岸边泵站及挡土墙。

岸边泵站底板顶高程 223.80m，底板厚 2.0m，顺水流方向长 28.35m，垂直水流向宽 16.90m。挡土墙结构主要参数：挡墙型式为半重力式钢筋混凝土挡土墙，最大墙高 13.90m，墙顶宽度 0.5m，墙底宽度 10m；挡墙长度为最大断面 5.1m，渐变段长度 5.75m，最小断面 1.25m。以下为工程实际建成后与三维模型的对比图（图 1），左侧为工程实际建成后的照片，右侧为三维模型视图。

(a) 实际工程

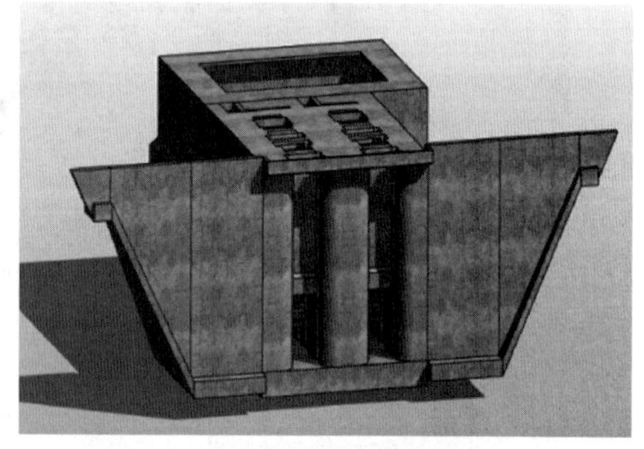

(b) 整体建模三维模型

图 1　实际工程与模型对比图

从对比图中可以看出，三维模型与实际工程没有差别，模型完全可以指导施工。

2　Revit 的应用

Autodesk Revit（简称“Revit”）是 Autodesk 公司于 2002 年推出的 BIM 软件，现已经更新到了 2021 版本，本次设计采用 Autodesk Revit 2018 软件进行泵站及挡土墙的建模。

利用 Revit 进行岸边泵站与挡土墙的三维设计（图 2），并对设计成果进行参数化设计，这种设计的好处在于，当设计需要调整和修改时，可以快速响应针对方案的调整，通过 Revit 中三维模型投影直接得到所需要的二维图纸，并能达到一处动，处处动，这是传

统 CAD 设计完全不能实现的，需要分别调整平面图结构和所对应的剖面图尺寸。Revit 带来了高效率，大大提高了绘图和改图的准确性和效率。

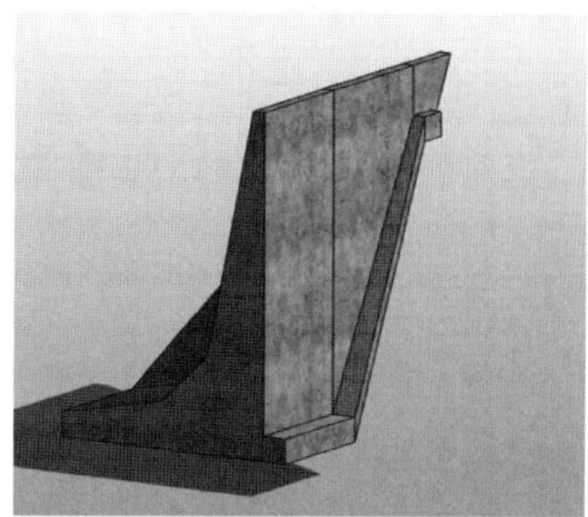

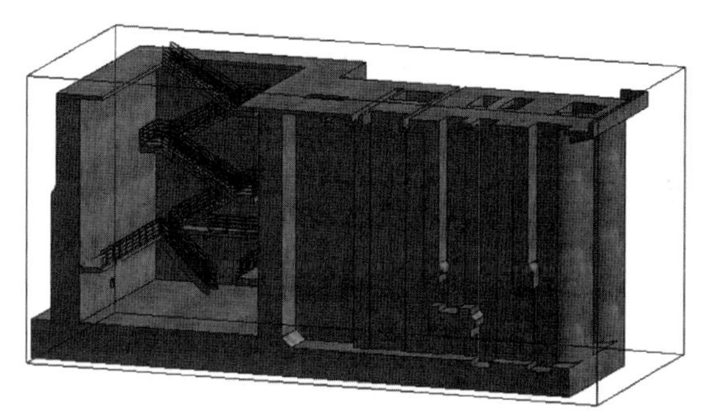

图 2　Revit 三维模型（上为挡土墙，下为岸边泵站）

如图 3 所示为应用软件的技术流程图。通过结合工程所在的平面位置，运用 Revit 参数化建模，把建立好的模型布置在 C3D 设计好的场平和开挖基坑内，完成平面布置图。把单体三维模型投影为平面、剖面等结构图，作为施工图成果。

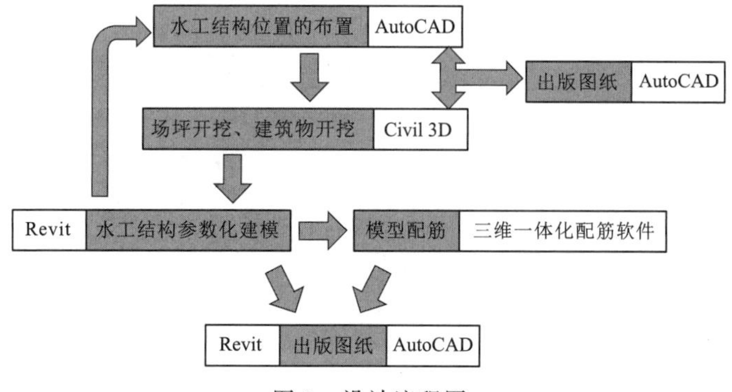

图 3　设计流程图

3　三维配筋软件的应用

应用三维配筋软件混凝土结构三维一体化软件进行三维配筋，验算原始施工图的混凝土及钢筋用量。

将 Revit 模型成果导出 .sat 格式，进入到三维配筋软件进行配筋设计（图 4），完成钢筋施工图。

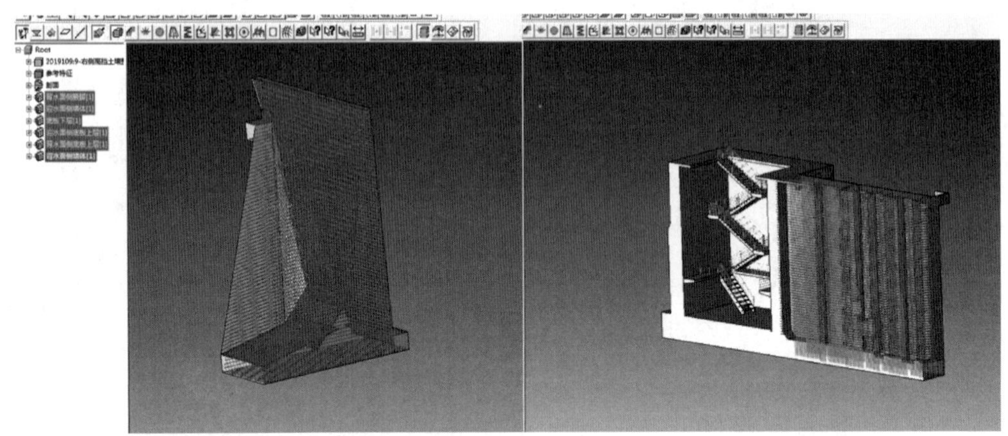

图 4　三维配筋模型

原始 CAD 配筋施工图出图，配筋图需要统计不同型号钢筋根数、长度，并计算材料用料，统计材料用料表，过程烦琐，并存在算错、标错等问题。

而利用三维设计这种流程，首先建筑物的结构不易出错，并且可以直观地检查模型的不足之处。通过模型投影的二维图纸，不存在三维模型到二维图纸的错误问题，其次，运用三维配筋软件进行配筋，更加直观、便捷，运用软件一气呵成，所见即所配，配筋完成后自动统计材料信息，提高设计质量的同时，还大大地缩短了设计的周期。

本次验证的这个工程，已经是建设完成后的工程，反过来运用三维模型和三维配筋设计，充分地验证了最原始二维施工图纸的精度（图 5）。

项　目		原始施工图	三维配筋图	相差
挡　土　墙		16.95t	16.98t	+0.03
		306.18m³	305.17m³	−1.01
岸边泵站	底板	62.27t	57.44t	−4.83
	顶板	10.43t	8.67t	−1.76
	前墙	24.26t	25.08t	+0.82
	后墙	26.41t	25.49t	−0.91
	左边墙	18.79t	16.82t	−1.97
	左边墩	25.89t	23.59t	−2.3
	右边墩、右边墙	39.6t	38.57t	−1.03
	中墩	30.21t	23.14t	−7.07

图 5　传统二维配筋与三维配筋对比

4　结语

通过 Revit 软件建模，能更可靠且更直观地完成设计，模型参数化修改也达到了工程调整时即时响应修改的结果，效率提高，错误减少。

三维配筋软件，配筋过程全程三维化，更直观。本次设计是验证已建工程施工图阶段的施工图纸，结论准确、直观。在配筋过程中，渐变的断面，抽象的断面，在三维模型的表现下，可更加直观地表现钢筋布置样式和结构，准确地体现根数和长度，并能真实地反映在材料表中。

基于 Inventor 的灌区典型建筑物建模方法研究

陈 晨 李国宁 王 静 王雪岩

1 引言

灌区典型建筑物指为了安全输水、合理配水、精确量水，以达到灌溉、排水及其他用水目的而在灌区渠道上修建的水工建筑物。灌区典型建筑物按功能主要分为四类：控制、调节和配水建筑物，如泵站、节制闸、进水闸等；交叉建筑物，如倒虹吸、农桥、渡槽等；落差建筑物，如陡坡、跌水等；量水建筑物，如测流桥、量水堰等。

灌区典型建筑物的特点是总体数量多、单体规模小、类型基本固定、结构相对简单。传统二维 CAD 平面设计会产生不必要的重复工作，工作量大、工程量计算不精确；同时，灌区建筑物的发展方向为定型化、标准化、装配化及机械化施工，这就为灌区典型建筑物三维参数化多实体建模提供了有利条件。同时在灌区建筑物出图方面，由于数量庞大，水工结构图和配筋图的绘制工作量非常大，项目工期紧张的时候，更容易导致图纸出现错误。

2 灌区典型建筑物 BIM 设计技术关键

2.1 建筑物模型

为提高设计质量和效率，实现模型的快速建立及调整修改，需建立各类建筑物参数化模型库；参数化模型库应根据不同结构分类建立，具体参数化模型应包含尺寸、定位、材质、物理特性等信息。对于复杂体型的建筑物，如扭面、渐变段等，需建立相应的建模工具或方法；对于常用的、构成相对简单的单体建筑物，如进口段、闸室段、连接段、出口段等，可建立相应的建模系统，将各组成部分的结构参数、相互间关联关系进行整合。

2.2 开挖模型

结合灌区典型建筑物结构尺寸，通过引用工程地形、地质三维模型、建筑物三维模型，进行三维开挖设计。开挖设计过程中，建立参数化开挖工具，方便开挖设计及调整修改，提高开挖模型的建模效率。开挖模型应与三维地质模型、建筑物三维模型进行关联，方便在地质数据更新完善、建筑物设计调整时的自动适配调整。

2.3 数据接口

建立各专业建模软件间的数据接口，打通建筑建模到结构计算软件的数据通道，将三维模型方便用于稳定分析、水力分析等多项分析计算，以便在设计过程中实现边设计、边优化调整，并与三维配筋工具无缝衔接。

2.4 三维配筋

基于水工建筑物结构模型进行三维配筋，自动统计钢筋型式和工程量，并向业主提供最终施工图。三维配筋软件通用性强，可导入任何格式的三维模型，配筋符合水利水电行业习惯，功能满足设计规范要求，在CAD下一键自动生成各钢筋视图及标注、钢筋表、材料表等。

2.5 闸门模型

通过引用水工建筑物的建筑、结构三维模型，结合孔口情况、上下游水位条件，进行闸门建模。闸门的零部件有很多，为提高设计质量和效率，需建立各类零部件的参数化模型库，常用的零部件包括面板、梁系、主轮、滑块、止水、吊耳、侧轮、底坎、主轨、侧轨等。参数化模型库应按照平面闸门、弧形闸门等分类建立，并结合各类闸门的零部件组成进一步细分，具体参数化零部件包含尺寸、定位、材质等信息。

2.6 总装

模型总装，需要将各专业的分散模型进行总体整合，并进行空间相对位置关系的调整。对总装平台的要求是，支持导入各专业的模型，并能进行位置关系的自由调整，对于经常需要修改调整的模型还应支持模型联动。

2.7 图纸输出

建立适合水利水电工程设计规范的统一制图模板，基于各类专业三维模型生成各类工程图纸，包括平面图、剖面图、立面图及局部详图等，内容包括图框及标题栏、各类标注（包括字型、字号、线型、线宽、符号形式、填充方式、颜色等）、各类数据表格、图幅及比例尺适配等。生成的工程图纸需与相应的建筑物模型关联，实现设计调整修改时工程图纸的自动更新。

2.8 多专业协同

建立能高效集成多专业数据的协同设计平台，实现各专业模型的相互引用、各专业模型的总装整合、碰撞检查与三维校审等。其中，校审工作应基于三维设计成果可视化校审平台，平台需满足校审流程、基于三维设计成果可视化校审留痕，实现三维校审成果以及与之关联的二维设计成果归档管理，并满足档案检索、统计、成果提取等功能。

3 基于Inventor的灌区典型建筑物建模思路比较分析

3.1 自底向上正向设计思路

根据前期方案布置、水利学计算、结构计算等环节，初步确定水工结构尺寸参数，以特定的格式存放于Excel参数表或者直接输入Inventor用户参数中。在Inventor链接Excel参数表，进行水工结构三维体型设计，建立参数化三维模型。采用自底向上的建模思想，通过拉伸、旋转、扫掠及放样的操作分别完成各段水工结构的多实体参数化建模，通过“生成零部件”命令将实体升级为零件，自动生成各部分结构零件，为后续提高工程量和三维配筋做准备。最后通过Inventor的装配功能，依据总体布局控制信息，进行整体模型的整合，形成水工结构完整的三维模型，对三维模型执行投影、剖切等操作获得二维工程图，各零件通过导入三维配筋软件 Visual F，对水工结构进行配筋设计，自动统计钢筋样式和工程量，通过投影、剖切获得最终的施工图。

基本工作流程为：基础资料→标准库→实例模型→装配单元→数据整合→数据交付。具体技术路线见图 1。

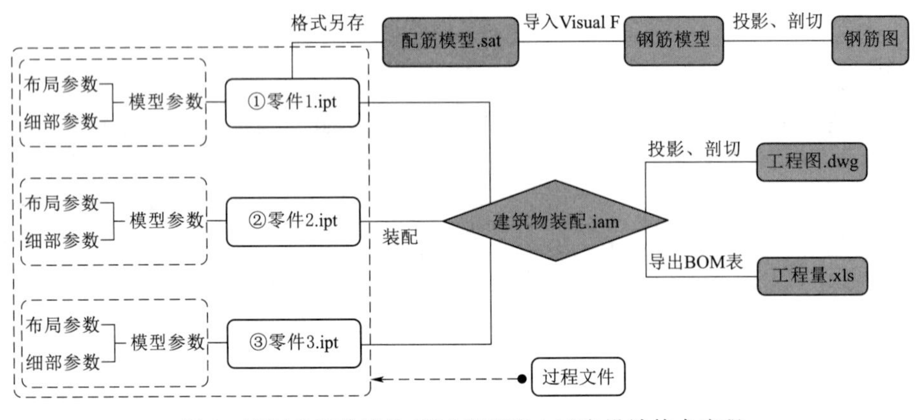

图 1　灌区典型建筑物 BIM 自底向上正向设计技术流程

3.2　自顶向下多层次循环设计思路

根据前期方案布置、水利学计算、结构计算等环节，初拟水工结构布局轮廓尺寸参数，分方案存放于 Excel 参数表中，在 Inventor 中模型尺寸链接 Excel 参数表，进行水工结构三维实体设计，建立参数化三维模型。采用自顶向下的建模思想，首先通过整体布局及建筑物的主要参数完成三维布局文件，然后通过“生成零部件”命令将零件升级为部件，并根据后期配筋需要生成多个零件，针对生成的零件再进行细部设计，完善零件细部信息，进而自动完善部件（建筑物装配）的细部结构设计。最后对完善后的完整部件执行投影、剖切命令获得二维工程图，对完善后的各零件通过导入三维配筋软件 Visual F 进行配筋设计，自动统计钢筋样式和工程量，通过投影、剖切命令获得最终的施工图。具体技术路线见图 2。

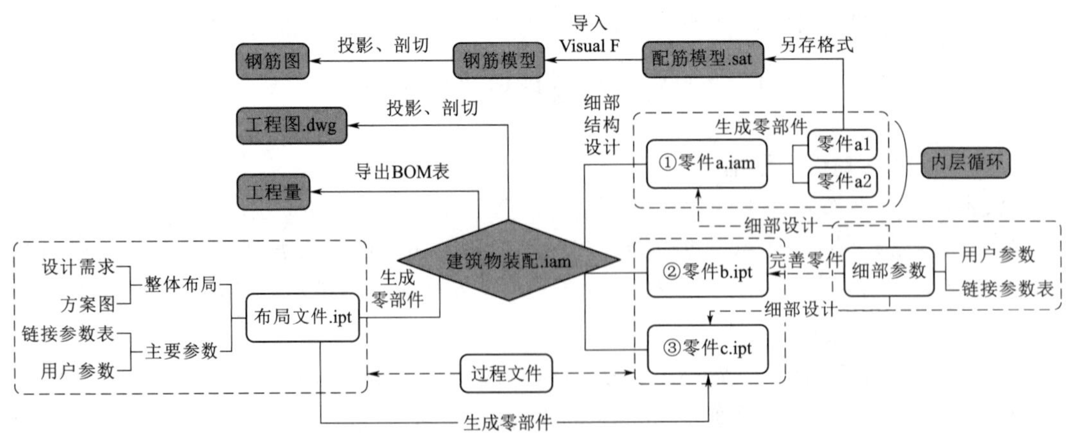

图 2　灌区典型建筑物 BIM 自顶向下多层次循环设计技术流程

4 结论

（1）建模初学者往往习惯于采用传统的自底向上建模方法，先精确设计每一个零件，再根据需要逐层向上组装成子部件，最后形成总装配。这种方法的优点是具有非常简单方便的工作流程，容易被设计者接受和掌握；缺点是自底向上建立模型的过程，单体参数文件体量大、参数多且混乱，后期修改参数较复杂且易出错，适用于设计前期结构不明确、体量小、分段少的建筑物，如一字板结构的进水闸、节制闸、涵洞等。

（2）自顶向下多层次循环设计思路的优点是跳过了零件到部件的装配过程，规避了装配过程易出错的问题；前期布局文件参数较少，可以通过修改参数验证模型，再进行下一步建模；细部设计和布局设计分开，较大程度减少单个参数文件体量；分层次循环设计，使布局设计和细部设计一目了然。缺点是单个建筑物零件数量多，文件存储较混乱。此思路适用于较复杂的灌区典型建筑物三维建模。

（3）自顶向下多层次循环多实体建模是一种科学先进的建模方法，是 Inventor 软件应用于水工建筑物设计的创新突破。这种建模思路使设计者能够对水工结构进行顶层设计和全局把控，从而更方便高效地对整个设计流程进行管理，可以显著提高设计效率。

引绰济辽工程输水隧洞 BIM 正向设计

李国宁　李利荣　梁　栋　张　波
王雪岩　郭　嘉　石　韬

1　工程简介

引绰济辽工程位于内蒙古自治区东部，是国务院确定的“十三五”期间 172 项国家重点水利建设项目之一，是内蒙古自治区有史以来最大的水利工程。该工程是从嫩江支流绰尔河引水到西辽河的大型跨流域引调水工程，是内蒙古东部地区可持续发展的重大水资源优化配置工程；为区域经济社会发展提供水资源保障，改善西辽河干流地区地下水超采问题，缓解该地区生态环境持续恶化的状况。该工程输水线路总长 390.263km，设计最大年调水量 4.88 亿 m^3，总投资 252 亿元，于 2017 年开工建设。工程由文得根水利枢纽工程和输水工程两大部分组成，输水工程自北向南，沿途经过兴安盟、通辽市 9 个旗（县、区），采用重力流方式输水，前段为无压输水隧洞，后段为有压输水管道。

输水隧洞 BIM 正向设计从 3 号隧洞开始到稳流连接池结束，全长 112.05km，包括 3 号、4 号、5 号、6 号输水隧洞；以及 5 号隧洞沿线的 8 条施工支洞，6 号隧洞沿线的 9 条施工支洞。3 号、4 号和 6 号隧洞断面型式为城门洞形，长度分别为 3.505km、3.837km 和 31.202km；5 号隧洞为圆形断面，长度为 67.84km。5 号隧洞采用 TBM＋钻爆的施工方法，3 号、4 号、6 号隧洞为钻爆法施工。隧洞施工主要支护方式包括初期支护和后期支护，其中初期支护包括超前小导管、超前锚杆、长管棚、挂网喷射混凝土、系统锚杆以及钢拱架等，后期支护为钢筋混凝土衬砌结构。

2　隧洞 BIM 正向设计技术流程

隧洞属于典型的带状工程，与块状工程相比，具有线路里程长、地形地质条件变化大、穿越交叉工况多、现场施工条件复杂等特点，其设计阶段划分以及 BIM 实施方式截然不同。隧洞工程的 BIM 设计需基于 GIS 数据划分里程和桩号，自顶向下整体布局，建立异形构件模型库，完成全线模型总装配等，具有独特的技术思路和很大的技术难点。隧洞 BIM 正向设计技术流程如图 1 所示。

隧洞 BIM 正向设计首先需要基于 GIS 数据，根据隧洞纵断面和围岩级别，编制线路措施表。然后使用 Civil 3D 生成线路平面图，按里程桩号分段提取坐标点，生成对应的 Excel 线路数据表。在 Inventor 软件中导入线路数据表，自动生成包含里程桩号等定位信息的三维线路模型。根据重力流输水方式，初选隧洞型式，通过水力学计算及有限元结构分析计算，确定隧洞断面结构尺寸，进一步细化方案模型，验证结构可靠性。Inventor 链接模型参数表，定制隧洞标准断面布局文件，进而建立隧洞结构模型，通过衍生设计，应用 iLogic 规则，建立锚杆、钢拱架、小导管、管棚、钢筋网、二次衬砌等结构模型，所

有模型均与模型参数表关联，从而实现隧洞参数化设计。将衬砌、钢筋网、钢拱架、锚杆等模块模型通过坐标系原点位置装配，得到隧洞标准装配单元。接着对隧洞全线模型根据围堰类别和施工方法进行自动装配和模型整合，最后进行施工图的出版和工程量的提取，获得 BIM 正向设计成果。

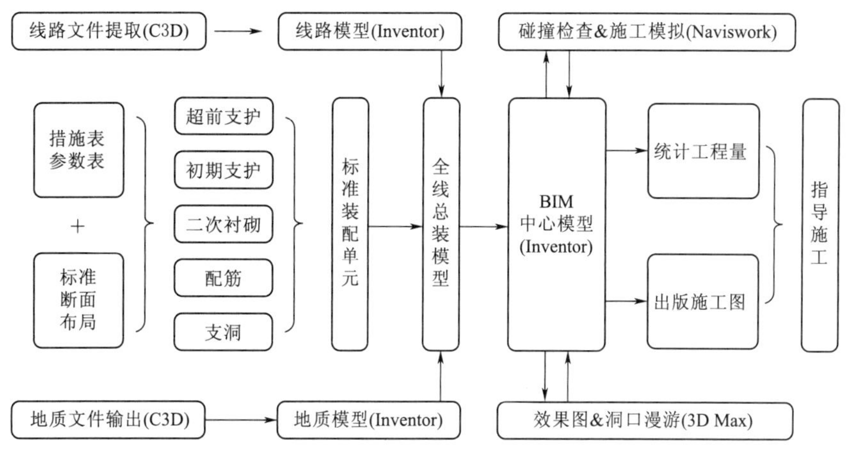

图 1　隧洞 BIM 正向设计技术流程图

3　隧洞 BIM 正向设计主要内容

输水隧洞 BIM 正向设计，主要内容包括模块化设计、参数化建模、批量化修改、自动化装配和结构化管理五大部分；完全遵循数据—模型—图纸的正向设计思路，彼此数据关联、信息传递，面向工程实际工况，达到施工图设计精度，指导现场施工。

3.1　模块化设计

模块化设计是将隧洞设计要素组合在一起，构成具有特定功能的子系统，将这个子系统作为不同围堰类别，不同施工方法的通用型模块与其他要素进行组合，构成新系统，产生多种隧洞结构的设计方法。模块化设计的优点是：可以对模块单独进行设计、修改和存储；也可以对模块接口部位的结构、尺寸和参数标准化，实现模块间的互换，便于装配及单独调用，从而使模块满足更大数量的不同型式隧洞的需要。该工程隧洞的模块化设计主要包括不同围堰类别、不同断面型式主洞、支洞的超前支护、初期支护、二次衬砌；钢筋网、钢拱架、锚杆、管棚、小导管等结构的模块化设计，各模块通过坐标系原点进行装配，根据线路措施表得到不同断面的隧洞标准装配单元。钢拱架模块模型如图 2 所示，衬砌钢筋网模块模型如图 3 所示，隧洞标准装配单元如图 4 所示。

图 2　钢拱架模块模型

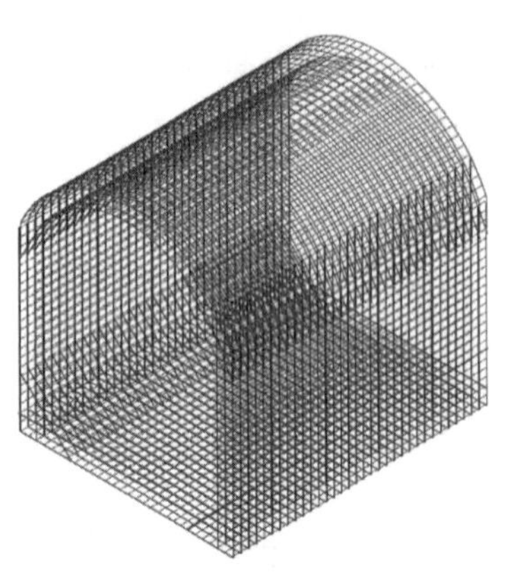

图 3　衬砌钢筋网模块模型

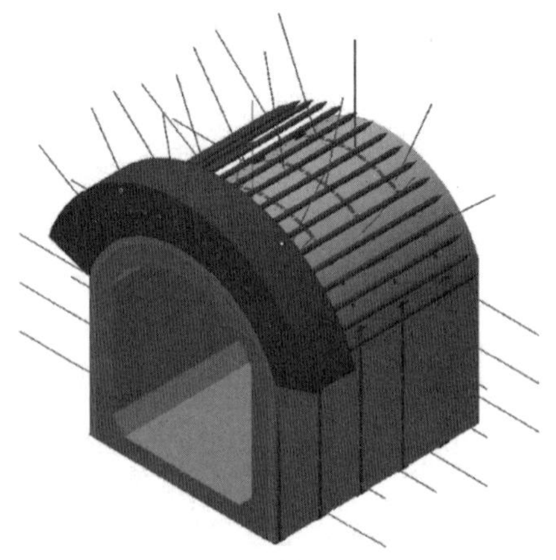

图 4　隧洞标准装配单元

3.2　参数化建模

参数化是 BIM 设计的重要指标，参数化的数据，可使模型具有各项可计算的信息和属性，可使这些构件能有效地被分析及更智能地操作。信息模型包括几何信息和非几何信息，二者均依附于模型，与模型相互关联，甚至相互驱动，参数化体系能有效地提高设计效率。隧洞结构模型均由标准断面布局控制，并与模型参数表关联，只要修改参数表中的值，所有模型均改变尺寸，相应的图纸和工程量表也自动修改，完全实现参数化操作。二次衬砌结构参数化建模示意如图 5 所示。

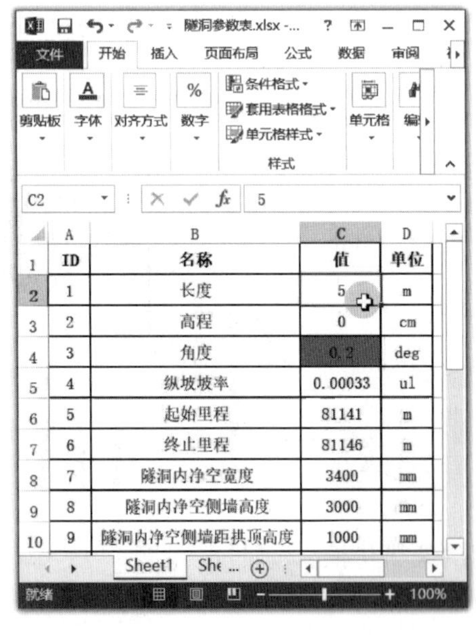

ID	名称	值	单位
1	长度	5	m
2	高程	0	cm
3	角度	0.2	deg
4	纵坡坡率	0.00033	ul
5	起始里程	81141	m
6	终止里程	81146	m
7	隧洞内净空宽度	3400	mm
8	隧洞内净空侧墙高度	3000	mm
9	隧洞内净空侧墙距拱顶高度	1000	mm

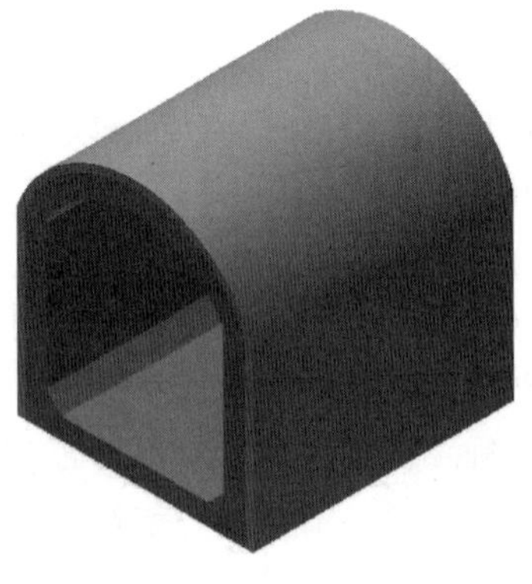

图 5　二次衬砌结构参数化建模示意图

3.3 批量化修改

利用二次开发插件，将各装配单元中模型参数表中的值批量修改为线路措施表中的值，进而修改隧洞结构模型及关联图纸，实现一张措施表控制全部模型。模型参数批量化修改示意图如图 6 所示。

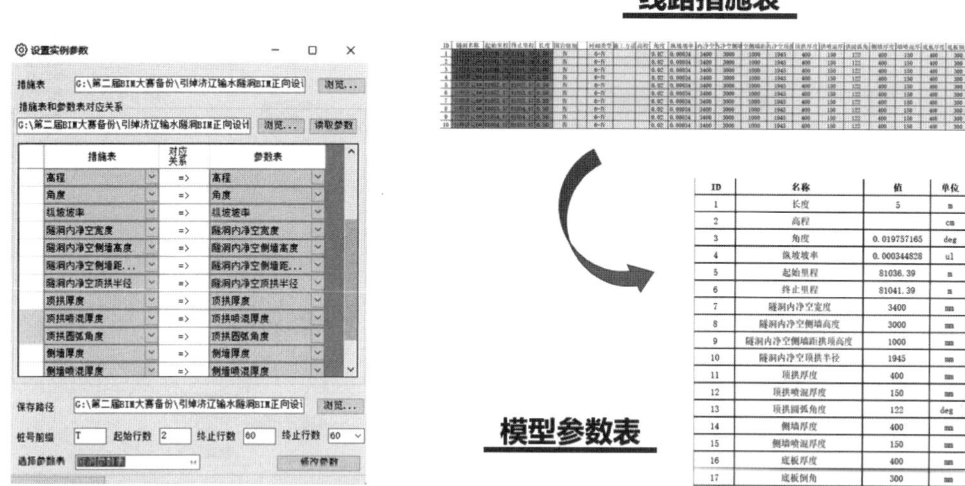

ID	名称	值	单位
1	长度	5	m
2	高程		cm
3	角度	0.019757165	deg
4	纵坡坡率	0.000344828	ul
5	起始里程	81036.39	m
6	终止里程	81041.39	m
7	隧洞内净空宽度	3400	mm
8	隧洞内净空侧墙高度	3000	mm
9	隧洞内净空侧墙距拱顶高度	1000	mm
10	隧洞内净空顶拱半径	1945	mm
11	顶拱厚度	400	mm
12	顶拱喷混厚度	150	mm
13	顶拱圆弧角度	122	deg
14	侧墙厚度	400	mm
15	侧墙喷混厚度	150	mm
16	底板厚度	400	mm
17	底板倒角	300	mm

图 6　模型参数批量化修改示意图

3.4 自动化装配

由于隧洞里程长，结构复杂，装配工作量大，使用自动装配插件，读取线路模型，调取标准装配单元，完成隧洞模型自动化装配。装配完成后可对隧洞装配模型进行详细等级控制，可以分别查看不同结构的模型状态。隧洞总装配及详细等级控制如图 7 所示。

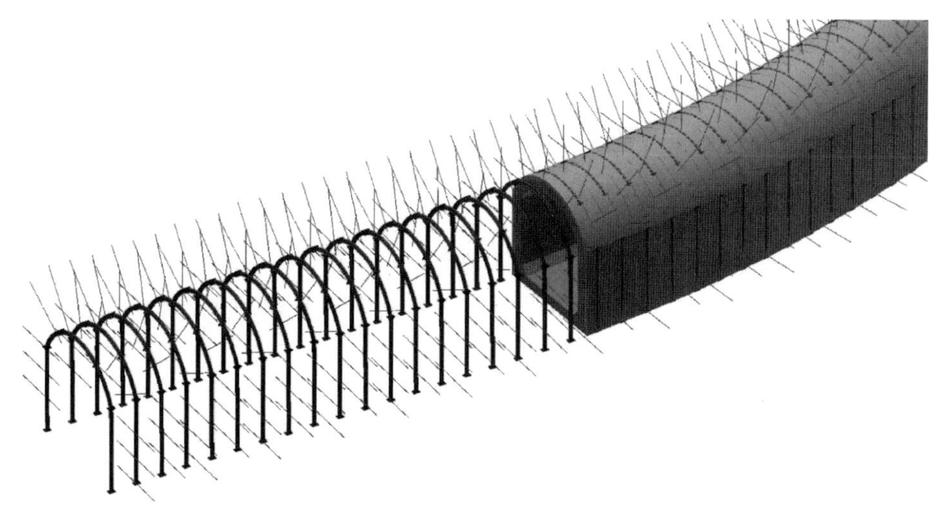

图 7　隧洞总装配及详细等级控制

3.5 结构化管理

结构化管理是 BIM 模型有效指导施工的必要手段，是 BIM 模型真正实用的必要条件，通过精确的 BIM 模型，可以提取工程结构树分类、精确的定位信息和材料工程量统计，为现场管理和成本控制提供可靠的数据保障。隧洞结构化管理逻辑如图 8 所示。

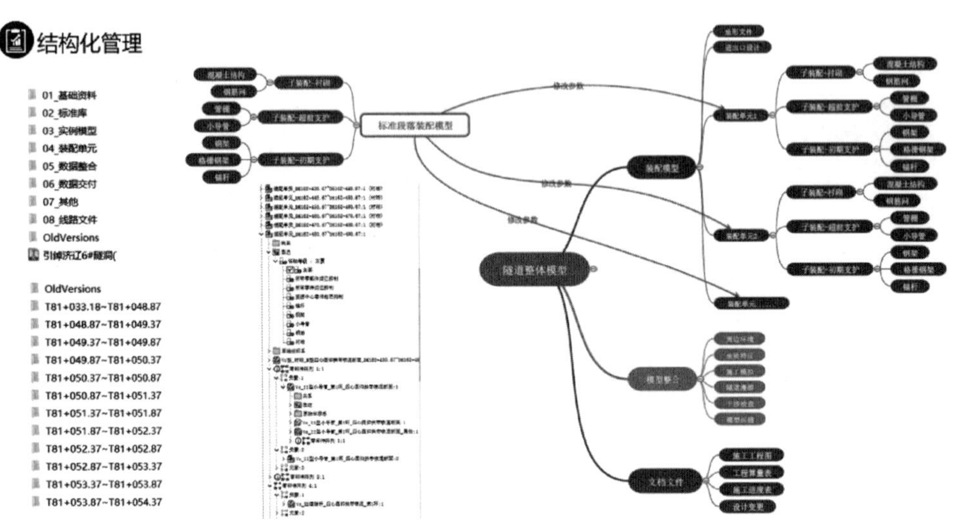

图 8　隧洞结构化管理逻辑图

4 结论

（1）隧洞属于带状工程，常规的技术和思路无法逾越带状工程与块状工程的差异；隧洞工程体量大，构件多、结构复杂，使用传统建模方式，不仅使模型难以实现施工交付，效率还极为低下；隧洞工程受工程区特殊地形、地质条件的影响大，边界条件非常复杂。因此，有必要形成一套适合带状工程的 BIM 正向设计技术思路、规则与标准。

（2）通过参数化建模、模块化设计、结构化管理，可实现自动生成线路、批量修改参数和自动装配，完成引绰济辽工程 100 多 km 输水隧洞的正向设计，成功解决水利水电线性工程的 BIM 设计难题，也验证了输水隧洞 BIM 正向设计的技术路线。

（3）与只注重视觉效果的展示类 BIM 概念模型相比，BIM 正向设计流程更复杂，模型精细程度更高，信息量更大。应用符合隧洞工程逻辑的 BIM 正向解决方案，紧密结合地形、地质条件，建立隧洞全部通用工程模块模型，并使所有施工图和工程量统计表包含于其中，实现数据与信息的关联，自动生成全线隧洞的施工图纸，大幅提高了设计效率和设计产品质量。

（4）充分应用 Inventor iLogic 规则，采用程序控制参数，参数控制模型，模型生成图纸的方法，建立了引绰济辽工程Ⅱ类、Ⅲ类、Ⅳ类、Ⅴ类围岩，钻爆法、TBM 两种施工方法输水隧洞的衬砌结构、支护、锚杆、钢筋网、钢拱架、小导管、管棚等所有构件的程序式参数化模块模型，模型的逻辑性强、信息量大、自动化程度高。

BIM 配管技术在 PCCP 长距离输水工程中的应用

李利荣　李国宁　王雪岩　苏海涛　石　韬

1　引言

引绰济辽工程是“十三五”期间确定的 172 项国家重大水利建设项目之一。工程线路按照地形地貌分为山区段和平原区段两部分，工程输水线路总长 390.263km。山区段采用无压输水隧洞，平原区采用 PCCP 管道输水。平原区的输水管线全长 206.88km，为重力输水，管径为 2×DN2800 和 DN3200。由于平原区管线全线交叉工程多，其中穿河交叉 6 处，穿越交通工程 19 处，穿越输水渠 1 处，穿大坝 1 处。附属建筑物种类多、数量多，主要包括检修阀门井、分水口阀门井、连通阀门井、排水井、排补气井、超压泄压阀井、流量计井、镇墩等，每种建筑物结构型式及尺寸均不相同。并且在穿越工程及部分附属建筑物中，管道采用的管材与主管道不同。同时，管线随着全线地形变化，管顶的覆土厚度及设计工作压力沿线均发生变化。因此，在工程施工图设计中，管道综合深化设计是工作中的难点和重点。

由于管线综合布置的复杂性，通常采用手动进行配管，导致配管效率低，而且一旦管线发生变化时，需要人工再次手动进行调整，大大降低了设计效率。并且由于实际的管线为空间线路，采用传统的配管设计会使管道、管件及配件尺寸产生误差，无法对各特性管道、管件准确进行定位，影响管道的安装和施工，导致 PCCP 管道施工阶段的设计修改。

为满足工程具体要求，有效指导施工现场的安装及焊接工作，需根据管线实际布设情况进行精确配管设计，准确确定不同特性管件、配件以及标准管的数量及位置，避免在工程实际施工中出现配管位置设计不合理或配件、管件尺寸出现较大偏差，从而造成管道施工中管道不能精确定位、影响安装等问题。引绰济辽工程平原区 PCCP 输水管线采用三维 BIM 配管技术，通过全线三维建模、建筑物及镇墩参数化设计、程序编制等实现长距离管线线路自上而下的配管设计，准确定位不同桩号的管道特性，并统计各标段不同特性标准管、管件及配件的数量，进一步提高设计效率和精度。

2　BIM 配管设计主要内容

输水管线属于典型的带状工程，具有线路里程长、地形地质条件变化大、穿越交叉工况多、标段划分多等特点。为了合理设计，提供符合管道实际配件的精确尺寸，保证工程质量，确保管线安全的可靠性，利用 BIM 配管技术实现长距离、大管径 PCCP 管线的配管设计。BIM 配管设计技术流程图如图 1 所示。

2.1　三维管线建模

引绰济辽长距离输水管线为有压输水，不同段管道的设计压力不同，且管顶有一定的覆土。在管线平面走向确定的前提下，首先对管线纵断面及横断面进行设计，确定管线的控制点及建筑物的位置。采用工程管线设计软件，首先对管线平面和纵断进行设计，确定管线各节点控制点后，导出管线所有节点的空间坐标值，应用 Inventor 软件插件进行管道中心线的三维空间建模，建模完成后，标注管线所有直管段长度和管线转角，供后续程序提取模型数据。管线节点坐标表及管线三维模型如图 2 和图 3 所示。

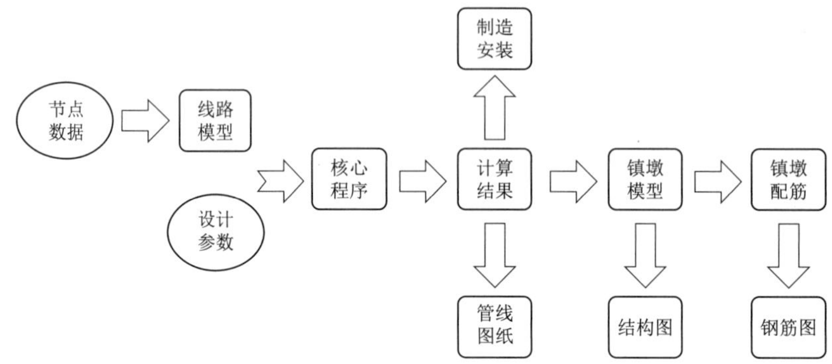

图 1　BIM 配管设计技术流程图

X坐标	Y坐标	Z值
394978.552	5024463.546	276.39
394886.737	5024353.263	276.24
394850.142	5024309.307	276.19
394829.276	5024263.869	276.14
394693.267	5023967.69	266.63
394654.776	5023883.87	266.63
394655.178	5023878.559	266.63
394659.592	5023807.225	266.39
394670.513	5023633.401	261.77
394723.188	5023564.41	259.29
394899.014	5023334.127	258.28
395050.889	5023135.211	253.58
395232.946	5022896.767	250.78
395408.161	5022667.281	250.52
395454.649	5022549.911	248.46
395474.901	5022498.78	248.46
395511.73	5022405.796	248.11

图 2　管线节点坐标表

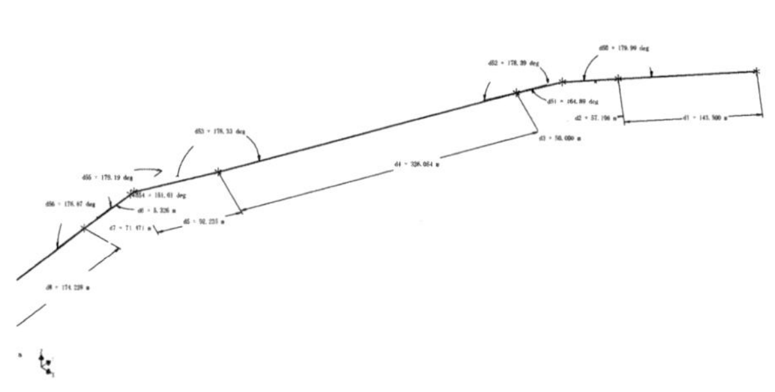

图 3　管线三维模型

2.2　建筑物及镇墩参数化设计

长距离输水管线附属建筑物种类和数量繁多，且每个建筑物根据实际地形变化，建筑物的尺寸也会发生变化，因此附属建筑的设计采用参数化设计具有很大的必要性。在建筑物参数化设计中，根据工程关系和几何关系来指定设计要求，要满足这些要求，不仅要考虑建筑物参数的初值，而且要在每次改变这些设计参数值来维护这些基本关系，其参数分为两类：一类为尺寸值即可变参数，另一类为各元素间的各种连续几何信息即不变参数。建筑物参数化设计的本质就是在可变参数的作用下，系统能自动维护所有的不变参数。镇墩及附属建筑物三维模型如图 4 和图 5 所示。

因此，在长距离管线附属建筑物种类、数量繁多的情况下，建筑物采用参数化设计，可以有效提高模型生成和修改的速度，也实现了设计过程的自动化。

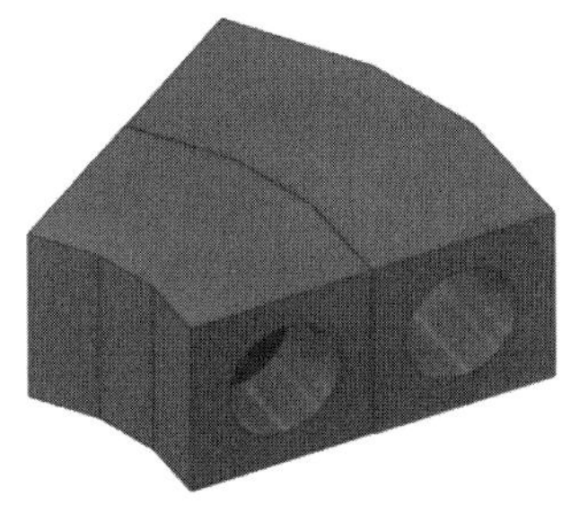

(a) 双管镇墩模型

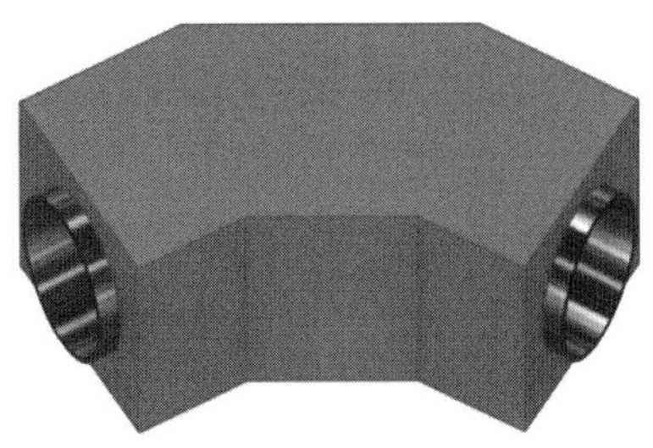

(b) 单管镇墩模型

图 4　镇墩三维模型

(a) 流量计井三维模型

(b) 排补气井三维模型

图 5　附属建筑物三维模型

2.3　配管程序编制

输水管线沿线附属建筑物及镇墩经参数化确定尺寸后，根据管道直径、标准管长度、镇墩起设角度、建筑物种类及其建筑物中管道的管材创建表单，生成交互式界面，对管线的主要设计参数值进行确定，链接到参数表。应用 Inventor 的 iLogic 规则编制配管计算程序，提取模型数据，应用设计参数，关联线路措施表和管线特性表，进行循环计算，对不同种类的附属建筑物、穿越工程、厂区、弯管等按不同的规则编制程序进行计算处理，进而确定不同桩号管道的特性及管件尺寸等。计算完成后，自动输出计算结果，包括配管数据成果、压力、覆土特性表和弯管数据表等。程序可准确统计不同特性标准管、管件及配件的数量，自动完成复杂的配管计算工作，进一步提高了配管设计的效率和精度，也提高了施工过程中管道安装的效率。配管设计表单创建及程序编制如图 6 和图 7 所示。

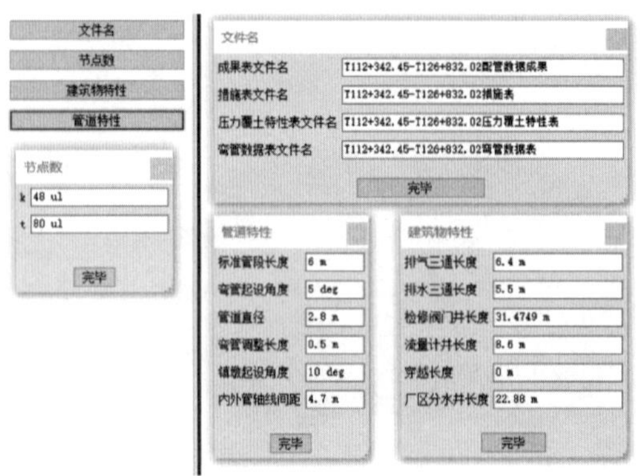

图 6　表单创建

图 7　iLogic 程序编制

3　结语

长距离、大管径 PCCP 输水管线工程采用三维可视化的 BIM 配管技术，可使管道工程装配完工后的状貌呈现出来，可全面反映不同位置管道的特性，有效减少管线的碰撞和返工。同时，可精确统计不同特性的标准管和弯头、配件等。BIM 配管技术实现了管线的精确化设计，可有效减少施工过程中因返工造成的材料和劳动力的浪费，对缩短工期、降低工程造价产生积极的影响。

输水隧洞主支洞交叉扩大洞室三维有限元分析

云　斌　曾念国　范　岳　寇生岳　刘妍妍

1　引言

引绰济辽工程是一项从绰尔河引水到西辽河，向沿线城市及工业园区供水的大型引调水工程。输水线路按照地形地貌分为山区段及平原区段两部分，山区段的输水建筑物以无压隧洞为主，隧洞全长 105.84km，其中最长的一段距离达到 69.16km。

对于山丘地区修建的长距离输水隧洞，地质情况复杂，工序多、工作面有限，施工往往比较困难，施工方法的选择尤为重要。TBM 施工方法相比于钻孔爆破法，具有施工速度快，安全性能高，对围岩损伤小，对周围居民及结构影响小等优点，特别是长距离施工时，以上特征尤为明显。

该工程输水隧洞施工选用 TBM 与钻爆相结合的施工方法，TBM 组装及检修要求在隧洞内布设组装（检修）洞、连接洞、步进洞、始发洞及倒车洞等洞室，洞室断面型式多，且施工支洞、倒车洞与主洞交叉段为空间曲面结构，型式复杂，计算难度大。二维计算软件对于复杂的空间结构计算准确性不高，无法满足设计要求。有限元法通过建立数值模型，可以模拟复杂施工条件下隧洞开挖过程，并对开挖过程中结构的位移、应力、应变等进行分析，计算结果与实际情况吻合较好，因而成为了一种行之有效的工程分析手段。

2　数值模拟

Midas/GTS 是一款针对岩土领域研发的通用有限元分析软件，支持线性/非线性静力分析及动态分析、边坡稳定分析、隧洞施工阶段分析等多种分析类型，广泛地适用于水工、隧道、地铁、边坡等各种实际工程的准确建模与分析。

本文应用 Midas/GTS 软件，针对引绰济辽工程输水隧洞主支洞交叉扩大洞室段的围岩力学参数、施工方法、施工步骤建立三维有限元计算分析模型，对开挖过程中围岩及一次支护的受力状态进行分析。

2.1　有限元模型

锚杆采用植入式桁架单元，桁架单元由两个节点构成，属于“单向受拉-受压的三维线性单元”；钢拱架采用梁单元模拟；喷射混凝土采用板单元，板单元可考虑平面受压、受拉、平面受剪以及厚度方向的剪切；岩体采用实体单元，实体单元是利用四个节点、六个节点或八个节点构成的三维实体单元，用于模拟实体结构和厚板壳结构。三维有限元模型见图 1～图 4。

2.2　材料力学参数

隧洞围岩采用弹塑性本构关系，屈服准则为莫尔-库仑准则；喷射混凝土采用 C25 混凝土，厚度 0.2m；锚杆采用直径 25mm 螺纹钢筋，长度 4.5m；钢拱架采用型号 22b 工字钢。材料力学参数见表 1。

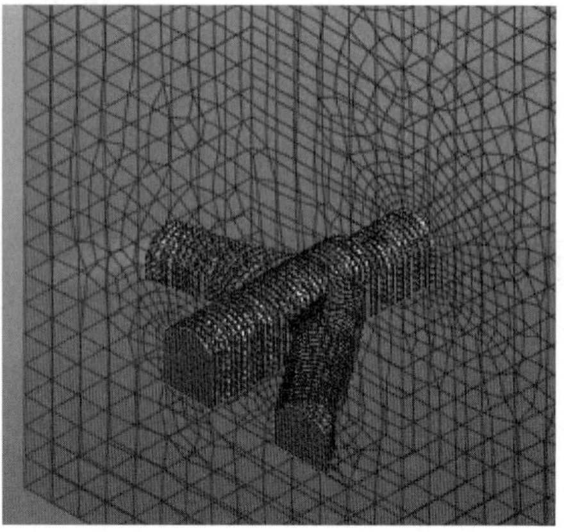

图 1　输水隧洞主支洞交叉段有限元模型

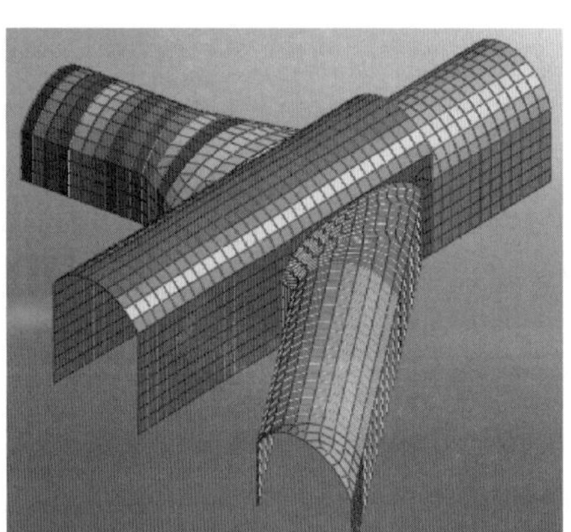

图 2　喷护混凝土板单元

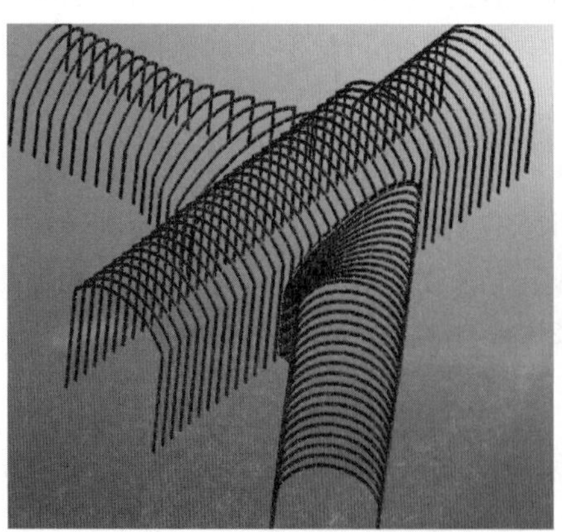
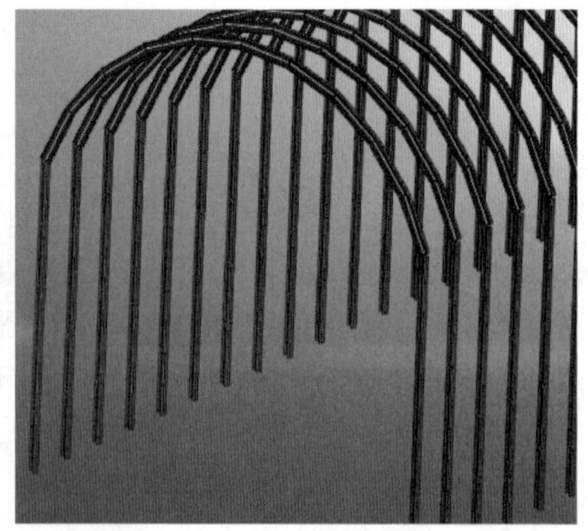

图 3　钢拱架梁单元

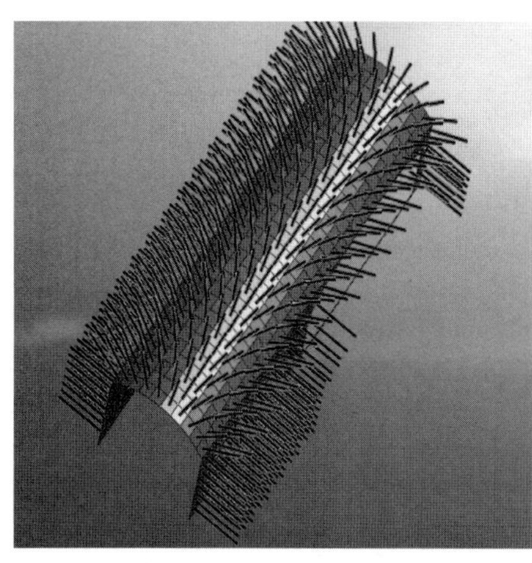
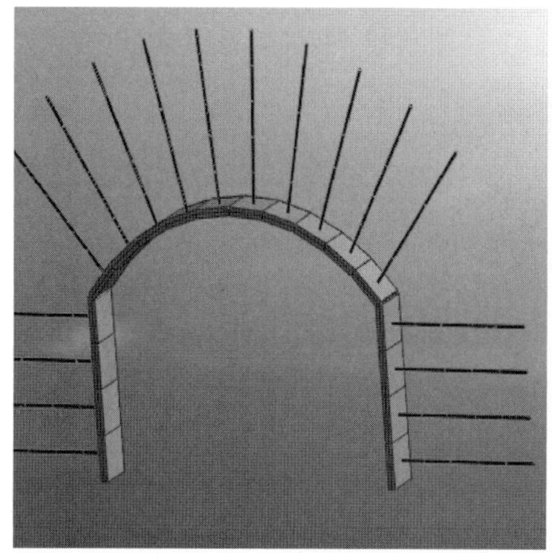

图 4　锚杆植入式桁架单元

表 1　材料力学参数

序号	材　料	天然容重/(kN/m³)	弹性模量/GPa	泊松比	内摩擦角/(°)	黏聚力/kPa
1	全风化凝灰岩	20.0	0.5	0.35	25	50
2	强风化凝灰岩	22.5	1.5	0.32	30	200
3	弱风化凝灰岩	24.5	6.0	0.30	35	700
4	C25 喷射混凝土	24.0	28	0.20	—	—
5	ϕ25 锚杆	78.5	200	0.30	—	—
6	钢拱架	78.5	200	0.30	—	—

2.3　边界条件

2.3.1　位移边界条件

模型上表面即地表面为自由边界，其余各外表面均约束法线方向的位移。

2.3.2　荷载边界条件

根据地勘钻孔所揭露的地下水位置，建立地下水位面，在第一步计算时考虑地下水及围岩自重作用下的初始应力场。

2.4　施工步骤模拟

施工模拟步骤如下：

(1) 施工支洞开挖支护。

(2) 主支交叉段开挖支护。

(3) 根据倒车洞开挖轮廓线，截断主洞钢拱架，在主洞洞壁内侧架设两榀 I 22b 钢拱架，将主洞被截断的钢拱架与 I 22b 钢拱架链接。

(4) 倒车洞按照每次循环进尺 1m 进行开挖支护，每开挖 1m，根据断面尺寸架立 1 榀钢拱架、锚杆支护、挂网喷混凝土，然后进行下一个循环。

3 结果分析

3.1 围岩位移及应力分析

围岩位移见图 5，围岩最大位移发生在倒车洞与主洞相交平面，倒车洞拱顶主中心处，围岩最大位移为 2.04mm。围岩第一、第三主应力图见图 6、图 7。从图中可以看出，围岩受到最大拉应力为 0.7MPa，远小于弱风化凝灰岩的抗拉强度 1.78MPa；最大压应力 13.74MPa，远小于弱风化凝灰岩的抗压强度 35.6MPa。因此，围岩在整体上是稳定的。

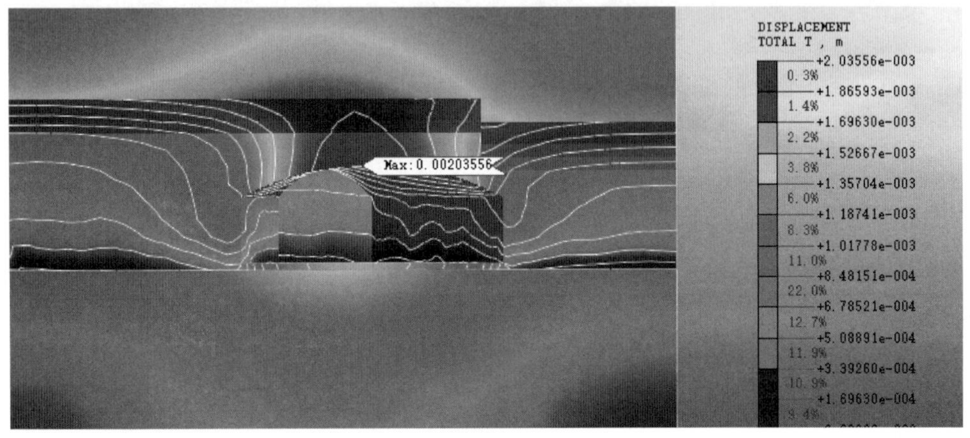

图 5 围岩位移图

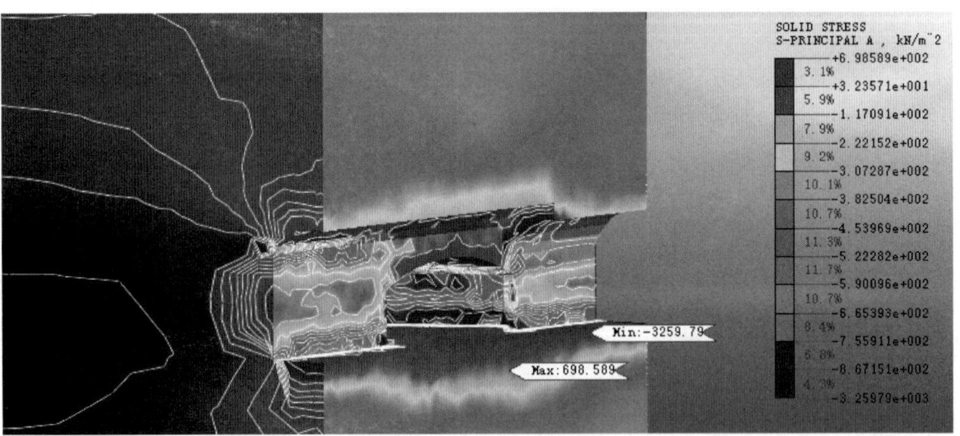

图 6 围岩第一主应力图

3.2 锚杆应力分析

锚杆应力分布图如图 8 所示，锚杆最大拉应力发生在倒车洞与主洞交叉上游边墙处，值为 102.33MPa，最大压应力发生在倒车洞与主洞交叉下游边墙处，值为 1.31MPa。锚杆最大拉应力、压应力值均远小于锚杆的抗拉、抗压强度。

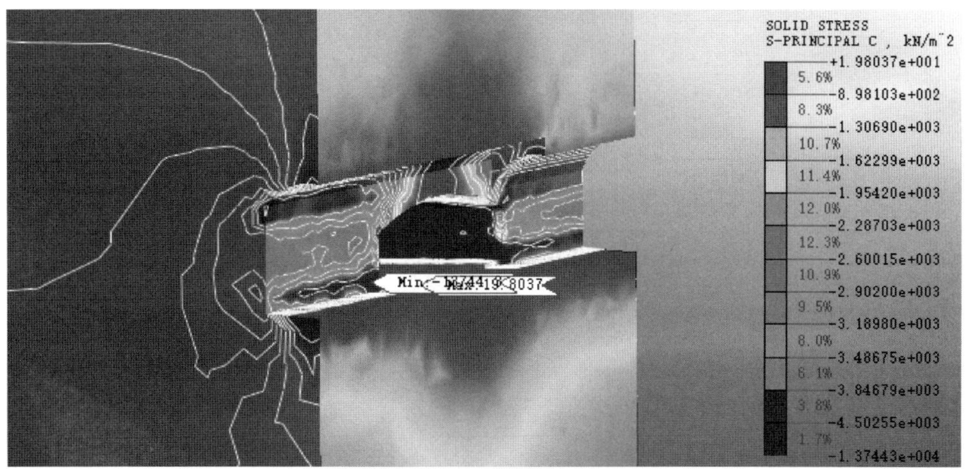

图 7　围岩第三主应力图

图 8　锚杆应力分布图

3.3　钢拱架应力分析

钢拱架承受最大拉应力为 12.56MPa，最大压应力为 76.10MPa，远低于钢拱架抗拉、抗压强度，钢拱架整体稳定，见图 9。

3.4　喷射混凝土应力分析

喷射混凝土最大、最小主应力如图 10 和图 11 所示。喷射混凝土最大压应力值为 8.19MPa，未超过 C25 混凝土抗压强度设计值 11.9MPa。喷混最大拉应力发生在倒车洞与主洞边墙相交处，最大拉应力值为 2.89MPa，倒车洞与主洞相交平面，倒车洞顶拱上方主洞直墙喷设混凝土的拉应力为 1.5～2.0MPa，均超过 C25 混凝土抗拉强度设计值 1.27MPa。在上述部位拉应力较大处进行加厚加筋处理，防止喷射混凝土开裂。

图 9　钢拱架应力分布图

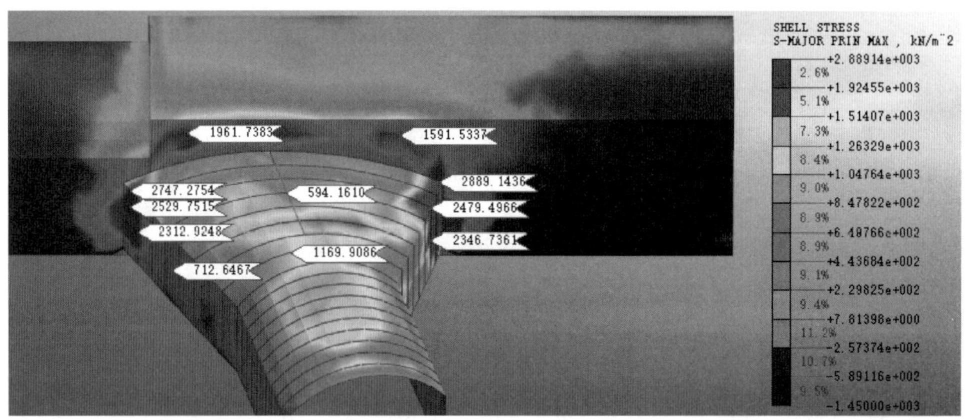

图 10　喷射混凝土最大主应力图

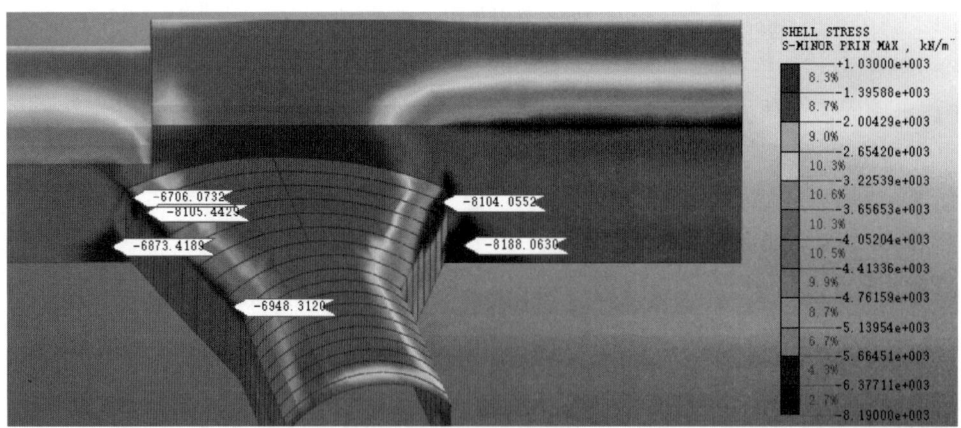

图 11　喷射混凝土最小主应力图

4 结论

围岩稳定性评价是指导隧洞工程安全施工的重要环节，随着TBM法施工在深埋隧洞中较传统钻爆法技术和经济优势的体现，针对深埋隧洞的施工特点，在TBM施工中如何分析围岩的稳定安全性已成为水工设计、施工人员关注的热点。

本文以引绰济辽工程山区段输水隧洞为工程实例，运用Midas/GTS三维有限元软件，采用三维弹塑性本构模型来模拟围岩结构，对隧洞开挖过程中，围岩及一次支护的位移、应力等进行了计算分析。通过三维有限元分析，可以优化支护设计参数，针对性地提出安全、经济、合理的工程措施，为输水隧洞的设计及施工提供可靠的理论依据。

基于BIM的景观河道液压坝结构设计研究

王雪岩　李国宁　王文强　范　岳　薛　洁
左舒扬　肖志远　刘　涛

1　基于BIM技术进行结构设计

1.1　技术路线

河景观河道液压坝结构设计技术路线图见图1，采用Inventor软件进行水工结构和金属结构三维参数化建模，将液压坝的水工结构如闸底板、边墙、挡土墙等通过衍生特征命令进行关联设计，将金属结构总装配闸门与闸底板进行iLogic规则设置，实现参数化联动。采用Revit软件进行机电设备和附属建筑物进行三维建模。将建好的模型导入Vault平台，进行设计信息管理和整体装配。对装配好的液压坝进行仿真运动和效果渲染。将水工结构和金属结构模型导入ANSYS软件进行有限元分析，使其符合设计强度和稳定要求。最终将模型导出图纸和工程量，满足施工要求。

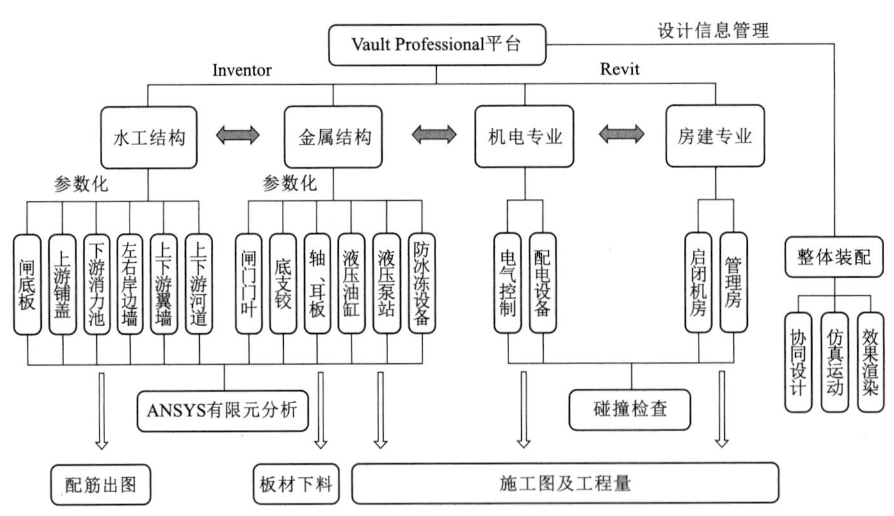

图1　河景观河道液压坝结构设计技术路线图

1.2　水工结构三维参数化设计

1.2.1　水工结构体型设计

为提高水工结构设计质量和效率，运用Inventor软件建立水工结构参数化模型库，

实现各结构模型的快速建立及调整修改。对于常用的、构成相对简单的单体结构，如闸底板、左右边墙、上下游翼墙、上游铺盖、下游消力池、上下游边坡等，见图 2，运用衍生特征命令，编辑表单，设置 iLogic 规则，建立相应的建模系统，将各组成部分的参数化建模、相互间关联关系进行整合，进一步提高设计质量和效率。

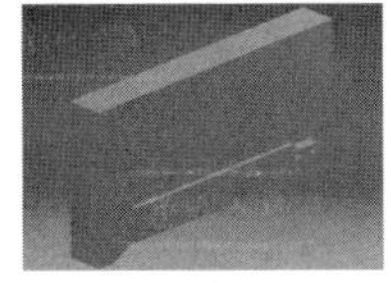

图 2　水工结构模型

1.2.2　计算分析

建立水工结构建模软件与常用分析计算软件间的数据接口，如 ANSYS、ABQUS、MIDAS 等软件，进行有限元分析等计算分析工作如图 3 所示，并能将计算分析并调整后的模型返回水工结构建模软件的设计模型中，促进设计工作优化调整的便捷性。

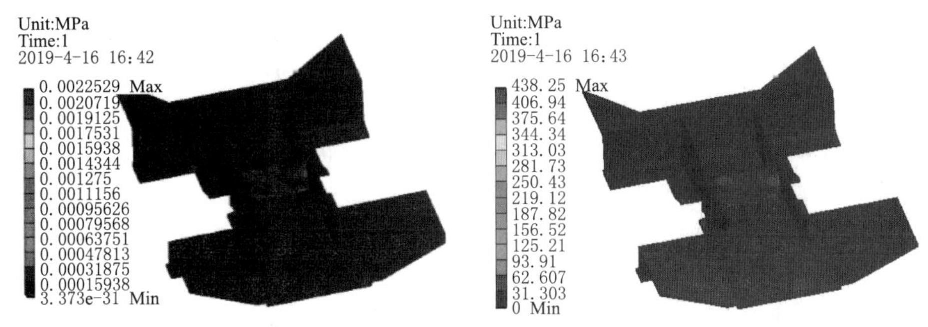

图 3　水工结构有限元分析

1.2.3　配筋设计

配筋设计基于水工结构三维模型进行钢筋配筋，实现钢筋类型、数量的自动统计及钢筋表的自动生成，如图 4 所示。

1.2.4　图纸输出

建立适合水利水电工程设计规范的统一制图模板，基于水工专业三维模型实现各类工程图纸的生成，包括平面图、剖面图、立视图以及局部详图等，内容包括图框及标题栏、各类标注（包括字型、字号、线型、线宽、符号形式、填充方式、颜色等）、各类数据表格、图幅及比例尺适配等。生成的工程图纸需与相应的水工结构三维模型关联，实现设计调整修改时，工程图纸的自动更新如图 5 所示。

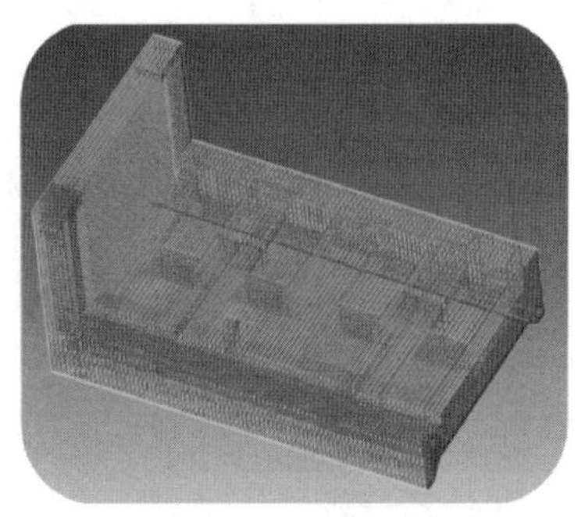

图 4　三维配筋

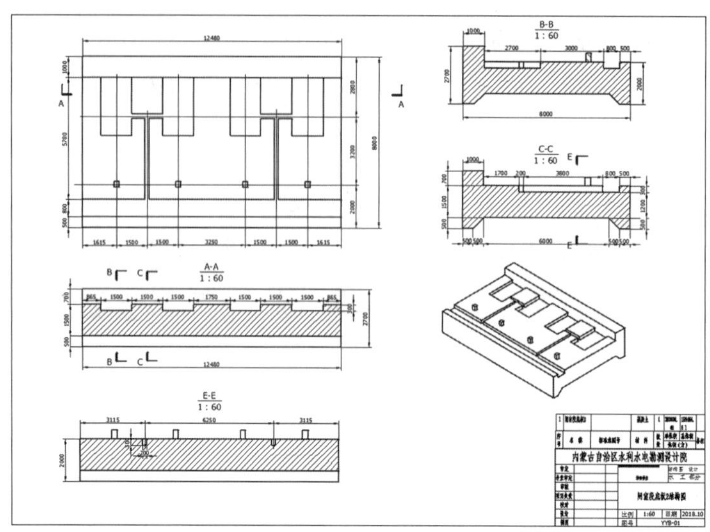

图 5　水工图

1.3　金属结构三维参数化设计

1.3.1　闸门结构设计

运用 Inventor 软件建立水工钢闸门参数化模型，将钢闸门模型门叶进行全参数化设计，如闸门宽度、挡水高度等参数与水工结构建立规则联系，形成液压坝整体参数化联动。其他零部件如底支铰、耳板等建立系列库，液压泵站、液压油缸等逐渐积累形成各级容量启闭机模型库，如图 6 所示。

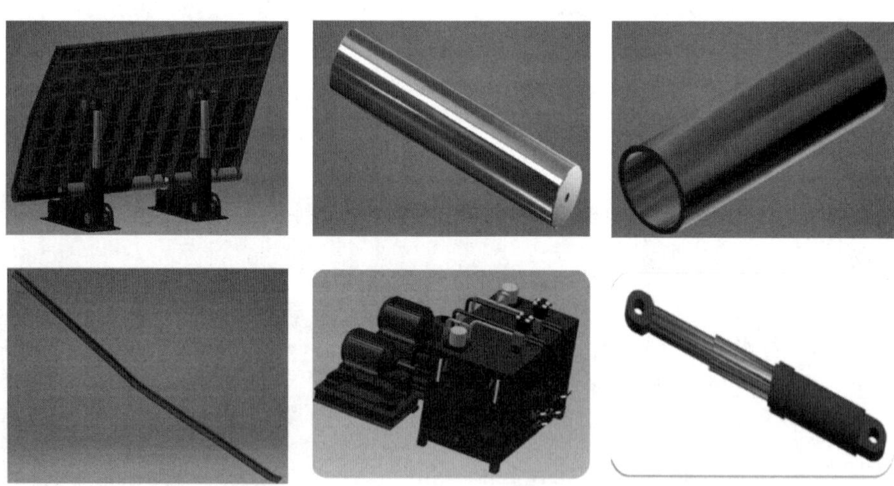

图 6　金属结构模型

1.3.2　计算分析

将装配完成的闸门模型导入有限元分析软件 Midas 中，划分网格，设置运行的边界

条件和载荷，对闸门结构进行稳定分析、应力分析、位移分析等计算分析工作，对应力集中或者位移偏大的地方进行局部优化如图 7 所示。

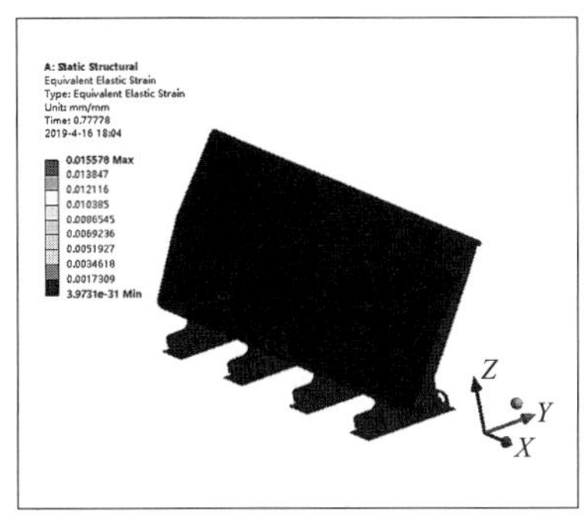

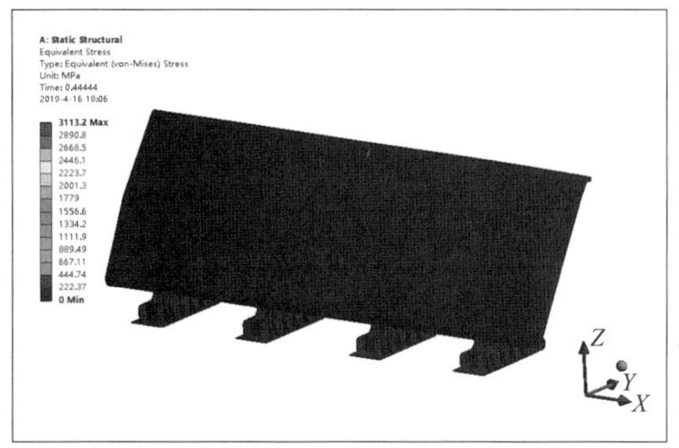

图 7　金属结构有限元分析

1.3.3　图纸输出

将三维模型与二维平面图灵活结合，绘制可以直接进行加工生产的零部件图。针对金属结构专业建立符合规范的统一制图模板，将各零部件的材料、型号、装配要求、加工精度、粗糙度以及公差配合等信息清晰明白地传达到图纸上，准确无误地传达给生产车间。生成的工程图纸与相应的零部件三维模型关联，实现设计调整修改时，工程图纸的自动更新如图 8 所示。

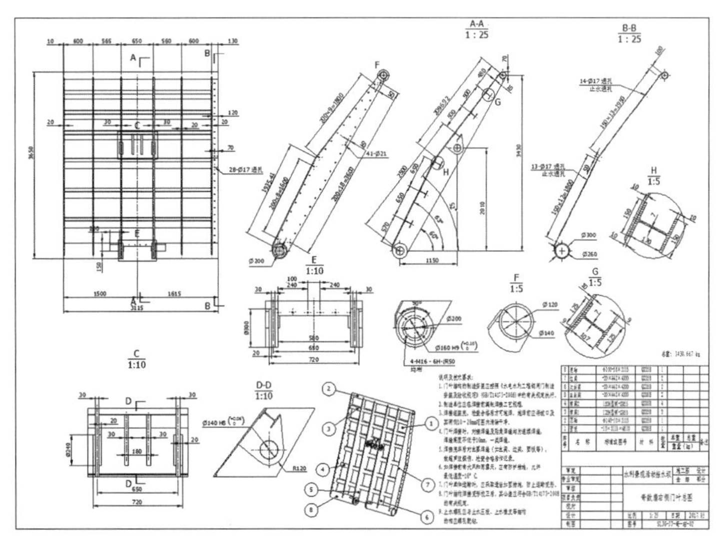

图 8　闸门图纸

2　结语

该项目基于 BIM 技术，进行多专业协同三维参数化设计，集合了结构设计和有限元分析，贯通了工程设计从三维模型到二维图纸的转换，将水工专业和金属结构等专业灵活结合联动设计，可借鉴其他项目使用。液压坝与钢坝闸、气盾闸等河道景观类闸型类似，触类旁通，举一反三，可以将液压坝的BIM设计经验运用到其他坝型中，拓展景观河道类水闸的应用范围，为其他景观河道类闸的设计提供了宝贵的设计经验。

基于 BIM 的景观河道液压坝结构联动设计

王雪岩　李国宁　范　岳

液压坝整体结构的联动设计是调整闸门和闸底板联动参数，液压坝整体结构会随着河道宽度和挡水高度整体参数化联动。下面以某城市水生态提升综合利用 PPP 项目为例，河道总净宽为 200m，挡水高度 3.5m，每扇闸门净宽 6.25m，共设 32 扇闸门。将河道宽度作为变量，其他作为定量，对两扇闸门的液压坝河道宽度 12.5m 进行参数化联动设计，调整为 32 扇闸门的液压坝河道宽度为 200m。

1　金属结构模型参数化设计

（1）建立 Excel 参数表作为第三方参数连接，同时也作为与其他专业的参数数据接口，在编辑模型内创建用户参数，以闸门门叶为例，如图 1 所示。

参数

参数名称	使用者	单位/类	表达式	公称值	驱动规则	公差	模型数值	关键		注释
模型参数										
用户参数										
门叶宽度	d29, d2	mm	1615 mm	1615.00...	规则0	○	1615.00...	☑	☑	
底轴直径	d10, d1...	mm	300 mm	300.000000		○	300.000000	☑	☑	
底轴厚度	d1	mm	20 mm	20.000000		○	20.000000	☑	☑	
闸门间止水宽度	d24	mm	20 mm	20.000000		○	20.000000	☑	☑	
底轴开槽宽度	d6	mm	720 mm	720.000000		○	720.000000	☑	☑	
主纵梁间距	d47, d4...	mm	650 mm	650.000000		○	650.000000	☑	☑	
顶轴直径	d23, d2...	mm	140 mm	140.000000		○	140.000000	☑	☑	
闸门倾角	d71, d7...	deg	60 deg	60.000000		○	60.000000	☑	☑	
底轴孔直径	d9	mm	160 mm	160.000000		○	160.000000	☑	☑	
主纵梁厚度	d11	mm	30 mm	30.000000		○	30.000000	☑	☑	
顶轴厚度	d23	mm	10 mm	10.000000		○	10.000000	☑	☑	
门叶厚度	d28	mm	10 mm	10.000000		○	10.000000	☑	☑	
次纵梁厚度	d40, d37	mm	20 mm	20.000000		○	20.000000	☑	☑	
横梁间距	d359	mm	闸门挡水高度 / 5 ul - 50 mm	650.000000		○	650.000000	☑	☑	
F:\BIM\景观河道...										
闸底板宽度		mm	8000 mm	8000.00...		○	8000.00...	☑	☑	
闸底板长度		m	12.5 m	12.500000		○	12.500000	☑	☑	
闸底板厚度		mm	1500 mm	1500.00...		○	1500.00...	☑	☑	
底支铰中心高度		mm	700 mm	700.000000		○	700.000000	☑	☑	
闸门宽度	d24	mm	6250 mm	6250.00...		○	6250.00...	☑	☑	
底支铰间距	d47, d4...	mm	3000 mm	3000.00...		○	3000.00...	☑	☑	
底支铰二期宽度		mm	1500 mm	1500.00...		○	1500.00...	☑	☑	
底支铰二期深度		mm	400 mm	400.000000		○	400.000000	☑	☑	
底支铰二期长度		mm	2700 mm	2700.00...		○	2700.00...	☑	☑	
闸门挡水高度	d87, d3...	mm	3500 mm	3500.00...		○	3500.00...	☑	☑	

添加数字　更新　清除未使用项　重设公差　<< 更少
链接　☑立即更新　完毕

图 1　门叶用户参数

（2）按照门叶分节结构进行三维参数化建模，将门叶分为左侧门叶和右侧门叶，根据闸门中心，对称布置，创建模型如图 2 所示，门叶参数可以根据设计要求进行调整，如图 3 所示。

（3）其他零部件如底支铰、侧止水部件、底止水部件、液压缸、镇墩等通过衍生门叶进行多实体创建，装配好的闸门模型如图 4 所示。

图 2　左侧门叶

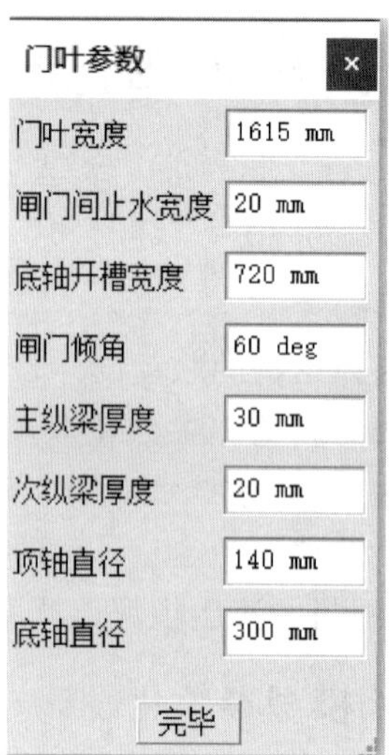

图 3　门叶结构参数

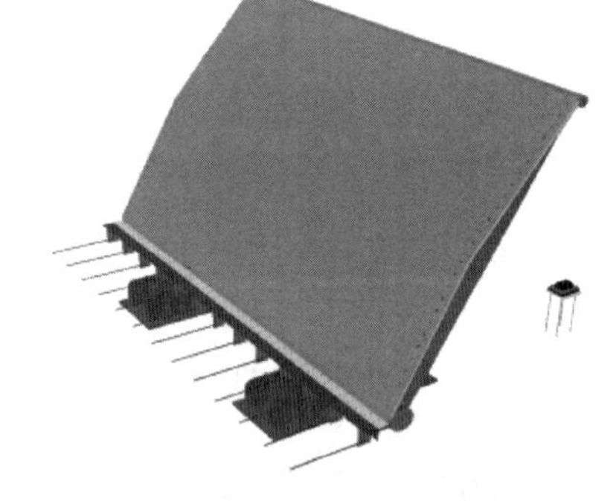

图 4　闸门装配

2　水工结构模型参数化设计

液压坝是水闸的一种类型，是修建在河道和渠道上利用闸门控制流量和调节水位的低水头水工建筑物，是以金属结构专业为主，水工专业及其他专业配合的一种景观河道类工程。为提高水工结构设计质量和效率，运用 Inventor 软件建立水工结构参数化模型库，实现各结构模型的快速建立及调整修改，并设置联动参数作为金属结构专业参数模型的接口。

（1）连接 Excel 参数表作为第三方参数表，在编辑模型内创建用户参数，以闸底板为例，如图 5、图 6 所示。

（2）按两扇闸门宽度为 12.5m 的闸底板作为最小单体进行参数化创建，以两扇闸门中心作为闸底板中心，对称布置，创建模型如图 7 所示。

(3) 将闸底板作为“源零件”，衍生到其他零件如边墙、翼墙、铺盖、消力池等布局零件中，通过生成多实体创建装配体，装配好的水工建筑物如图 8 所示。

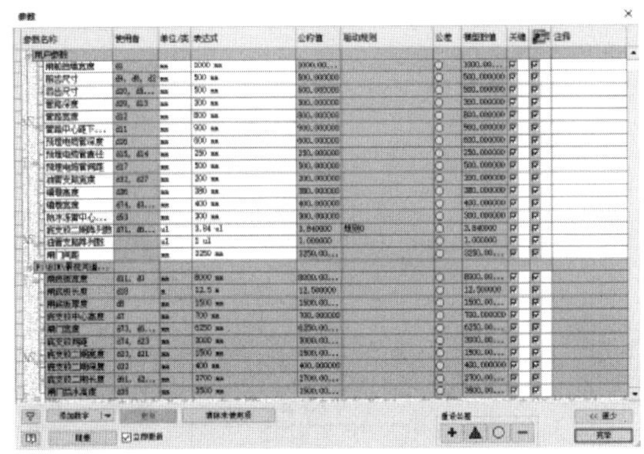

图 5　闸底板用户参数

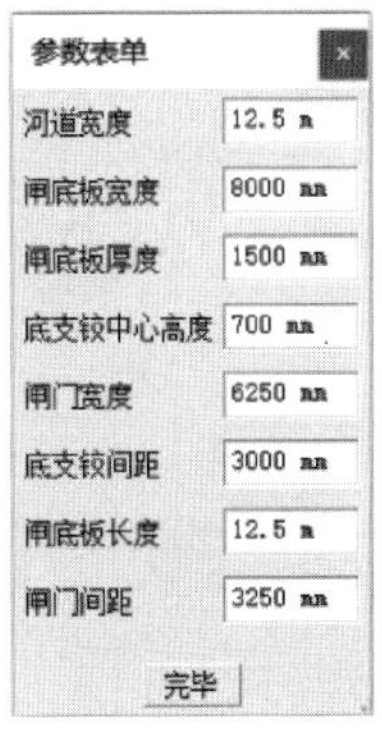

图 6　闸底板结构参数

图 7　闸底板

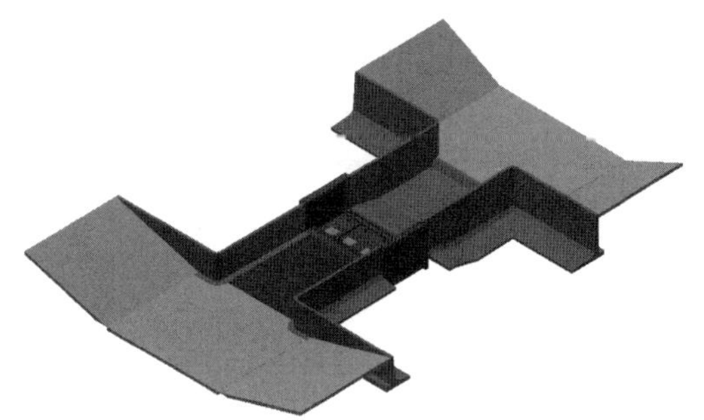

图 8　水工建筑物装配

3　金属结构与水工结构联动设计

(1) 将金属结构总体装配模型与闸底板进行约束装配，如图 9 所示。

(2) 设置装配体中 iLogic 规则，分别将两扇闸门随着闸底板宽度（河道宽度）的变化进行阵列，使闸门整体结构与水工建筑物形成整体联动，如图 10 所示。

(3) 手动更新水工建筑物模型，生成液压坝整体结构模型如图 11 所示。

(4) 修改 Excel 参数表中河道宽度为 200m，手动更新模型，液压坝整体结构将会自动调整为 200m，如图 12、图 13 所示。

运用 BIM 技术对液压坝整体结构进行的联动设计，大幅减少了方案优化带来的图纸二次修改和校审时间，设计效率显著提升。凭借其参数化建模成图、结构碰撞检测等特性，避免了因“错、漏、碰、缺”等问题造成的返工，使结构设计可靠，布置合理，有效提升设计质量。金属结构专业与上下游专业衔接融合成为一体，让整个工程充满空间感和层次感，能够充分体现设计者的设计意图，让设计产品完美的呈现，如图 14 所示。

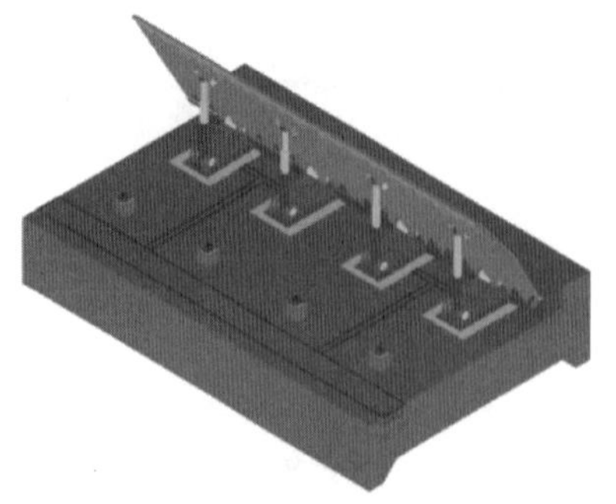

图 9　专业配合装配

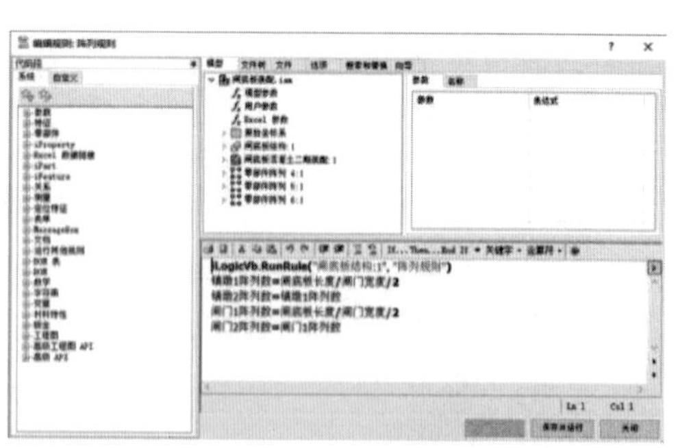

图 10　专业配合装配

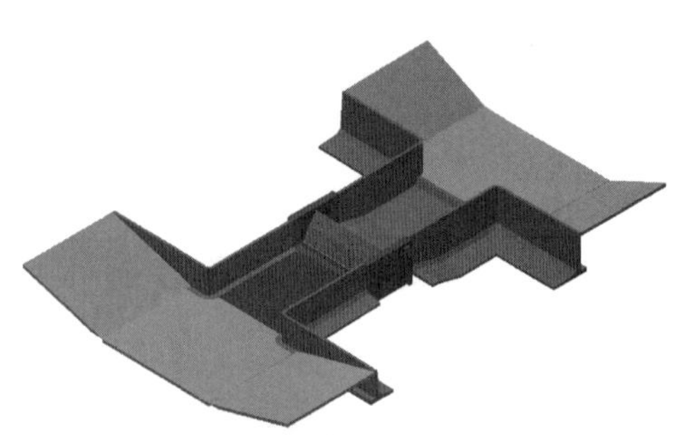

图 11　液压坝整体结构

	A	B	C
1	名称	值	单位
2	闸底板宽度	8000	mm
3	闸底板长度	200	m
4	闸底板厚度	1500	mm
5	底支铰中心高度	700	mm
6	闸门宽度	6250	mm
7	底支铰间距	3000	mm
8	底支铰二期宽度	1500	mm
9	底支铰二期深度	400	mm
10	底支铰二期长度	2700	mm
11	闸门挡水高度	3500	mm

图 12　修改 Excel 参数表

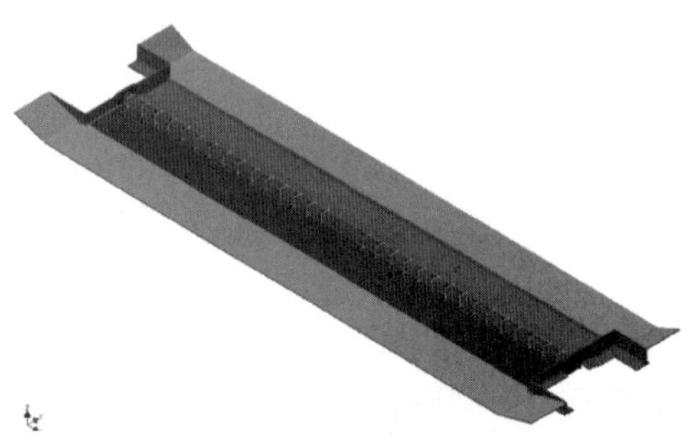

图 13　液压坝整体结构联动

图 14　液压坝效果图

BIM 建模技术在底轴驱动式液压翻板钢闸门设计中的应用

李国宁　王雪岩　梁一飞　于明舟

1　结构原理

底轴驱动式液压翻板钢闸门，俗称钢坝闸，其结构如图 1 所示，由门叶、底轴、底支铰、搁门器、底侧止水、拐臂、穿墙密封装置、液压启闭机、锁定装置等组成。门叶采用纵向悬臂梁受力结构，纵梁间设工字钢或槽钢作为次梁，前面板挡水；门叶通过螺栓固定在底轴上，由底轴驱动旋转。底轴采用空心轴，各节轴通过法兰连接成整体，支承在多个底支铰上，支铰轴承采用自润滑轴承。底轴的两端穿过闸墙伸到启闭室内，其端部由法兰与拐臂相连，拐臂与门叶成 45°角，底轴与闸墙间设有穿墙密封装置。侧止水采用双 P 头止水橡皮，底止水采用平板式止水橡皮，与底轴紧密接触。

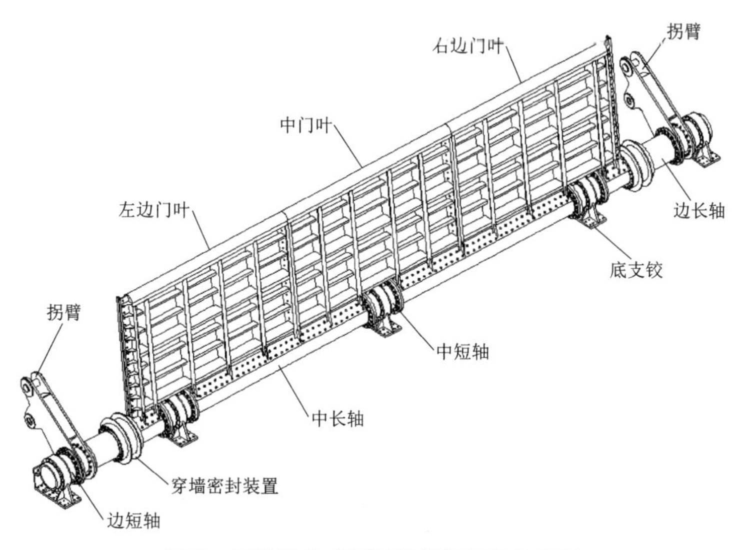

图 1　底轴驱动式液压翻板钢闸门结构图

闸门由两台卧式液压启闭机操作，分别布置在左右两岸启闭室内，液压缸采用中部转铰结构，活塞杆吊头与拐臂相连。每台液压启闭机配置独立的液压泵站和现地电控设备，各由单独的油泵电动机组和阀组进行控制，启闭运行时设闭环同步控制系统，以保证闸门两端同步运行。闸门左右两侧各设有一套锁定装置，由液压推杆和行程限位装置组成；在两个拐臂上设有锁定孔，液压推杆推动锁定轴进行锁定。闸门运行方式为动水启闭，可局部开启，液压启闭机通过拐臂驱动底轴，带动门叶做扇形转动，实现闸门开启和关闭，闸门可以在 0°～90°之间翻转，局部开度取决于锁定装置的位置。闸门全关时门叶呈铅直状，门顶溢流形成瀑布景观，门顶设有破波器，以避免局部开启运行时因门顶溢流造成门后负压；开启状态时，门体横卧在多个搁门器上，闸门全开，实现泄洪。

2 门型特点

该型闸门的底轴驱动及主纵梁结构使闸孔宽度不受传统横梁的限制，适用于孔口较宽而挡水高度较低的工况，可以省去中间闸墩，结构简单，节省土建投资。闸门启闭灵活快速，开度无级可调，方便调度，可灵活控制上游水位，适用于急涨急落需要快速开闸泄洪的河道。启闭设备隐蔽，挡水时门顶溢流形成人工瀑布，景观效果好；闸门开启时，横卧水底，无碍通航，行洪能力强。其缺点是闸室较宽，闸底板较厚，基础处理要求相对较高，底轴受基础不均匀沉降的影响较大；不便设置检修闸门，检修较困难，造价相对较高等。

3 钢坝闸 BIM 建模

底轴是钢坝闸的核心部件，门叶、底支铰、拐臂、穿墙密封装置、止水等零部件都通过螺栓连接或焊接安装于底轴之上，钢坝闸的设计、制造和安装都是以底轴为中心开展的。同样，钢坝闸的三维 BIM 建模也以此为指导思想，模拟现场安装过程，梳理建模思路，合理划分零部件，确定装配顺序。

3.1 底轴

钢坝闸最大的特点就是单扇跨度大、底轴长，底轴需穿过各个底支铰，还需穿过启闭机室侧墙与拐臂连接，传递液压启闭机扭矩。考虑到加工设备规模的限制、道路运输超宽超限的规定、现场安装工艺和精度的要求等多方面因素，底轴必须分段制造，现场拼焊或螺栓连接。由于拼焊过程产生的焊接应力会引起长轴大幅度变形，导致底轴在多个底支铰中旋转不畅、受力不均，影响运行安全，甚至发生闸门破坏等事故；一般采用分段制造，轴端焊接法兰，再螺栓连接的组合式底轴型式。

根据结构布置及功能特点，底轴分为中短轴、中长轴、边短轴和边长轴四部分。其中中短轴安装于河道底支铰内，两端焊接凸法兰，与底支铰共同构成一个组件；边短轴安装于启闭机室底支铰内，一端焊接凹法兰；边长轴外部安装穿墙密封装置，两端焊接凹法兰；中长轴用于连接门叶，两端焊接凹法兰。凸法兰安装面预留一圈凸起，焊接于中短轴和拐臂两端；凹法兰安装面预留一圈凹槽，焊接于其他轴端部。底轴安装时，凸起嵌入凹槽内，起到轴间定位和保证同轴度的作用。边长轴组件模型如图 2 所示，中短轴组件模型如图 3 所示。

法兰建模时要注意凸凹安装面及其与各自轴端的配合，设计好轮廓和中心轴，旋转 360°；然后在法兰边缘运用孔工具开沉头孔，根据螺栓受力计算确定孔数，阵列孔，完成建模。底轴材料选用无缝钢管，设置好外径和壁厚，只要不同长度的拉伸便可完成。

3.2 门叶

门叶主要起挡水和形成瀑布景观的作用，安装于底轴之上，需在底支铰位置开槽，设置止水。门叶的设计与底轴以及底支铰密切相关，需根据底支铰的间距和各节轴的长度，

科学选择单扇门叶宽度，合理布置门叶结构。一般来说，单扇中门叶都以底支铰中心线对称布置，左、右各有一半的宽度分别安装于左、右中长轴一半的宽度上，再根据孔口宽度调整左、右边门叶的宽度。这样一来，任意宽度的钢坝闸都简化为多扇中门叶和各一扇对称的左边门叶和右边门叶三种规格。由此看来，钢坝闸的设计需对底轴、支铰和门叶三者在满足受力条件的基础上综合考虑，统筹布置；达到单扇门叶规格类型最少，大幅减少设计和加工工作量，有效实现批量生产的目的。门叶结构的建模根据设计结构和尺寸要求，进行面板、主纵梁、顶横梁、次横梁、连接板等零件的拉伸建模。门叶结构建模一定要充分应用 Inventor 软件的多实体建模功能，先进行布局模型如“中门叶布局 . ipt”的设计，如图 4 所示。中门叶装配模型如图 5 所示。

图 2　边长轴组件模型

图 3　中短轴组件模型

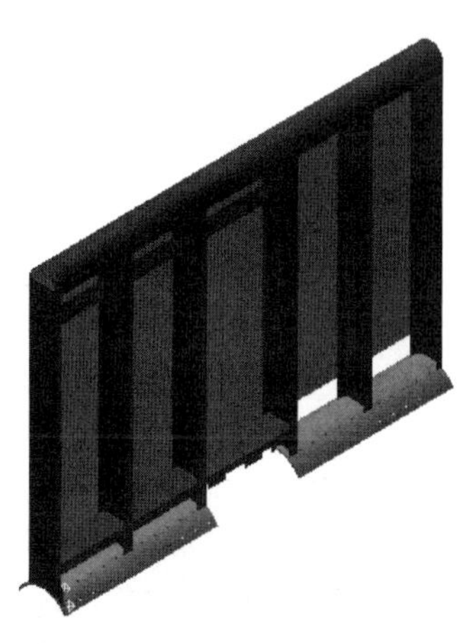

图 4　中门叶布局模型

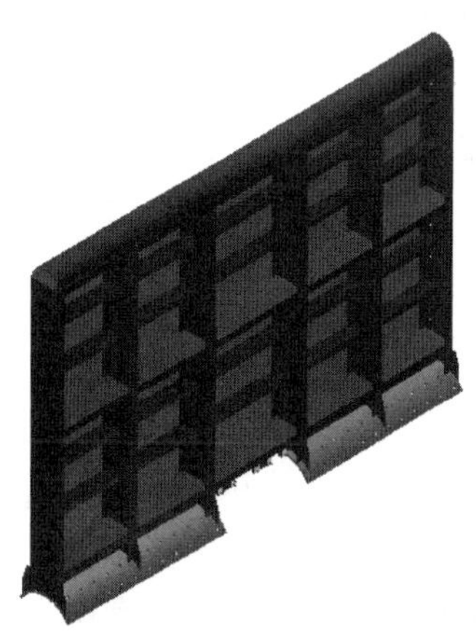

图 5　中门叶装配模型

布局模型用于门叶模型的总体布置，其包含了门叶各零件的形状、尺寸、约束条件、相关位置关系等建模信息，属于“源文件”。在布局模型中，每类零件只建立一个实体模型，并在模型树“实体”下分别重命名，见图 6 和图 7。

然后，在菜单栏的“管理”选项中点击“生成零部件”命令，弹出“生成零部件”选

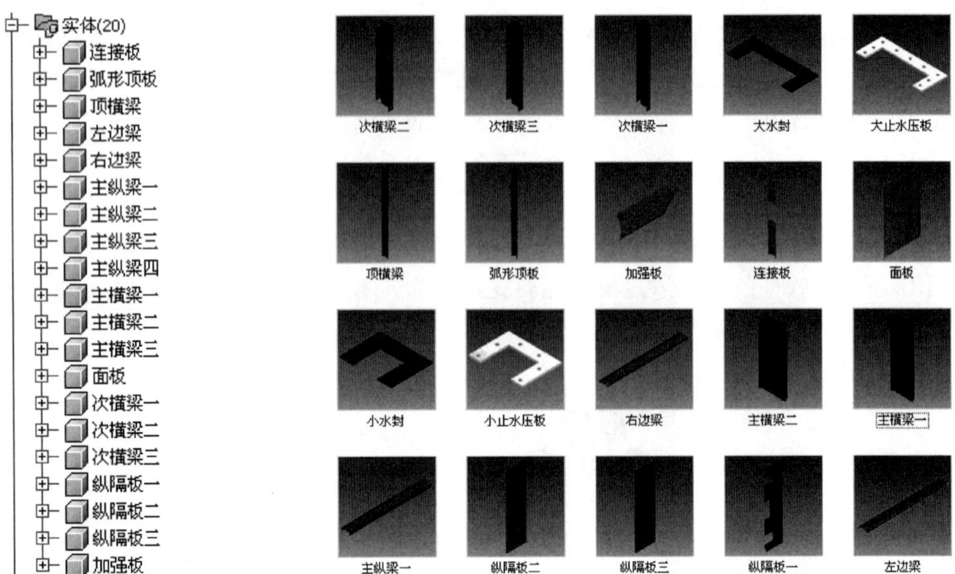

图 6　模型树实体模型

图 7　自动生成的中门叶零件模型

项卡，选择上述模型树“实体”下的全部实体模型，设置部件名、零件模板、存储位置、比例系数等选项，点击“确定”，即自动生成门叶装配模型“中门叶 . iam”，如图 5 所示。在此模型中，再进行零件的镜像、阵列等操作，完成中门叶装配模型。与此同时，门叶结构的所有零件模型都自动生成，保存于指定文件夹中，便于某些复杂零件的单独出图和下料加工。而门叶图纸工程量表中各零件标准、数量、材料与重量的统计也自动完成。这样一条“布局模型”→“装配模型”→“零件模型”→“工程图纸”→“工程量统计”完整的多实体建模技术流程，使所有部件、零件、图纸、工程量表都受控于布局模型。既使全程数据关联，又保持了各零件间的装配关系，大大节省了零件建模时间、部件装配时间和工程量统计时间。与传统绘图和常规建模相比，大大提高了建模效率和出图效率，是 Inventor 用于钢闸门建模的精髓所在。

3.3　底支铰

底支铰分焊接支铰和铸造支铰两种，如采用焊接支铰，则仍要用多实体建模，便于指导管材和板材下料；如采用铸造支铰，则建模过程中要添加铸造圆角、拔模斜度等特征。然后，在支铰模型上打孔，分别建立轴套、密封圈、挡环等零件模型，装配成底支铰组件模型，如图 8 所示。

3.4　其他零部件

其他零部件都属于普通模型，分别进行常规建模，再根据设计要求装配成各自组件即可。其中拐臂两端焊接凸法兰，需对坡口和焊缝进行专门建模，如图 9 所示；锁定座为焊接结构，需进行多实体建模；侧止水安装于边门叶上，直接和边门叶一起装配成组件，如图 10 和图 11 所示。

图 8　底支铰组件模型

图 9　拐臂组件模型

图 10　穿墙密封装置模型

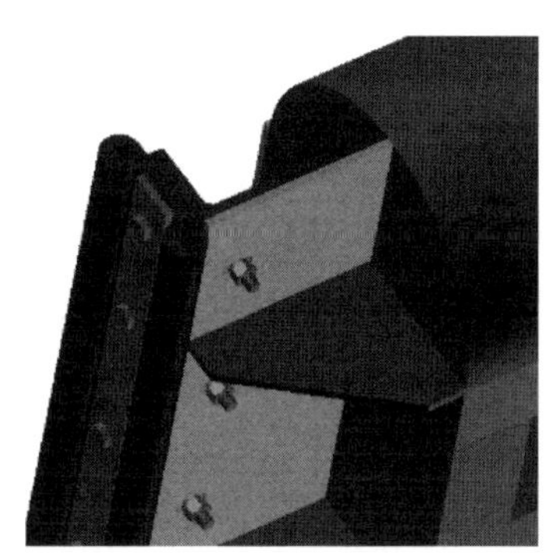
图 11　侧止水模型

4　虚拟装配

钢坝闸的装配高度模拟施工现场的实际安装流程，先把底支铰组件和中短轴组件装配在一起；实际制造过程中，这两个组件在工厂里就需要安装成一体，再焊接两端凸法兰。所有零部件运输到施工现场后，先将几个底支铰放置于闸底板混凝土基坑内，通过螺柱与预留插筋连接。上下、左右、轴向全部精确定位后，将各段轴和拐臂的凹凸法兰相互定位，通过螺栓连接于底支铰之上，形成底轴总装模型，如图 12 所示。然后将门叶和穿墙密封装置分别装配于底轴相应位置之上，即完成闸门总装模型。装配过程要特别注意零部件约束和自由度的问题，每个零部件都有三个方向平移和三个方向旋转，共六个自由度，哪些需要约束，哪些需要自由，都需要根据实际情况着重考虑。一般把中间底支铰作为闸门的定位基准，其坐标系便成为整扇闸门的原始坐标系。通过设定中短轴与底支铰的旋转角度，便可以模拟闸门在各个位置的挡水状态，这就需要把整条底轴的轴向旋转自由度放开，而把各底支铰的旋转自由度进行约束。

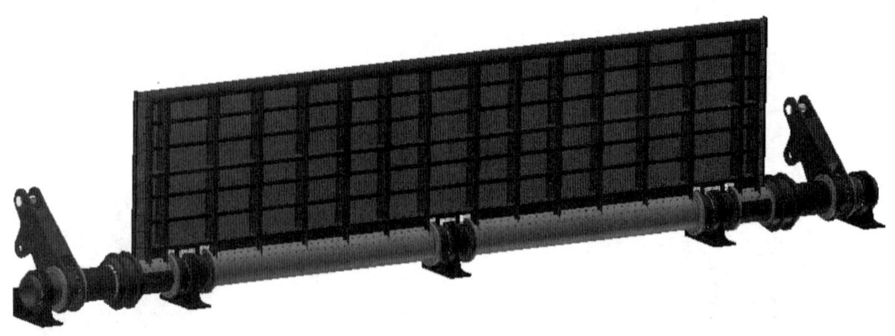

图 12　钢坝闸直立状态总装模型

5　工程图出版

经过上述一系列的建模、装配以及诸多细部结构的专门处理，钢坝闸的模型已经非常精细，零部件划分也已十分清晰。实际上，前期的建模工作就已经对出图工作进行了前置处理，保证了后期出图的质量和效率。钢坝闸出图过程与普通闸门一样，选用定制好的工程图模板，放置主视图、投影视图、剖切视图、局部视图等，进行尺寸标注、文字说明、零件编号、自动统计工程量、设置标题栏内容等，如图 13 所示。因图纸与模型数据关联，出图过程中发现的结构问题，要回到模型当中修改，再返回图纸更新模型，始终保持图纸与模型的一致性。

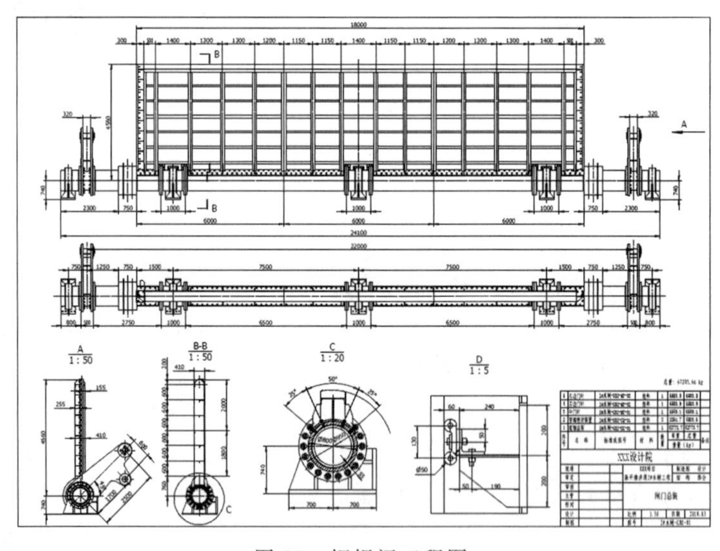

图 13　钢坝闸工程图

6　结论

通过 BIM 建模及虚拟装配，对钢坝闸在施工现场的整个安装过程进行预演和模拟；

甚至采用自顶向下的设计思想，边装配边设计，让零部件结构尺寸适应整体装配关系，对模型进行顶层设计和全局把控。与传统设计方法相比，这种先进的建模思路和科学的技术手段应用到钢坝闸设计中，可以优化闸门设计，使其结构布局更合理；同时避免错误尺寸、提前解决零件碰撞问题；达到缩短安装工期、节省工程成本的效果。

基于BIM结构模型的三维配筋在水利工程施工图的应用

范 岳 赵 慧

BIM技术作为一种新的工程建设理念，研究成果主要集中在建筑工程领域，在水利项目中的应用并不十分广泛。为了提高水利工程信息化水平，国内外学者和工程技术人员对BIM技术在水利工程中的应用进行了一些研究，随着国内外学者和工程技术人员将BIM技术在水利工程中进行应用，BIM技术在三维测绘、三维地质、三维结构及计算、三维配筋各个领域均有一定程度的发展。

笔者长期从事水工结构设计工作，参与了大量的水工建筑物的结构设计、施工图设计项目。其中，水工建筑物的施工图主要以钢筋图为主，对于较为复杂的水工结构，如何通过“平、立、剖”的方式正确的绘制钢筋图，是对水工结构设计人员的一项挑战，考验的是设计人员的空间想象力和耐心。

作为一名水工结构专业的设计人员，笔者经历了使用CAD、远盛水工CAD等绘制钢筋图的过程。远盛水工CAD是基于CAD二次开发的专业软件，内蒙古水利水电勘测设计院（以下简称“内蒙古设计院”）引进该软件十几年来，在水工结构设计领域的确大幅提高了设计人员的制图能力。尤其在钢筋图的绘制上，比传统CAD绘制钢筋图速度快3～5倍，目前仍是设计院水工结构专业技术人员的主要制图工具。

自内蒙古设计院推广BIM应用技术以来，笔者通过培训及自学，基本掌握了近年来引进的三维钢筋图软件，并在多个工程项目的施工图设计中得到应用。以下对三维钢筋图软件的应用特点及适应性、应用的工程项目和典型案例进行介绍。

1　三维钢筋图软件的特点及适用性

三维钢筋图软件是基于三维结构模型所开发的二维、三维一体化设计系统。软件包括两部分内容：第一部分主程序为三维配筋部分，主要基于三维结构模型完成三维钢筋模型；第二部分为AutoCAD钢筋图插件，基于CAD二次开发的，可以将主程序完成的三维钢筋模型转换为二维钢筋图纸。

采用传统的二维制图方式绘制钢筋图时，设计人员需根据结构体的样子，在二维平面绘制结构线、线钢筋、点钢筋，并依次对线钢筋和点钢筋进行编号和标注，并编制钢筋表和统计材料表。为全面反映钢筋结构需要绘制多个剖面钢筋图，设计人员需要寻求各视图的对应关系，确保结构线和钢筋线正确对应。笔者利用行业较为优秀的远盛水工CAD进行钢筋图的二维绘制，虽然可以通过预先定义钢筋样式，将钢筋样式和数量赋值到钢筋标注上，形成钢筋表和材料表，但是由于钢筋图二维设计的局限性，钢筋的布置和定义需要在不同的剖切面上进行，对于复杂结构极具考验设计者的空间想象力和耐心，且容易出错。

三维钢筋图软件采用三维可视化界面，直接基于BIM结构模型入手，在三维结构体内布设钢筋实体，非常适合水工建筑物形状复杂多变的特点。其特点和适用性主要如下：

(1) 基于BIM结构模型进行设计，能够快速导入前期设计的BIM结构模型，实现了从三维钢筋模型到二维钢筋图纸的解决途径。

(2) 基于三维结构模型配筋更直观，更容易查错。设计人员可以专注于钢筋结构型式的布置，无需将精力放在定义钢筋长度和统计钢筋数量等过程上。

(3) 三维钢筋图软件能准确对于一些复杂的结构进行配筋，对于开孔较多的竖井结构和阀门井结构、门槽较复杂的液压坝段、渠系中的渐变墙、隧洞工程中主支洞交叉结构均可以快速、准确地进行配筋。

(4) 通过三维实体配筋，并通过剖切、投影等方式形成二维图纸，因此形成的二维图纸各剖面钢筋、结构线等均能做到准确对应，不会出现钢筋编号、钢筋长度不一致等问题。

(5) 三维钢筋图软件便于后期结构的修改，对于一般的结构修改，可以直接在软件中完成，对于较为复杂的修改，可以通过其他三维结构设计软件修改后，通过模型替换功能完成三维配筋的修改。

(6) 较传统的二维钢筋图设计，三维钢筋图软件能提高出图速度，尤其对于复杂结构，有着不可替代的优势，结构越复杂，优势越明显。

2 三维钢筋图软件的项目应用

笔者自2018年将三维钢筋图软件应用到工程项目设计中，完成和正在进行的工程应用如下：

(1) 包头市城市水生态提升综合利用项目昆都仑河治理工程中的液压坝施工图设计。

(2) 大城西灌区水闸施工图设计。

(3) 高头窑煤矿疏干水综合利用工程中的调流调压阀门井施工图设计。

(4) 科右前旗柳树川河生态治理工程中的1～6号液压坝、钢坝闸施工图设计。

(5) 一号、二号灌区田间智能闸结构配筋设计。

(6) 引绰济辽工程中隧洞段蛟流河穿河顶管工程、6-3号主支洞交叉扩大洞、6号洞主洞等结构施工图设计；管线段排补气井、排水井、泄压井等结构的施工图设计。

通过在以上工程中的应用，基本掌握了三维钢筋图软件的应用，并在应用过程中将软件存在的问题向程序开发者提出修改、改进建议。目前，三维钢筋图软件完全能支持水利工程生产项目的施工图设计。

3 三维钢筋图软件应用案例

要完成三维钢筋图软件的应用，三维建模能力是前提条件。通过Inventor、Revit等三维设计软件建立三维模型实体，并将三维模型实体导入到三维钢筋图软件中。

笔者以正在进行的引绰济辽工程中排补气阀门井的施工图设计作为案例说明具体的应用流程。引绰济辽工程中排补气阀门井由于管径大，排补气井结构上分两层，上层有排补气阀孔、进人孔，下层有集水坑、导水槽，侧墙有穿墙孔洞，结构较为复杂。

（1）将三维模型导入到三维钢筋图软件中，并根据结构特点在软件左侧的结构树新建多个构件，将配筋划分为各部件的配筋（图 1、图 2）。通过划分部位最大的用途是便于查错和做后期的修改、模型替换，并在钢筋样式中预先设置好钢筋的参数。

图 1　导入的三维模型

图 2　结构树模型划分构件

（2）选择结构树预先划分的构件，通过面配筋、线配筋、扇形配筋、孔口加强筋等命令，完成该部件的三维配筋。而配筋是最常用的功能，尤其要注重面配筋属性页面中引导线和方向的设置，对于一些异形的结构，引导线和方向的设置是配筋的关键（图 3、图 4 为通过面配筋命令完成的结构部位配筋）。

图 3　长边墙配筋

图 4　穿墙孔洞配筋

（3）完成各构件的钢筋的配筋后，应检查各构件的配筋。对部分钢筋型式不合理的，通过编辑钢筋段完善钢筋的设置。对设置有锚固长度的钢筋要检查是否钢筋超出体外的情况，予以修剪。对设有止水的构件（本案例不涉及），应预先设置止水片参数，并设置止水参考线，折断止水处的钢筋。

（4）设置剖切面和投影面，并通过预览视图、旋转视图命令，确定最终的二维出图的剖面。在结构树剖面右键可有设置全局比例，系统默认是 1∶50，对于一些结构较小的剖

面、投影面，可以设置各自的比例，比如1∶20。剖切面定义要注重剖切钢筋、剔除钢筋的运用，投影面定义要注重剖切、通剖切的运用。剖切、剖视的设置、钢筋可见距离、结构线可见距离的设置、附加钢筋的设置使二维成图更清晰美观。

（5）执行剖切。根据提示的钢筋编号检查是否有未剖切或投影到的钢筋编号，如果剖切面或投影面数量不足，需要增加剖切面或投影面，确保生成的二维图纸能完全表达出所有的钢筋型式（图5为执行剖切操作程序弹出的检查提示）。

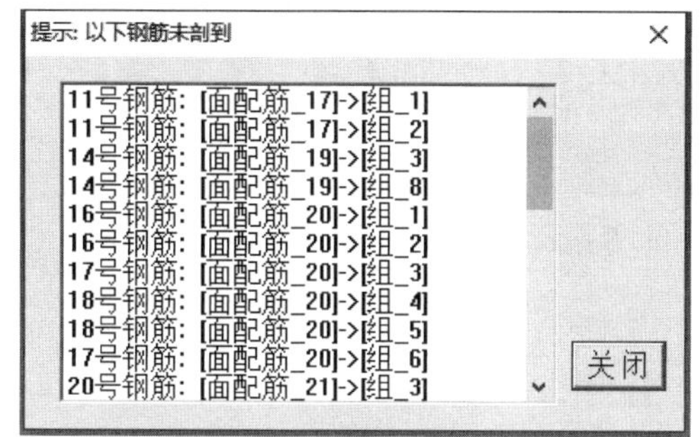

图5　执行剖切提示

（6）打开CAD，加载FDrawingObj.dbx、FDrawing.arx应用插件，读取三维剖切信息。形成二维剖面图、钢筋表和材料表。在整理二维剖面图的过程中，对钢筋布置进行检查，如有钢筋布置不合理的，可以在三维部分调整后再次执行剖切后读取，如此反复。

（7）图纸输出，将调整好的二维图纸输出成普通的CAD文件，标注尺寸线、增加图框、说明等。图纸输出后，不再与三维钢筋模型关联。

4　三维钢筋图软件应用心得及技巧

通过三维配筋软件两年多的运用，笔者的一些应用心得和应用技巧分享如下：

（1）在软件兼容性方面，软件三维部分兼容性较好，二维部分兼容性相对较差。加载新版二维插件，打开旧版读取生成的二维图纸会导致CAD程序出错，建议在每个项目下保存项目所使用的二维插件版本，便于后期图纸修改。对于已经调整好的二维图纸，建议输出保存。

（2）对于同类型的构件较多的项目，可以先对典型构件进行三维配筋，同类构件可以采用模型替换功能提高设计效率。采用模型替换后，必须逐项检查每号钢筋的型式。对于不正确的钢筋建议不要直接删除，采用编辑钢筋段、修剪钢筋等进行编辑更正。对于后期需要做大量模型替换的构件，在配筋时建议尽可能地逐个结构面直接配筋，而不要采用复制的方式配筋，减少模型替换时钢筋出错。对于单个构件配筋设计，则建议采用复制命令提高设计效率。

（3）要重视运用定义剖切面里的剖切钢筋和剔除钢筋选项框和定义投影面里的剖切功能，能更清晰对剖面和结构面的钢筋进行二维表达。

（4）要善于运用三维部分的编号查询、直径查询和部位查询功能，用于钢筋直径、型式的后期快速修改。

（5）对于一些异形钢筋末端设置有钢筋弯折，为使得二维图纸标注简洁，不需要显示弯折钢筋可以将末段钢筋段设置为附加钢筋。

在钢筋图三维设计应用的过程中，随着对应用程序的熟悉和配筋流程的熟练掌握，其设计效率要高于传统的二维钢筋图设计，尤其是对于复杂的结构则更为明显。通过三维钢筋图软件在水利工程项目中的应用，施工图设计质量、设计效率将会有较大的提升。

BIMe 在科右前旗柳树川河生态治理工程中的应用

王雪岩　李国宁　薛　洁　范　岳　郭占奎　陈小芝　张慧娟

1　引言

由于工期紧，任务重，根据传统设计流程，设计周期较长，为保证施工进度和设计质量，结合内蒙古水利水电勘测设计院 BIM 实际应用情况，决定科右前旗柳树川河生态治理工程采用 BIM 正向设计，以 BIMe 协作平台为基础，建设 BIM＋GIS＋图档＋业务数据协作系统，为工程提供设计施工一体化的 BIM 结构化数据管理能力，实现模型文档关联、项目可视化、多方协同、施工管理、BIM＋GIS 应用等。

2　项目概况

科右前旗柳树川河生态治理工程位于兴安盟科右前旗政府所在地科尔沁镇境内。工程的设计任务在首先满足防洪要求的基础上，通过实施柳树川河河道疏浚、新建生态岸坡及新建挡水坝系等工程，将河道行洪与生态水系建设相结合，延伸扩大科尔沁镇城区范围内的水生态系统，促进该地区局地范围内水体流动，改善水生态环境，为科右前旗进一步打造宜居宜商的旅游城市奠定基础。

根据工程总体布置，设计景观坝 6 座，均采用单孔形式，1 号坝和 2 号坝孔口宽 60m，挡水高度 1.72m，3 号坝孔口宽 80m，挡水高度为 1.72m，4 号、5 号、6 号坝孔口宽 40m，挡水高度分别为 1.60m。经方案比选，考虑景观需要、泥沙影响等因素，1 号、2 号坝采用底轴式下翻板钢闸门（俗称钢坝闸），3 号坝采用液压顶推升降式翻板闸（俗称液压坝），4 号、5 号、6 号坝采用底轴式下翻板钢闸门。闸门关闭时挡水，闸门上游河道形成带状人工湖如图 1 所示；同时闸顶溢流，形成瀑布景观如图 2 所示；闸门开启时横卧河底，闸门全开泄洪。闸门检修采用上下游各闸联合调度检修或枯水时检修的方式完成，不设检修闸门。

图 1　工程 BIM 设计效果图

图 2　液压坝三维设计展示

3 软件简介

BIMe 是基于 BIM、BIM+GIS、BIM+VR \ MR 引擎，以“超链接模型”概念为基础，构建 BIM+GIS+图档+业务数据一体化的协作平台。支持主流 BIM 软件平台：Revit、Navisworks、Sketchup、Inventor 模型的原生转换、模型高度轻量化、数据完整结构化。可实现项目可视化、多方协同、施工管理、BIM+GIS、设备物资管理、运维管理等典型应用。

4 项目应用

该项目采用了 BIM 正向设计，从水工模型到金属结构模型都实现了三维参数化设计，并且从可行性研究到施工图各个阶段都实现了三维出图。考虑到边设计边施工，后期需要修改方案或者局部变更，以 BIMe 协作平台为基础（图 3），将模型和图纸以及报告整理后分类一键上传到平台上，方便业主单位、设计单位、施工单位、监理单位协同在线管理设计施工信息，对施工过程进行实时监管，发现问题并跟踪解决。

图 3 工程应用 BIMe 界面

4.1 项目组织机构

通过 BIMe 平台给予的管理员账号，新建项目信息，设置项目阶段（图 4），并依次设置机构管理员、机构维护员、业主单位、设计单位、施工单位、监理单位，分别给不同单位设置不同的角色权限，如图 5 所示。

4.2 模型轻量化

利用插件将超大规模 BIM 模型轻量化、结构化（图 6），上传至平台后，不完整保留模型精度和材质信息，仍可进行渲染、剖切、测量（图 7），为项目可视化交付提供了平台基础。

图 4　组织机构

图 5　角色权限

图 6　施工图阶段模型

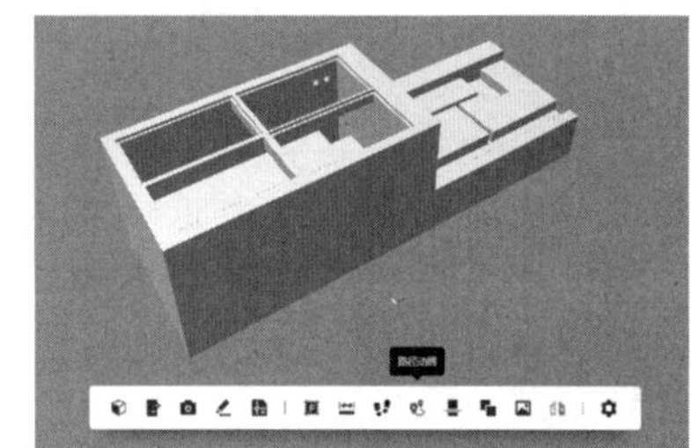

图 7　轻量化模型

4.3　文档管理

根据项目的不同阶段，将每个阶段的项目文件上传至专项目录里，将图纸与三维模型进行关联，如图 8 和图 9 所示，可实现二三维联动、二三维叠加等操作。将各单位项目组织过程中产生的文件进行集中管理，为项目实施提供信息化工具。

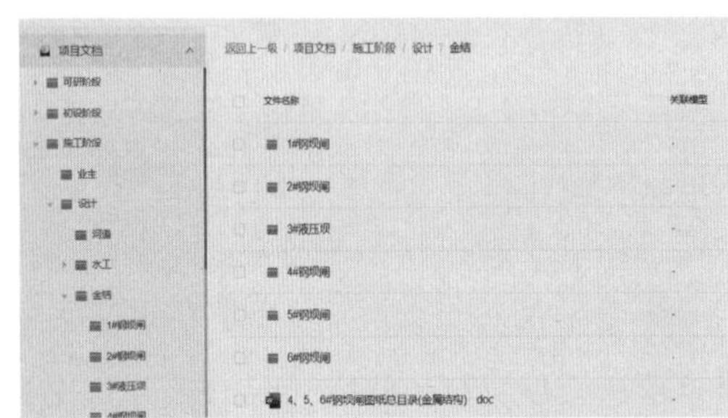

图 8　文档结构树

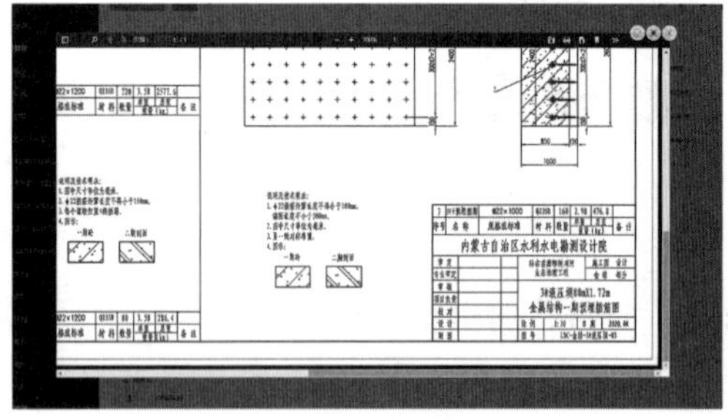

图 9　模型关联图纸

4.4　问题追踪

在 App 及网页端可对关联模型、图纸、现场照片等进行实时问题发布，并且指定项目成员进行限时回复，对问题追踪过程全程记录。机构管理员界面对问题类别进行定义，方便将问题进行组织归类和管理，如图 10 和图 11 所示。

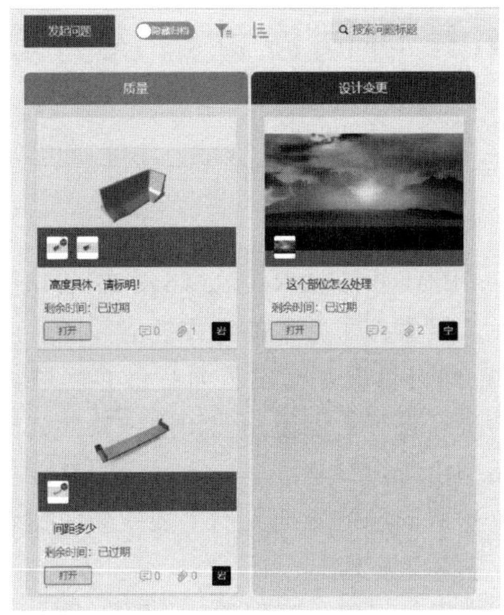

图 10　问题追踪

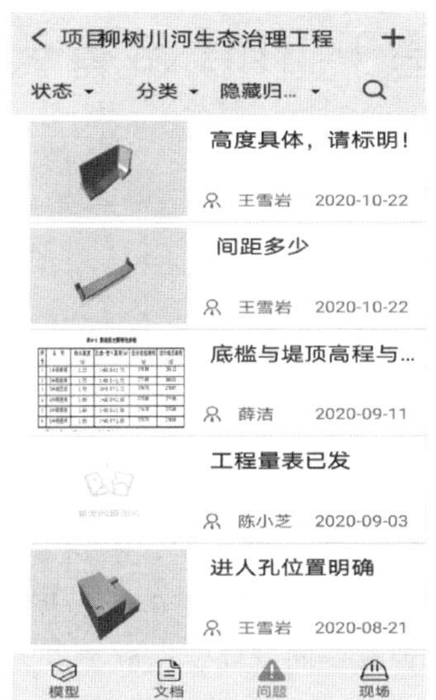

图 11　手机 App 展示

5　问题与不足

由于项目流程及其他因素的影响，业主单位、施工单位以及监理单位的资料并未实现上传。平台上的成本管理、进度管理、现场管理、GIS 模块都未能如期使用，希望下一步继续推进项目，实现其他功能模块。

基于 BIM 私有云的 Vault 协同设计解决方案

贾瑞红　郭　嘉　朱少波

随着 BIM 技术应用的不断深入，使用单一 BIM 软件如 Revit、Civil 3D、Inventor 等进行设计已不再是技术突破，各专业也有相关人员掌握了基本的操作技能并能运用于项目中。然而，当一个项目真正开始完整的 BIM 正向设计时，却发现面临诸多问题，如同一专业的不同人员因为使用单用户版而没法同时进行设计；即便是使用同一软件制作出来的模型也没办法集成在一起；不同专业、不同模型由于设计基准不一致，很难直接装配在一起，一个项目很难以完整的统一体展示出来；这些问题就驱动人们去探索新的技术，基于 Vault 平台的协同设计管理成为以上问题的良好解决方案。

在落实 Vault 协同设计这一方案时，又一次遇到了阻碍，如软件许可不足、项目组人员设备性能不够等。即便为每一个项目组人员配备高性能计算机，同时在线使用 Vault 平台进行协同设计的人员也不能超过 5 人，还包括同时使用 Revit、Civil 3D、Inventor 等软件的人员，这大大限制了协同的效率。基于此，找到可以共享计算资源和存储资源的云技术方案，这一方案以云平台的方式有效整合现有工作站性能，让用户使用本机浏览器通过网络即可访问 BIM 软件等应用，节省了为用户配置高性能计算机的费用，节约了为每个用户装机配置的时间，突破了软件许可的限制，服务器统一管理也免去用户担心软件设计以外的事，同时为每个用户提供的个人云空间提高了数据安全性，公用云空间则进一步加强了项目资料的共享，提高了项目组文件传输交换的效率。

综上，基于私有云的 Vault 协同设计理念呼之欲出，经过琥珀沟水库工程的协同设计模拟测试，这一理念被验证为是一种有效的解决方案，方案详情介绍如下。

1　BIM 私有云平台部署

BIM 私有云平台架构（见图 1）包括云服务端、数据传输网络、云客户端；其中云服务端由云管理软件、云存储、计算资源池共同构成；数据传输网络为院局域网，客户端为局域网中的每个用户计算机。

1.1　云服务端搭建

（1）准备性能较高的工作站或服务器共同构成计算资源池。内蒙古水利水电勘测设计院搭建的计算资源池包括四台工作站。

（2）为每台工作站安装 BIM 软件。由于资源池中工作站较少，为了承载更多的用户，为每台工作站都安装了全套的 BIM 软件，包括 Revit、Civil 3D、Inventor、Navisworks、Vault，为方便用户使用，同时安装了 Office 软件。后期如果资源池中的工作站足够多、性能足够强大，可以有针对性的分配软件，如使用图卡资源优秀的工作站作为 Civil 3D 的资源池，使用 CPU 性能好的工作站作为 Revit 等软件的资源池，更有效地利用工作站的

优势资源。

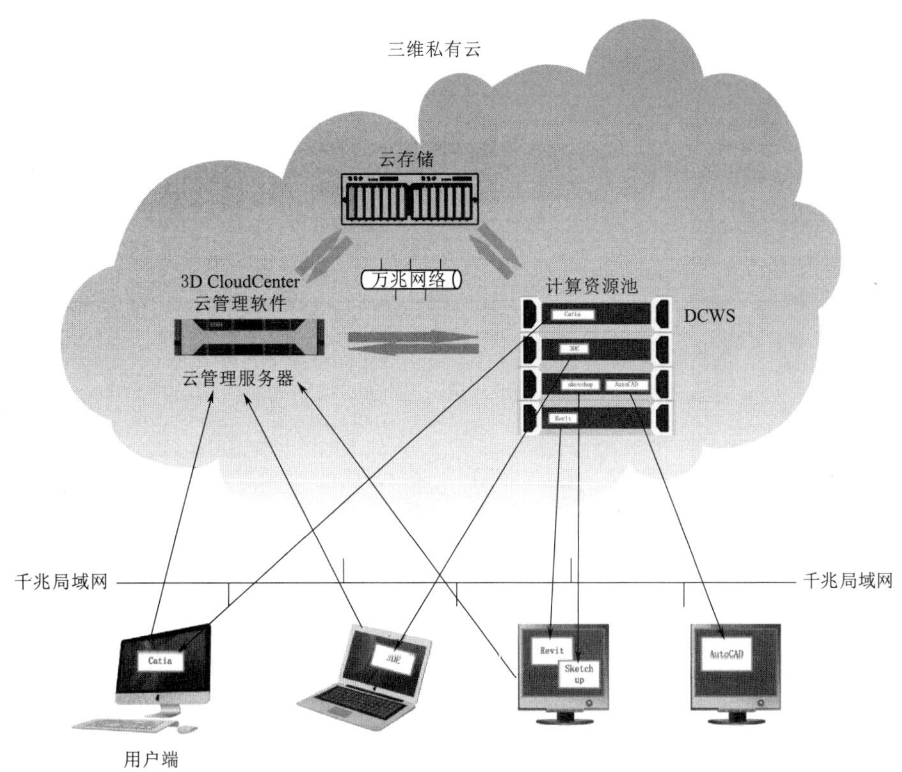

图 1　BIM 私有云平台部署结构

(3) 激活资源池中的所有软件。为突破许可限制，资源池中所有软件应是被授权的，可供用户直接打开使用，不需要考虑许可问题。

(4) 配置云管理服务器。安装云管理软件，搭建数据交换网络，将资源池、域控服务器、云存储接入进来，配置云管理端。资源池中的全部工作站、云存储、Vault 服务器、客户端应在同一个域中。BIM 私有云服务端管理平台展示见图 2。

(5) 为用户分配资源。通过云管理软件分配用户、管理主机资源，为每个应用分配主机，再根据用户需要为每个用户分配应用，被分配资源的用户即可通过客户端打开相应应用，未分配资源的用户无法看到相应应用。

1.2　数据传输网络搭建

为提高用户体验、加强数据传输，尽量使用千兆网搭建数据传输网络，不过由于现有网络环境限制，从客户端到交换机为百兆网传输，资源池、云服务器、云存储之间采用千兆网传输，如果在使用中出现上传下载速度慢，很大程度是由于网络传输瓶颈。

1.3　客户端配置

每个需要使用私有云的用户都需要一个云账号，通过云账号可登录云服务器（http://172.168.100.159)，安装云客户端插件，即可通过浏览器使用云服务端的计算资源。私有云客户端见图 3。

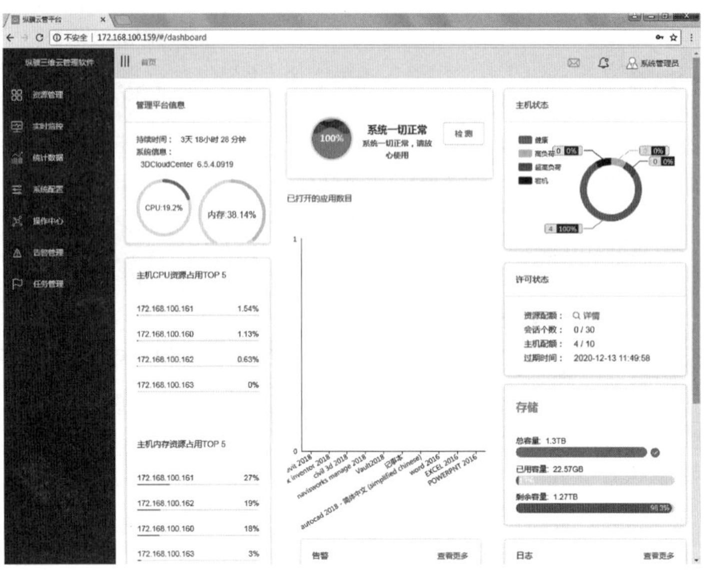

图 2　BIM 私有云服务端管理平台展示

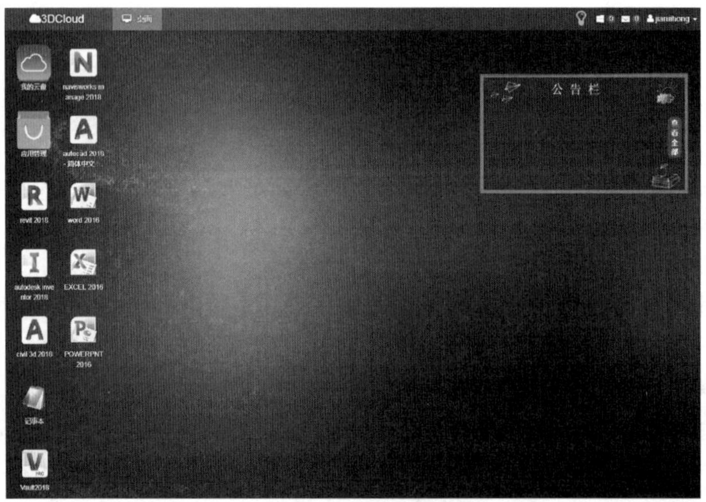

图 3　BIM 私有云客户端展示

2　项目 Vault 协同设计部署

2.1　软件部署

Vault 平台包括 Vault 服务器和 Vault 客户端两部分，内蒙古自治区水利水电勘测设计院的 Vault 服务器为单独的服务器（http：//172.168.100.8），Vault 服务器不仅包括软件服务还包括存储资源，后期搭建时可将存储资源与私有云存储合并，减少灾备、降低服务器和

存储维护的复杂性。Vault 客户端部署在云平台的每一个主机中，并需要全部激活。为方便每个软件使用 Vault 进行协同，需对每个 BIM 软件安装 Vault 插件。

2.2 项目协同设计管理

（1）根据项目类型在 Vault 中设置类别及生命周期，按照项目名称、阶段、专业和 BIM 数字工程中心编制的《Vault 协同设计管理办法》要求，搭建项目协同设计目录树。以琥珀沟水利枢纽工程为例，见图 4。

（2）根据项目组人员构成、人员角色（设计人员、校对、审核、审定人员）配置人员权限，并为项目目录树中的阶段、专业分配用户权限，以确保设、校、审正常进行。

（3）项目组人员在 BIM 软件中开展三维设计，并将完成的设计通过 Vault 插件上传到 Vault 服务器，同时将二维图纸及工程量统计表、计算书、项目校审单等内容上传到 Vault 中，通过更改项目文件的生命周期状态，标识项目文件的进度，最终标识为“出版”状态的项目文件最终成果。项目进度及设、校、审状态均可在 Vault 平台中进行查看，初步实现了协同设计的项目过程管理。

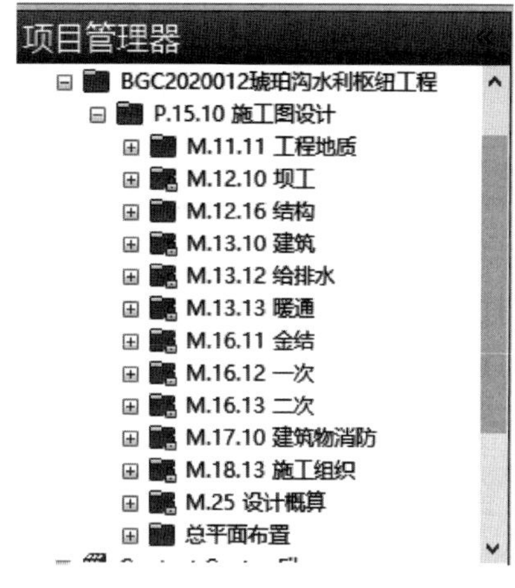

图 4 Vault 协同平台项目管理目录树结构

3 基于 BIM 私有云的 Vault 协同设计

设计人员通过云客户端登录到云平台，在云平台上开展 BIM 设计，设计成果通过云平台上 BIM 软件的 Vault 客户端上传到 Vault 服务器，确保了项目所有数据或位于云空间或位于 Vault 服务器，实现项目数据集中管理。

3.1 Revit 软件协同设计

Revit 软件自带工作集功能，该功能可将全部基于 Revit 进行设计的专业协同起来，如建筑、暖通、电气、消防等专业，首先设置中心文件，并将中心文件存放于云空间中作为共享文件，然后各专业将中心文件下载到本地开展设计，设计完成后再将中心文件上传回云空间并覆盖原文件，以此实现多个专业协同设计。这一协同主要用于不同专业间协同，同一专业的不同人员的协同仍需借助 Vault 平台。所以，对于不同专业的 Revit 协同可通过工作集的方式做完全部设计再上传至 Vault 平台，而单一专业多个人员的协同则可直接使用 Vault 平台进行操作。Revit 协同功能界面见图 5。

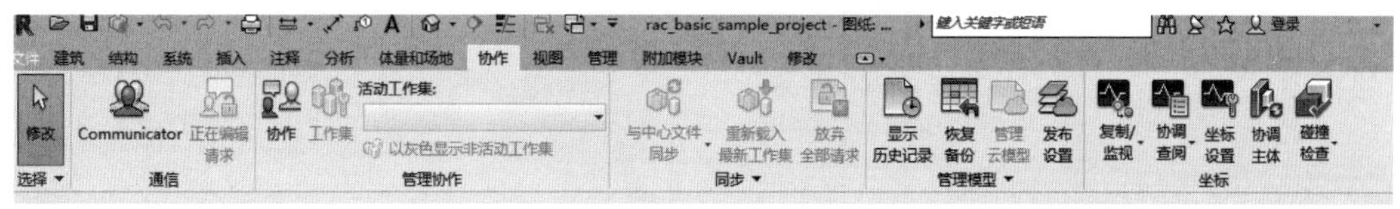

图 5 Revit 软件协同功能界面

3.2 Civil 3D 软件协同设计

Civil 3D 的 Vault 协同可以通过在 Civil 3D 中设置项目来完成，但需要较为复杂的操作，且不适用于设计院以项目为核心的协同设计管理模式，因而采用单用户操作模式，先在个人云平台上完成设计，再使用 CAD 软件打开 DWG 文件，并通过 CAD 软件中的 Vault 插件上传至 Vault 平台，以此来完成协同设计。

3.3 Inventor 软件协同设计

区别于通常一个项目仅设置一个 Inventor 项目空间的做法，设计院同样基于项目专业来设置项目空间，需要协同的专业可将项目空间通过“设计复制”的办法放在本地，用以完成基于同一空间的设计协同。

3.4 Navisworks 软件协同

Revit、Civil 3D、Inventor 软件设计好的三维模型可以通过 Navisworks 软件转化成 NWD 轻量化模型并进行装配，总装好的模型可以提供业主查看，并进行模型校审、施工模拟、三维展示等，所有成果均可通过 Vault 插件上传到 Vault 平台中。

4 总结

基于 BIM 私有云的 Vault 协同设计在一定程度上实现了数据不落地、项目文件版本管理、协同项目管理等，琥珀沟水库工程项目的测试仅仅验证了方案的逻辑可行性，其落地运行还需要更多的项目来实践与完善。

三维激光扫描仪在水利水电工程建模中的应用

赵文良

1 引言

三维激光扫描技术又称是实景复制技术，它突破了传统的单点测量方法，是20世纪90年代中期开始出现的一项技术，随着技术的日臻成熟，已成为当前测绘行业及“逆向工程”的热点之一，成果具有应用多样化的特点，广泛应用于地形测绘，桥梁、建筑物、隧道检测、变形监测及土方量计算，结合3D打印技术可将模型按比例打印，构建实景仿真沙盘，同时也是BIM建模的主要方法。

2 三维激光扫描仪简介

2.1 组成

三维激光扫描仪的组成主要包括：①激光扫描头；②数码相机；③后处理软件；④电源以及附属设备。

2.2 类型

三维扫描仪主要有：①固定扫描，如地面架站式（图1）；②移动扫描，包括机载式（图2）、车载式（图3）、背包式及手持式。表1是TX8地面架站式三维扫描仪的部分性能参数。

图1 地面架站式

图2 机载式

图3 车载式

表1 TX8地面架站式三维扫描仪部分性能参数

最小测程	最大测程	测量速率	测距系统误差	视场角	测角精度
0.6m	340m	1MHz	＜2mm	360°×317°	80μrad

2.3 工作原理

通过高速激光扫描测量的方法，实时获取具有高精度、高效、快速、无接触被测对象

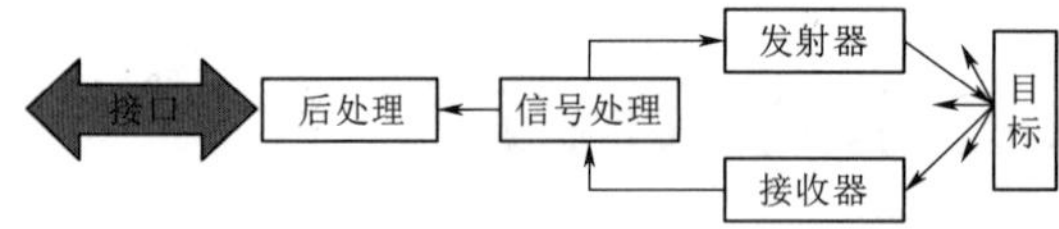

图 4　扫描仪工作原理

表面的三维坐标的点云（Pointcloud）数据，扫描仪工作原理见图 4。

点云以离散、不规则方式分布在三维空间中点的集合。点云数据除了具有几何位置以外，有的还有颜色信息，颜色信息通常是通过相机获取彩色影像，然后将对应位置像素的颜色信息（RGB）赋予点云中对应的点，强度信息的获取是激光扫描仪接收装置采集到的回波强度，此强度信息与目标表面的材质、粗糙度、入射角方向，以及仪器的发射能量、激光波长有关。激光点云对植被叶冠具有穿透能力，可获取测区内有植被覆盖地面的高程信息。

2.4　数据采集

数据采集流程包括控制测量、扫描站布设、标靶布设、纹理图像采集、外业数据检查、数据导出备份（图 5）。

一般平面采用 CGCS2000 坐标系、高程基准采用 1980 国家高程基准或采用自定义参考系。

平面控制测量方法采用 GNSS 或全站仪，高程控制测量采用电子水准仪、全站仪或 GNSS RTK 等方法。

2.5　点云数据处理软件

点云数据处理软件采用 Trimble Realworks（TRW），该软件是一款全功能三维点云后处理建模软件，其功能有以下方面：

（1）管理与视觉表现：点云、影像、模型。

（2）点云处理：配准、坐标转换、量算、分割、取样、分类（包括地面、植被、建筑物、电力线等见图 6）、输出。

（3）二维绘图：平面图、立面图、剖面图、等高线、正射影像。

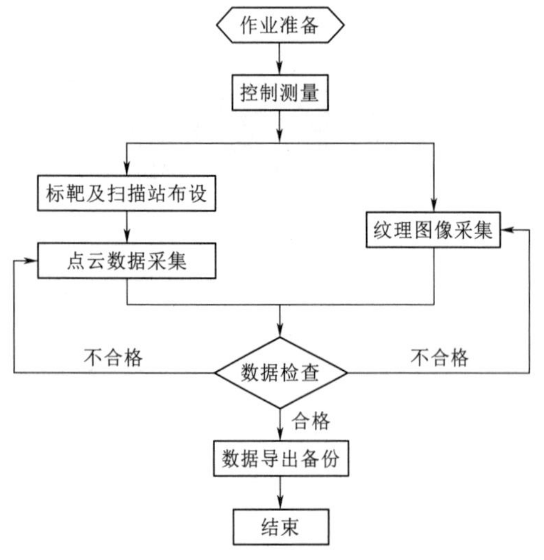

图 5　地面架式扫描仪数据采集流程

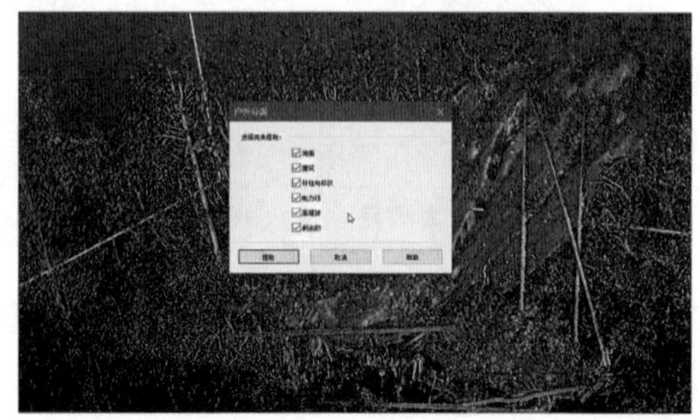

图 6　地物分类

（4）检测分析：形变检测、隧道检测、超欠挖分析。

（5）三维建模：地形建模、建筑建模、工厂建模、集成建模与 SketchUp、AutoCAD 联合作业，为方便可双屏进行操作（图 7、图 8、图 9），与 Civil 3D 无缝传输（图 10）。

（6）视频制作、网页发布等。

图 7　TRW 与 SketchUp/AutoCAD 联合作业

图 8　泵站总体模型

图 9　泵站局部模型

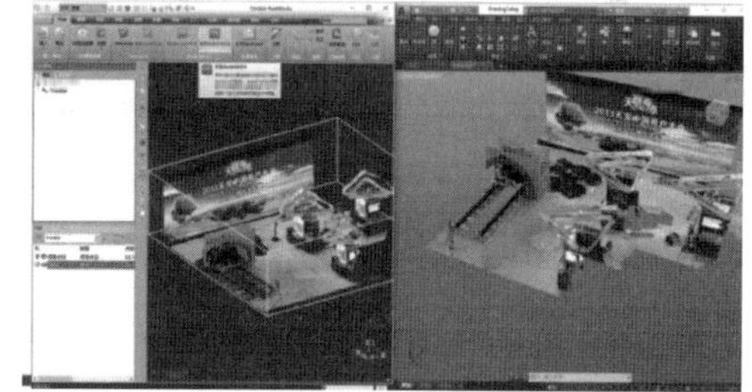

图 10　TRW 与 AutoCAD/Civil 3D 传输

TRW 对计算机硬件配置要求详见表 2。

表 2　　计算机硬件配置

操作系统	CPU	内存	显卡	硬盘
WIN7、WIN8、WIN10（64 位）	2.8GHz（4 核）	8GB	OpenGL 3.2（1GB）	（SSD）256GB

3　水库大坝应用案例

点云数据导入 TRW 软件中，对扫描的点云数据进行拼接、提取，将真实控制点坐标与点云配对，测区内至少需要布设 3 个以上控制点，实现点云数据坐标与地理坐标的转换，使得每一个点都具有真实坐标，之后完成对整体点云的分类、去噪和抽稀处理。

图 11 为经处理后的水库大坝坝体点云数据，坝顶蓝色数字为提取的坝顶高程点，图 12 为从点云中提取大坝的横断面图；将点云数据导入 AutoCAD 中，利用南方 CASS 软件依靠点云绘制地形图；利用点云数据可对测区内的树木根据树高、树径进行分类统计。

图 11　水库大坝点云数据

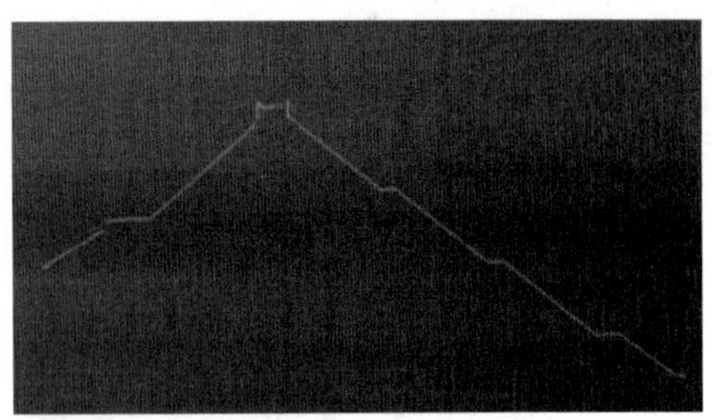

图 12　坝体横断面

4　结语

相比无人机倾斜测量，三维激光扫描仪具有操作方便、设站灵活、采集效率高、数据量大，能采集到测量人员无法企及的地方，更安全可靠，无须建模计算，节约建模计算时间，直接提取坐标点，精确度高。激光扫描仪在建模方面的应用越来越广，必将进一步推动水利水电测绘事业快速的发展。

“三维钢筋图软件 Visual FL”在引绰济辽工程稳流连接池钢筋图中的应用

钟　重　钟　懿　李国宁

1　软件介绍

引绰济辽工程稳流连接池采用内蒙古水利水电勘测设计院引进的“三维钢筋图软件 Visual FL”进行钢筋图设计。

“三维钢筋图软件 Visual FL”为近几年在 BIM 领域大力发展时期某独立平台开发的一款钢筋图软件。这款软件采用导入不同三维建模软件生成的 .sat 文件模型对建筑物进行配筋，可生成三维配筋模型、二维钢筋图、钢筋表，可满足建筑物在施工图阶段的出图需求。软件具有小巧、绿色、兼容性好、易操作、可视性强等特点。

在引绰济辽工程中，稳流连接池为主要连接建筑物，其中包含水池、闸室、涵管等传统水工结构。这些结构相对简单，在水利工程中应用较多，是常见结构。稳流连接池在施工图阶段需出钢筋图 130 余张。按照传统出图方式，需大量时间，且细部较多，容易出现错漏等错误，修改费时费力，给设计人员及审核人员增加大量工作。采用这款“三维钢筋图软件”节约近 1/3 时间，准确率高，可视性强，大大提高了设计人员的生产效率，减少了人为配筋、编号、计算钢筋量产生的错误。

2　项目概况

引绰济辽工程是一项从嫩江支流绰尔河引水到西辽河，向沿线城市及工业园区供水的大型引水工程，设计最大年调水量为 4.88 亿 m^3。工程由文得根水利枢纽和输水工程组成。其中稳流连接池为输水工程隧洞段与管线段的连接建筑物，全长 104m，分为渐变段、沉沙池段、退水段、事故闸段、旋转滤网段、集水池 1 段、集水池 2 段、集水池 3 段、集水池 4 段、溢流堰泄槽段、收缩 1 段、收缩 2 段及退水闸，共计 13 段，其中 9 部分结构采用“三维钢筋图软件”进行钢筋图设计，其余 4 部分采用传统 CAD 二维方式进行设计出图。

3　出图思路

采用“三维钢筋图软件”绘制钢筋图，其思路主要如下。

3.1　三维建模

首先使用 Inventor、Revit 等三维造型软件将确定结构的稳流连接池建筑物创建成 .sat格式三维建筑物模型。整个建筑物 13 段分别建模，方便出图归类。见图 1。

3.2　模型配筋

使用“三维钢筋图软件”对稳流连接池各段三维模型分别进行配筋。配筋完成后保存为.slf 文件，该文件可作为钢筋模型使用，是钢筋图的基础，反映出实际的配筋效果。钢筋相对于混凝土结构的位置均体现在模型中，见图 2。

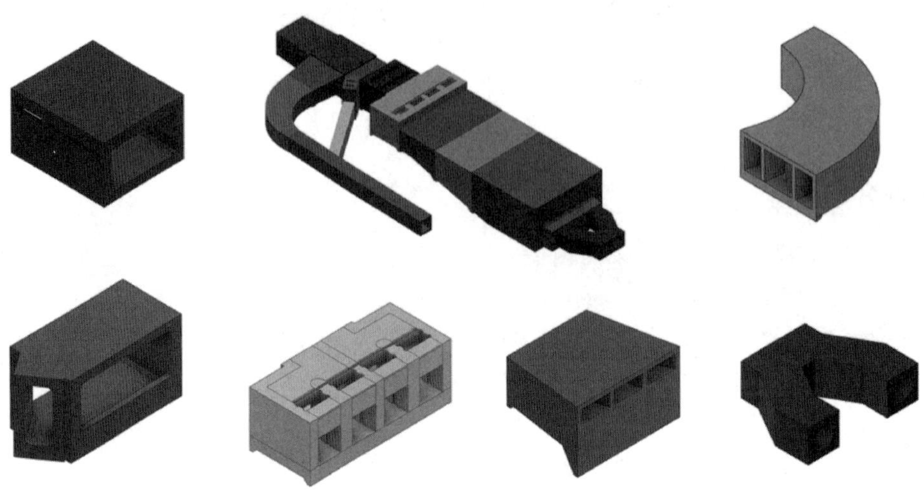

图 1　稳流连接池三维模型

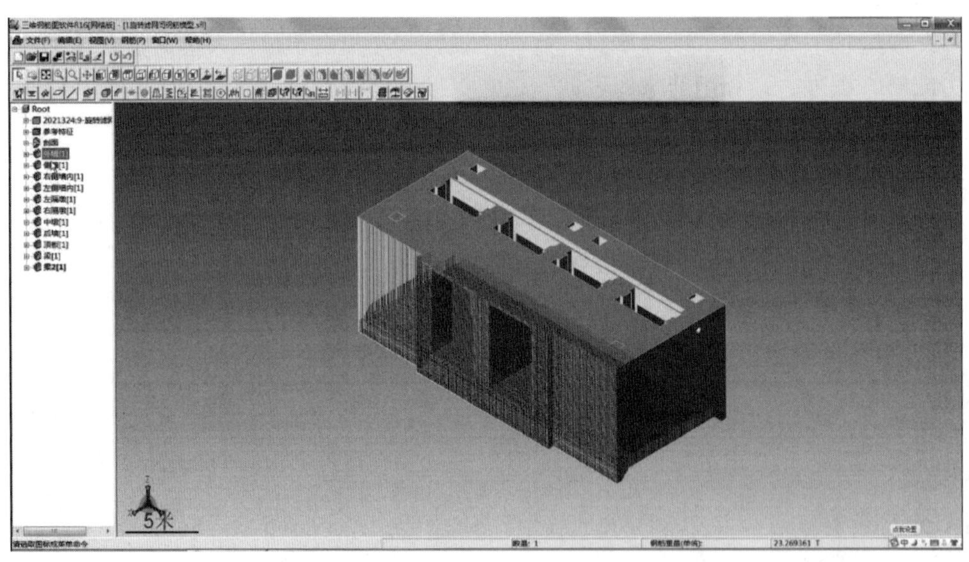

图 2　三维模型部件配筋

3.3　调整出图

模型配筋完成后，定义剖面位置或投影面位置，“三维钢筋图软件 Visual FL”可直接调用二次开发的 AutoCAD 将三维配筋模型输出为相应剖面的二维钢筋图，并自动生成钢筋表及材料表。在 CAD 中进行图面整理即完成施工图阶段的钢筋图设计，见图 3。

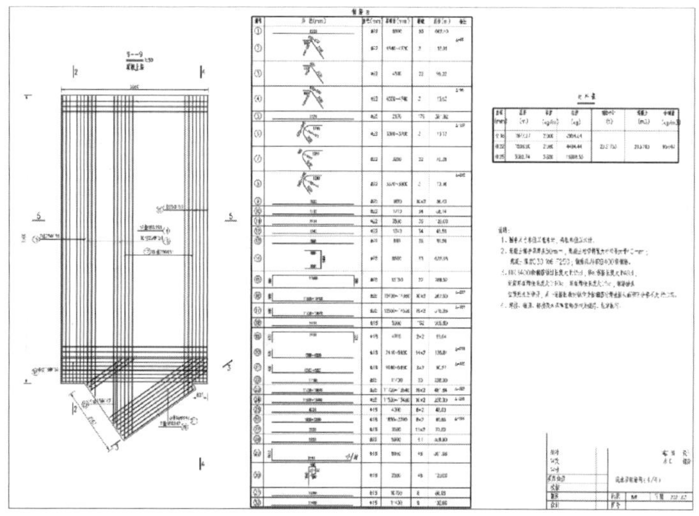

图 3　二维钢筋图

4　软件的应用步骤

以稳流连接池中的事故检修闸段为例，简述配筋的具体步骤：

（1）采用 Inventor 软件对事故检修闸建模，并由“三维钢筋图软件 Visual FL”打开，见图 4。

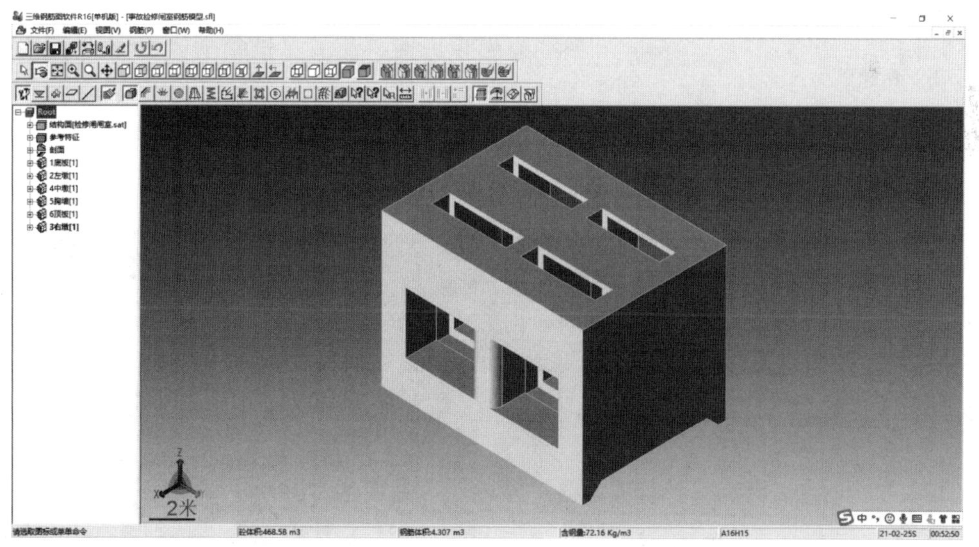

图 4　“三维钢筋图软件 Visual FL”主界面

（2）采用“三维钢筋图软件 Visual FL”中最常用的“面配筋”进行配筋操作。“面配筋”命令“结构信息”在选中的配筋面上选取“引导线”和“方向线”，在“钢筋信息”

中选择钢筋直径、钢筋间距、保护层厚度、锚固长度、弯折等，见图 5。

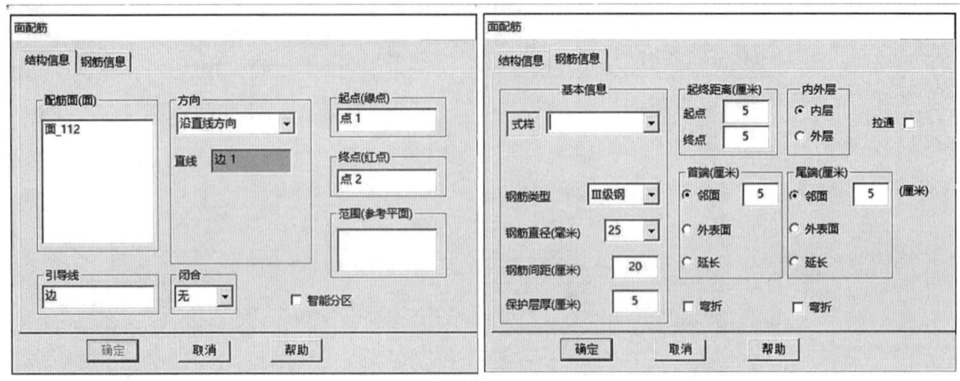

图 5　“面配筋”命令

图 6　结构配筋面

（3）在实际配筋中，钢筋总是在结构面层起抗拉作用，软件就是利用这一点，使钢筋根据面层自动分布形式，简化了配筋难度。根据结构的不同面层，可使用面配筋全部覆盖，见图 6。

（4）利用结构的对称性，可在一个面或一个局部结构配好后进行对称复制或定点复制。不存在对称性的面均采用“面配筋”配置钢筋，直到完成设计需要的配筋形式，见图 7、图 8。

（5）配筋完成后的模型，需定义二维 CAD 出图需要用到的剖面和投影面，如需显示轴测图配筋，还可定义轴测图的方向，见图 9。

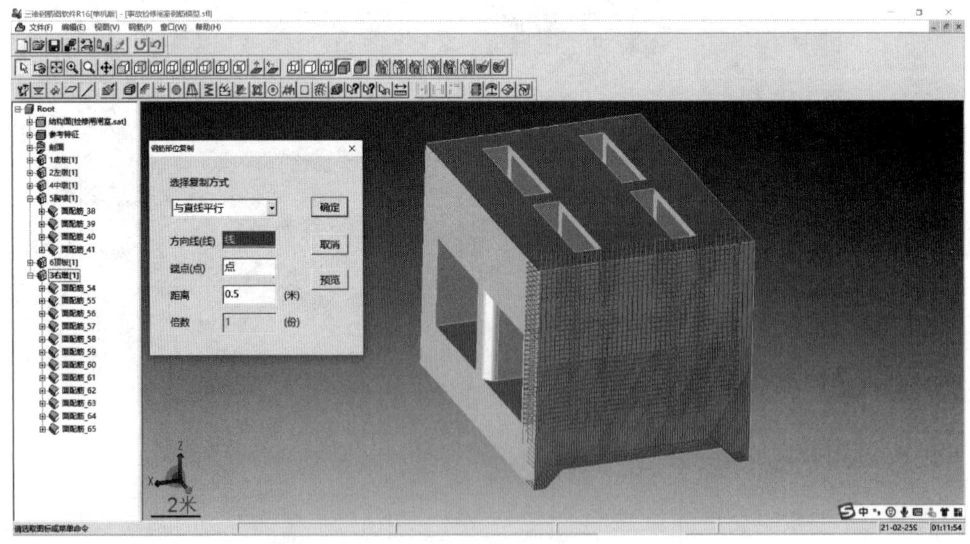

图 7　钢筋部位复制

（6）定义好的模型即可进行剖切，为在 CAD 中二维出图做准备。就此完成在三维环境下的操作，见图 10。

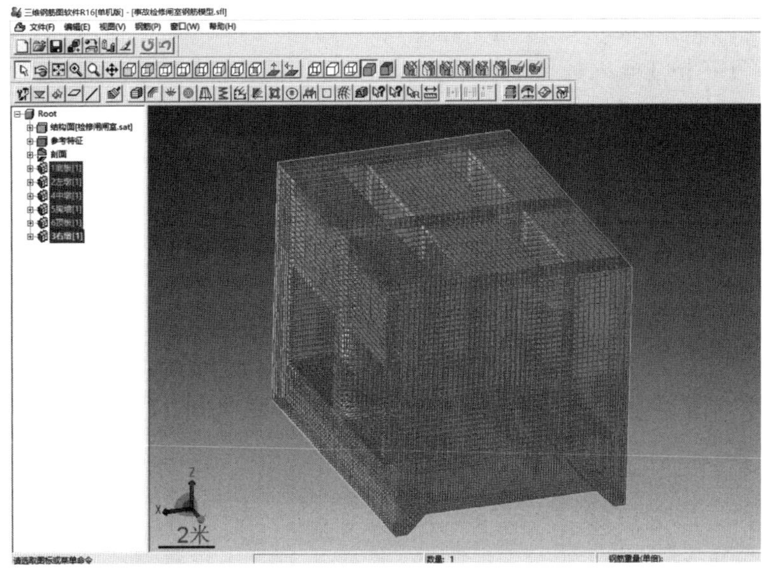

图 8　模型配筋

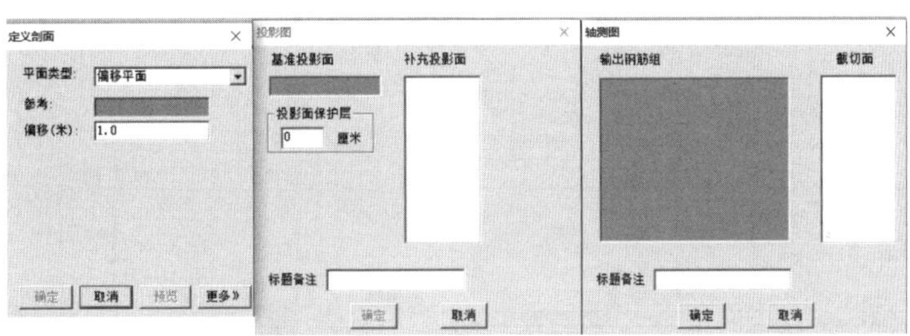

图 9　“剖面”“投影面”“轴测图”命令

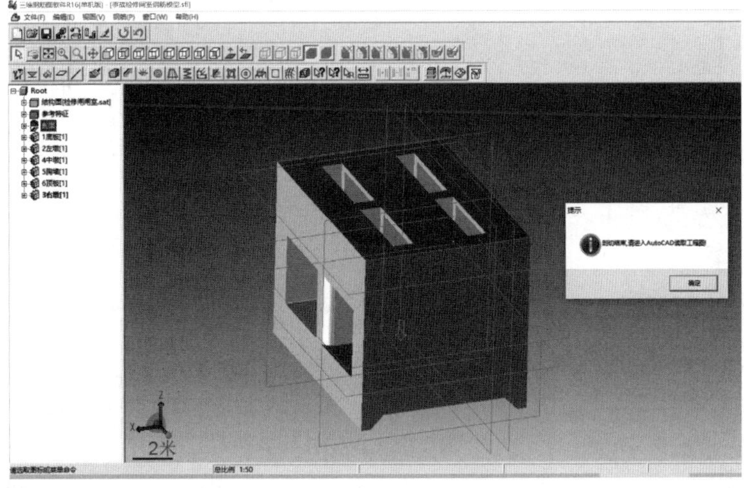

图 10　剖切模型

(7) 在 CAD 中需加载二次开发的应用程序 FDrawingObj. dbx 和 FDrawing. arx，出现工具条，分别为读取、输出、标高、尺寸、图框、移动、查找、合并、设置和 CAD 自带命令，可满足钢筋图的出图需求。自动生成的钢筋图，钢筋标注互相挤压，须进行手动调整。调整后，图面清晰，标注明显，可达到钢筋图出图要求，见图 11、图 12。

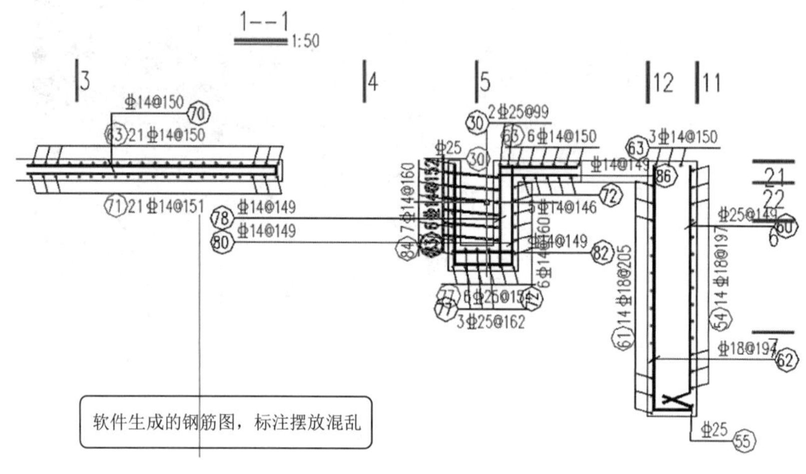

图 11　自动生成的钢筋图

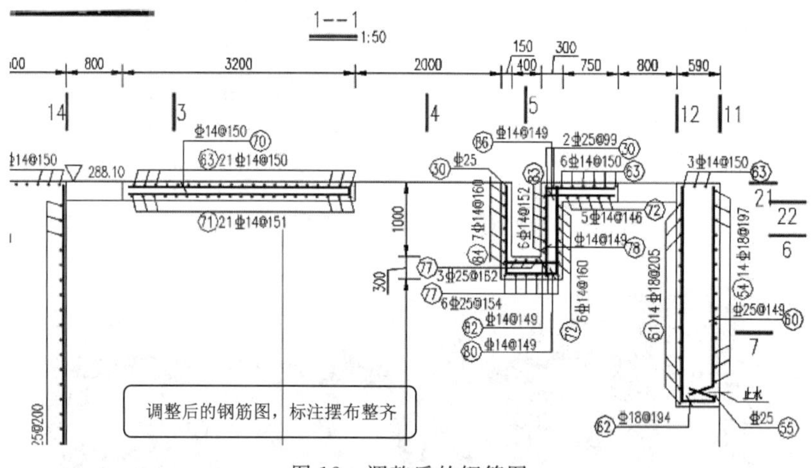

图 12　调整后的钢筋图

5　软件使用的技巧

(1) 钢筋图中，止水位置钢筋相对复杂。“三维钢筋图软件 Visual FL”可用结构线配置止水钢筋：在需要配钢筋的面设置“结构线”，模拟止水，面钢筋遇到止水时采用“折断钢筋（止水）”命令创建止水钢筋。“三维钢筋图软件 Visual FL”配置了两种止水钢筋型式：三角形和矩形，见图 13。

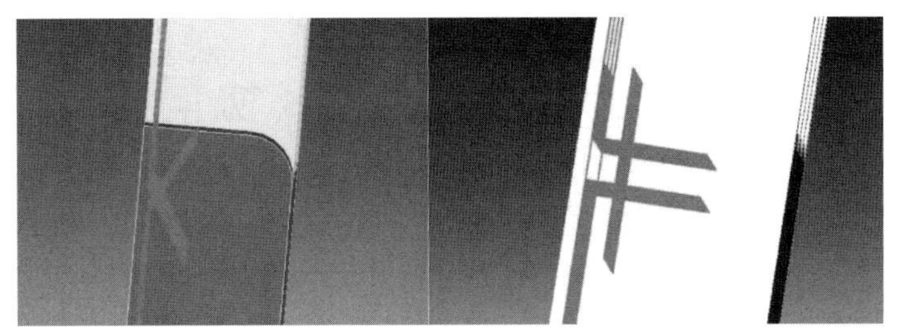

图 13 止水钢筋型式：三角形、矩形

（2）“三维钢筋图软件 Visual FL”可在三维环境中定义高程，定义一个面的高程后，可自动生成结构所有水平面的高程，并可在剖面生成的 CAD 图纸中的相应结构线上一键标注高程，见图 14。

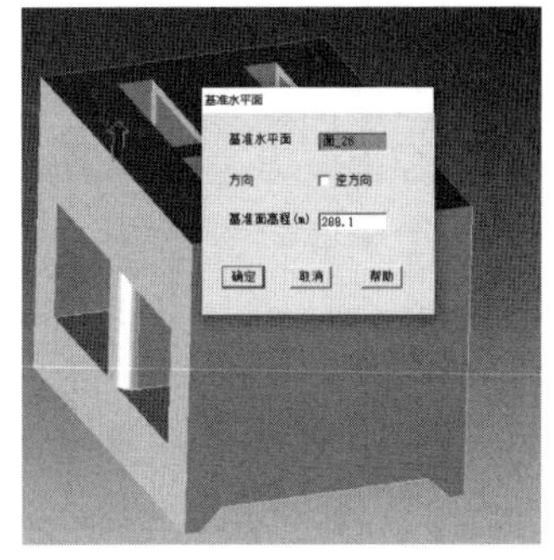

图 14 软件可定义模型的高程参数

（3）“三维钢筋图软件 Visual FL”读取了做好的三维模型后，可在软件中采用“拉伸、切除”命令对模型进行微小调整（不影响别的面），模型结构拉长或缩短，例如调整结构缝宽度，可以不影响原来做好的模型，并且不用在原软件中进行修改。

6 使用“三维钢筋图软件 Visual FL”配筋的优势

“三维钢筋图软件 Visual FL”可以兼容多种三维模型软件平台上创建的任意结构型式的模型文件，适用于工程项目在 BIM 平台上的协同设计。设计人员可以在导入的三维模型上布设立体钢筋，在设计过程中可随时检查浏览钢筋的空间布置、查询修改钢筋信息、在任意位置定义剖切面，最后一键生成带标注的配筋图、钢筋表和材料表。

便于及时发现错、漏等不合理的钢筋布设。修改钢筋后直接关联钢筋图、钢筋表、材料表，使修改简化，不易出错。“三维钢筋图软件 Visual FL”可生成与传统钢筋图形式基本一致的钢筋图，对钢筋图由二维过渡到三维设计起到了缓冲的效果。

7 结语

“三维钢筋图软件 Visual FL”在引绰济辽工程应用中，感觉软件易上手，通用性很强，可以缩减配筋图的设计时间，基本适用于水工建筑物的配筋图设计。进一步提高钢筋图设计效率和产品质量，是设计手段进步的体现。希望后续软件开发人员进一步研发，在使用中使软件更加自动化，形成模板化、集约化，缩短设计人员的时间成本。

Civil 3D 与 Infraworks 协同设计在水利工程中的应用

郭　嘉

1　概述

我国水利设计行业采用三维设计现已逐步发展为一种趋势，Autodesk 平台的多款软件在水利设计中发挥着越来越大的作用。本文着重介绍 Civil 3D 与 Infraworks 在水利工程三维设计中的应用流程。

早在 2006 年，内蒙古自治区水利水电勘测设计院就引进了 3D 设计软件 Autodesk Civil 3D 2006（以下简称 C3D)。起初在工程设计中只是辅助判断传统设计的正确性。在设计环节中应用 C3D，主要是用于地形图的处理，对地形图进行横剖面、纵剖面分析，建筑物基础的开挖以及工程量的计算。后来应用到供水管线管沟的开挖、渠道的纵横断面设计及开挖、大坝填筑等相关内容，但当时软件应用主要停留在辅助层面，最终没有使用软件进行出图等设计。

2019 年，对 C3D 进行了进阶培训，结合以前在工程当中遇到的问题，以及想要更有效地利用软件解决工程的实际问题，对 C3D 有了更深刻的认识和看法。在琥珀沟水库工程、露天煤矿英金河改河工程中，C3D 软件利用三维模型模拟，实现了所见即所得，能够更加直观的设计工程。

2　Civil 3D 的应用

在这里，以水库工程中大坝设计，过程中对 C3D 的应用做简要的设计流程，具体的软件使用参照《Civil 3D 软件操作手册》设计。

2.1　地形曲面创建与分析

由二维平面图中的高程点和等高线生成地形曲面，C3D 的一切操作都是在曲面的基础上完成的。曲面模型创建完成之后，可以进行高程、坡度、方向、汇水流域等一系列的分析，分析模型的完成能够帮助设计人员制定设计方案，作出合理的决策。

2.2　坝轴线平面设计

在 C3D 创建路线的途径有多种：

（1）以原有的 CAD 对象建立线路。

（2）以 CAD 图元拟合建立线路。

（3）使用软件自带的功能强大的路线设计工具，达到设计随心所欲的目的。

2.3　坝轴线纵断面设计

路线创建完后，使用纵断面创建工具创建纵断面，纵断面的修改可以采用几何图形和

布局全景视图完成，对不同路线的地形情况做出对比分析，以便下一步工作的顺利进行。

2.4 大坝横断面设计

大坝横断面利用C3D道路横断面设计，横断面设计也叫作装配，是该模型的核心内容，软件自带了装配用的参数化模板，经过对参数的调整达到结构、宽度、边坡等设计的要求。由于C3D所包含的部件不能提供设计者的所有需求，Autodesk公司开发的Subassembly Composer部件编辑器软件见图1，可以使设计人员自定义部件的结构样式，让部件根据不同的边界条件实现不同的结构样式，从而使装配变得更加丰富、快捷。

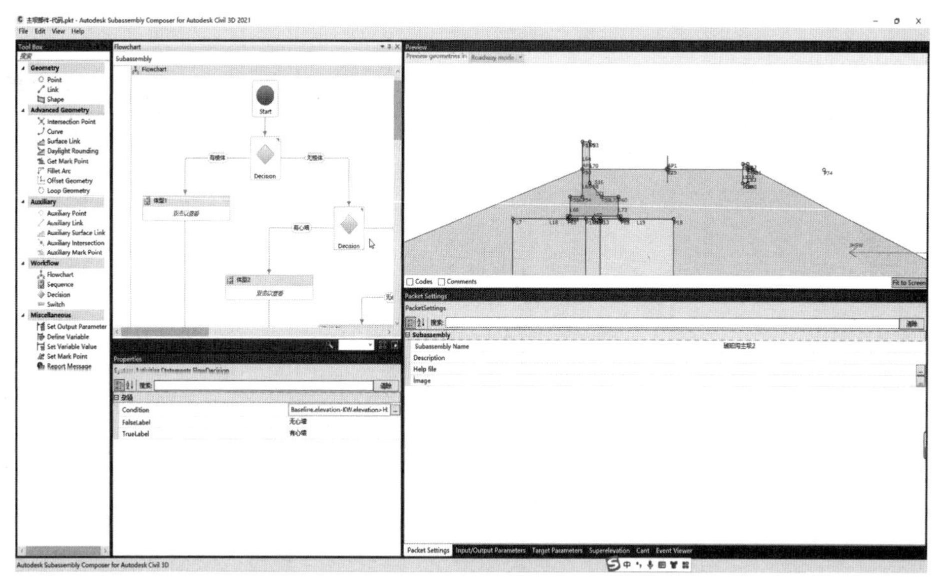

图1　部件编辑器界面

2.5 模型的生成与导入

在做完路线平面、纵/横断面设计之后，制定好必要的判断条件，就可以生成大坝模型了，之后还可以定制样式，满足工程施工图要求的纵断面、横断面并统计相关部位的工程量。之后将模型保存为Infraworks能识别的文件格式，导入该软件中做一些细化设计，比如边坡材质等，从而使设计更加逼真。

至此，C3D创建大坝模型的流程就算完成了。

2.6 渠道类项目的应用

基于这样的设计流程开展设计工作，同样的设计模式应用到河道改造、高边坡处理工程、露天煤矿英金河改河工程等。图2为利用航测数据生成的原始地形模型。

该工程属于河道改造工程，工程涉及高边坡工程，对于这种带状工程，利用C3D软件的强大功能，能有效地提高设计效率。生成的横断面准确（见图3），在三维模式（见图4）下，可以更加直观地查看设计成果，检验是否存在错误，分析工程不同区域开挖回填范围（见图5）等。

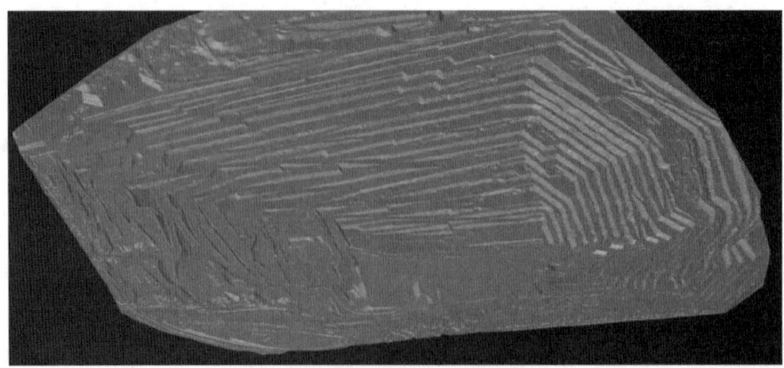

图 2　航测数据三维模型

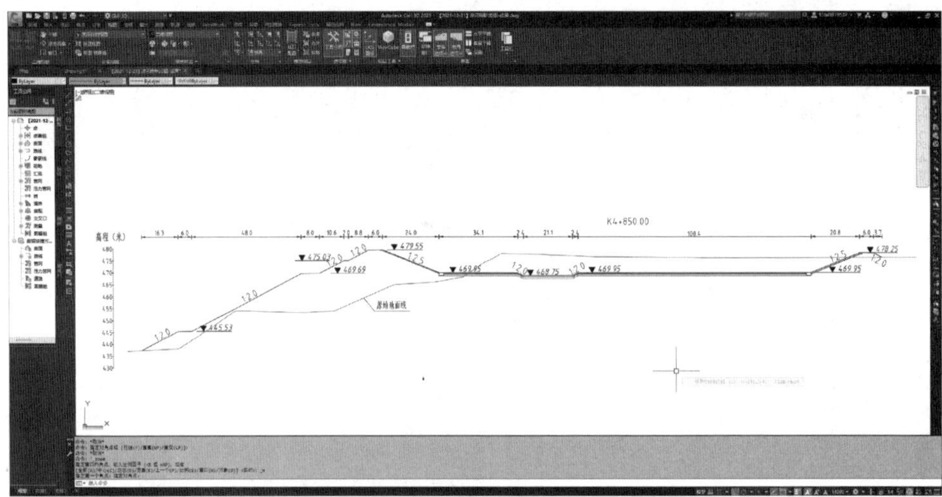

图 3　C3D 生成的标准横断面图

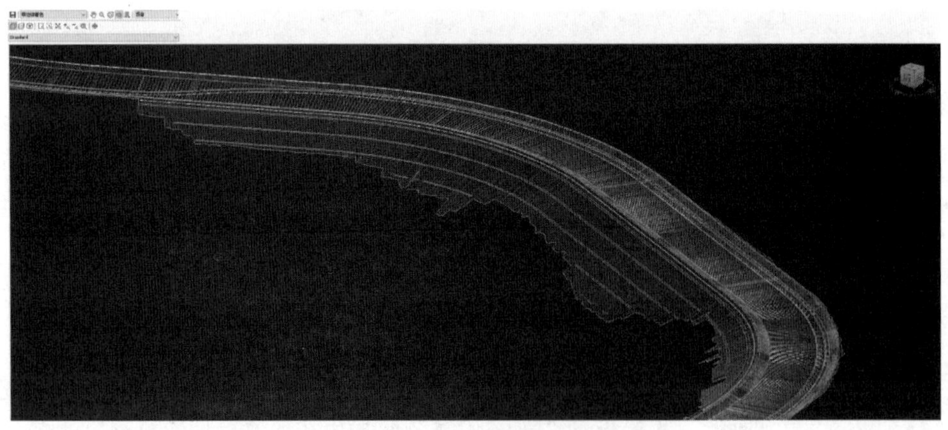

图 4　C3D 生成的三维视图

按照业主的建议和要求，包含中间的修改过程，先后做了十一版成果，这里包含河道宽度、主槽深度、边坡变化、堤防内侧是否设置马道等因素，利用该设计流程，大大缩短了设计修改时间，提高了设计精度。

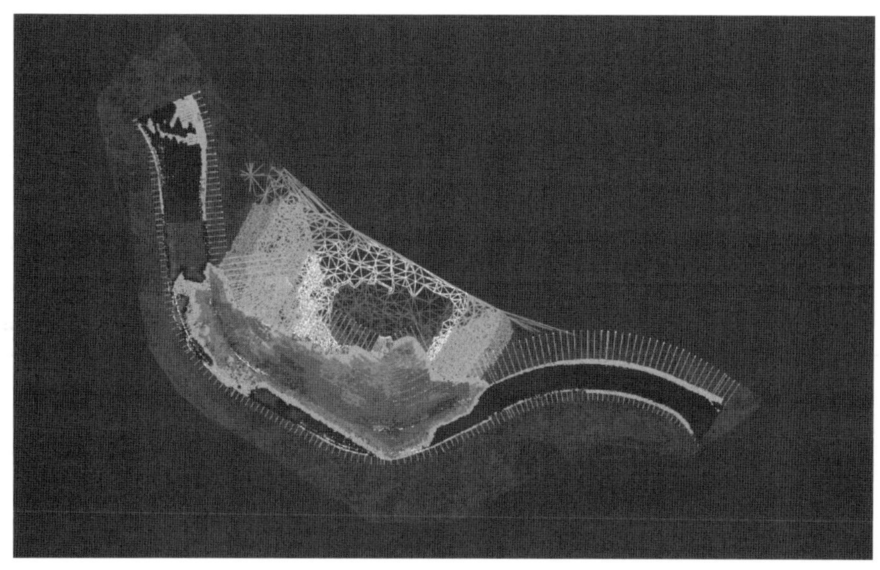

图 5　C3D 分析工程开挖回填区域

3　Infraworks 的应用

另一款全新的软件 Infraworks，是 Autodesk 公司推出的针对基础设施行业的方案设计、方案展示、建模绘图软件。运用这款软件，对工程进行前期方案设计和后期设计成果整合、展示，图 6 为 Infraworks 软件下水库的总布置效果展示，图 7 为河道改造项目效果展示。

图 6　水库总布置展示

图 7　河道改造项目展示

Infraworks 可以创建基础模型，将传统地形、GIS 数据、光栅位图快速地建立三维地形模型，并可导入 C3D 进行详细设计。利用软件自带的模型生成器功能，在没有任何地形数据的前提下，初步进行方案设计。方案设计分析中，可以对公路、水域、管道、园林等设施进行规划并初步评估工程量。最后，软件还支持真实交互式漫游、通过软件自带的内部引擎轻松制作渲染总图和动画。

4　Civil 3D 与 Infraworks 的协同设计

通过 C3D 设计好的工作成果，可以完美地导入 Infraworks，而后者设计的成果同样可以转换到 C3D 进行详细的设计。这两款软件有非常好的协同设计功能，并且有着专有的 IMX 格式来进行对接，可以实现刷新更新。利用这种协同设计进行 3D 实体化方案模型的建立，提高了工程可视化设计质量。

5　心得体会

利用 C3D 软件设计时，只有应用新型软件带来高效、高质的同时，才能发现原有设计流程的改进之处，如图 8 所示可以看出传统设计与利用 BIM 技术所能实现的，有着巨大区别的地方，这里需要读者运用软件来体会。

（1）设计前期，首先确定大坝的断面参数，包含坝顶宽度、上下游边坡、坝型结构，具体参数内容在 Subassembly Composer 部件编辑器中具体设计。这样设计的好处在于，设计前期由于不同的方案比选，设计中常常需要多种方案进行比选，也需要经常调整，那么针对这种调整，利用参数化设计，都能快速地在图中体现断面的尺寸、工程量，优化结构尺寸。

（2）在项目审批中，针对专家给出的审查修改意见，可以进一步完善设计内容，并且可以大大地缩短设计修改时间，对于审查意见中提出的结构优化内容，通过修改参数能够快速响应设计修改内容。

(3) C3D在工程量计算方面与传统手工计算相比，效率明显提高，误差也大大降低，劳动强度也大幅降低，计算结果准确、快速、直观，取得了事半功倍的效果。

(4) Infraworks运用把成果整合、展示这一功能，无缝衔接C3D，真正体验了水库工程真实的3D设计，更加直观地展示了水库建成后大坝总体布置设计。把工程三维设计成果与真实地形地貌结合，直观地呈现在决策者面前并提供中重要的参考依据。

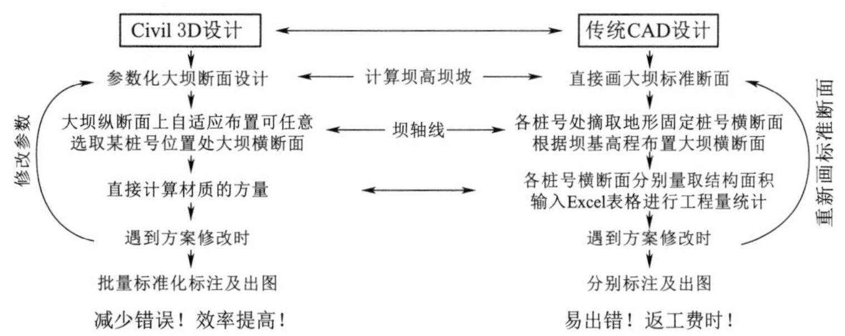

图8　部件编辑器界面

Inventor 环境下 WES 实用堰建模正向设计

陈晓鹏　赵瑞廷　李国宁

1　项目简介

该次 WES 实用堰应用于科右前旗河湖连通工程。工程的主要任务是：结合科右前旗科尔沁镇城市总体规划与布局，在首先满足防洪要求的基础上，通过实施河湖连通工程，将科右前旗科尔沁镇规划水系归流河、柳树川河、永兴河、居力很河、远峰渠、生态湖等河、湖、渠连通，重新恢复科尔沁镇城区范围内的水生态系统，促进该地区局地范围内水体流动，改善水生态环境，为科右前旗进一步打造宜居宜商的旅游城市奠定基础。主要建设内容为：永兴河干、支流疏浚拓挖及边坡护砌；远峰渠疏浚拓挖及边坡护砌；新建塘坝 2 座，总库容 16.70 万 m^3；新建 1 处兼有防洪和景观双重功能的水景生态湖等工程。WES 实用堰为塘坝泄水建筑物的主体工程，为塘坝稳定运行发挥景观效果有着不可替代的作用。

2　WES 实用堰简介

实用堰是水工建筑物泄洪常用的结构型式，主要型式分为折现型实用堰和曲线型实用堰。曲线型实用堰常见的有 WES 曲线、Ogee 曲线、克-奥曲线和驼峰曲线。

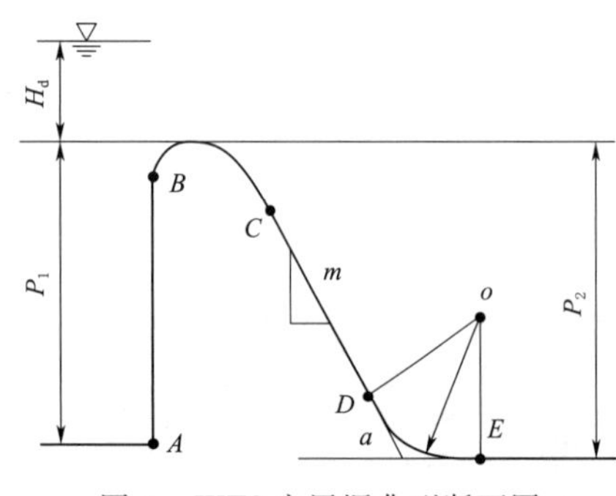

图 1　WES 实用堰典型断面图

WES 实用堰是美国工程兵团水道试验站提出的标准剖面（见图 1），由四部分组成：上游直线段 *AB*、曲线段 *BC*、下游直线段 *CD* 和反弧段 *DE*。

WES 实用堰与其他堰型相比，有过水能力大、堰面不出现过大的负压、经济且稳定的优点，是《溢洪道设计规范》(SL 253—2018）推荐堰型。

3　建模过程分享

为了使 WES 实用堰的模型在不同工程中通过参数设置多次利用，建模过程、参数设置种类（见图 2）按《溢洪道设计规范》(SL 253—2018）附录 A 设定。

3.1　曲线 BC 段建模

按《溢洪道设计规范》(SL 253—2018)，曲线段 *BC* 分上游堰头曲线和下游堰头幂曲线两部分，见图 3。

参数名称	使用者	单位	表达式	公称值	驱动规则	公差	模型数值	关键
模型参数								
参考参数								
用户参数								
WES_Hd		mm	800 mm	800.000000		○	800...	☑
WES_n		ul	1.85 ul	1.850000	WES	○	1.8...	☑
WES_R1	d42,...	mm	400 mm	400.000000	WES	○	400...	☑
WES_a	d37	mm	140 mm	140.000000	WES	○	140...	☑
WES_R2	d41,...	mm	160 mm	160.000000	WES	○	160...	☑
WES_b	d38	mm	225.6 mm	225.600000	WES	○	225...	☑
堰前上游边坡		文本	垂直		WES			☑
WES_K		ul	2 ul	2.000000	WES	○	2.0...	☑
Xmax	d56,...	mm	2.3039 m	2303.900000		○	230...	☑
上游段坡度	d43	deg	0 deg	0.000000	WES	○	0.0...	☑
堰高P1	d81,...	mm	5.22 m	5220.000000		○	522...	☑

图 2　WES 实用堰典型参数

建模先处理幂曲线，采用“草图”→“直线”→“表达式曲线”命令绘制。

输入的表达式如图 4 所示。

上游堰头曲线本次建模采用双圆弧曲线衔接：取值范围按表 1 确定。

曲线 *BC* 段在草图中的软件实现见图 5。

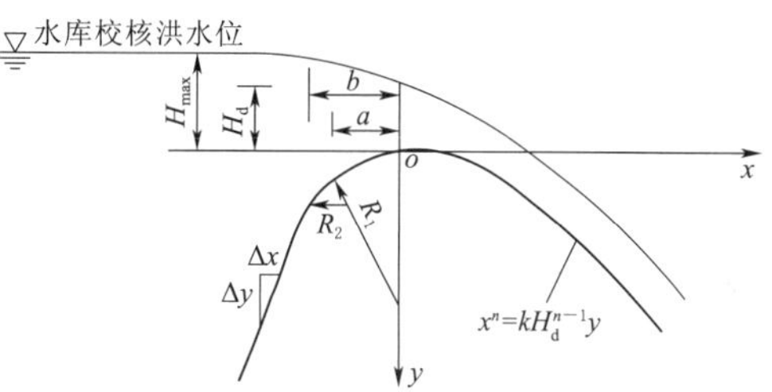

图 3　规范要求 WES 实用堰 *BC* 段要点

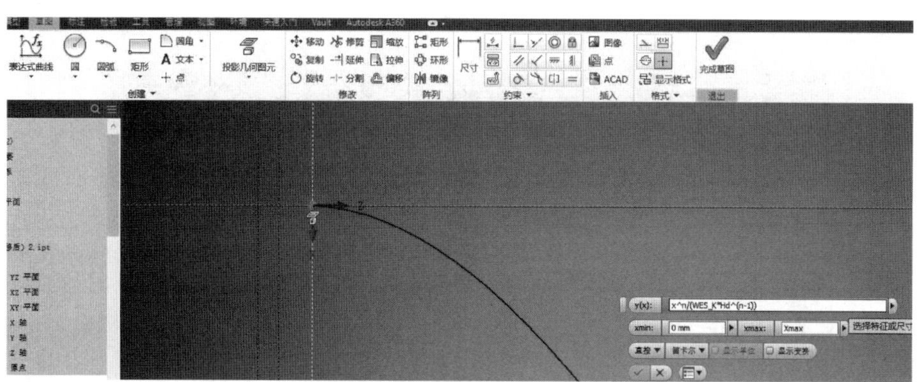

图 4　WES 实用堰 *BC* 段软件输入

表 1　　**堰面曲线参数**

上游面坡度（$\Delta y/\Delta x$）	k	n	R_1	a	R_2	b
3∶0	2.000	1.850	$0.5H_d$	$0.175H_d$	$0.2H_d$	$0.282H_d$
3∶1	1.936	1.836	$0.68H_d$	$0.139H_d$	$0.21H_d$	$0.237H_d$
3∶2	1.939	1.810	$0.48H_d$	$0.115H_d$	$0.22H_d$	$0.214H_d$
3∶3	1.873	1.776	$0.45H_d$	$0.119H_d$	—	—

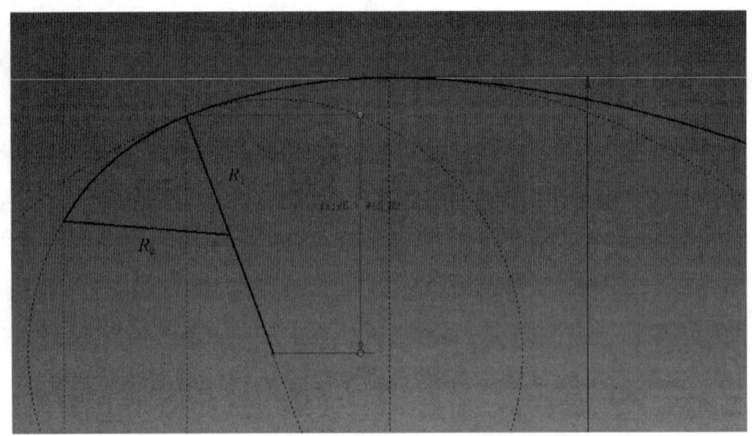

图 5　WES 实用堰 *BC* 段软件实现

3.2　反弧段 *DE*

本次实用堰反弧段 *DE* 的确定边界条件有两个：①采用底流效能，圆弧至下游堰底部结束，不需要延长产生挑角；②反弧半径按规范 SL 253—2018 中 4.3.8 规定为 3～6 倍最低点最大水深。

采用作图法，使反弧起始点和终点用“相切”约束确定后，手动调整 X_{max}参数，使圆弧半径满足边界条件 2 且为便于施工的正整数后。反弧段 *DE* 完成，见图 6。

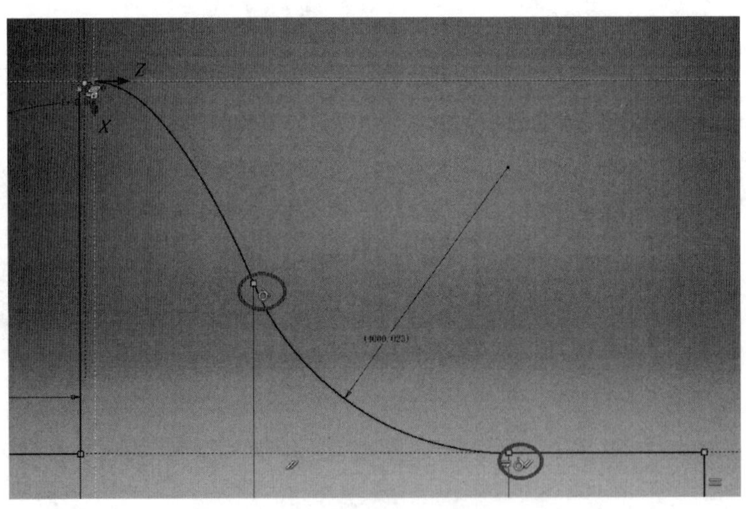

图 6　WES 实用堰 *DE* 段软件实现

3.3　上游直线段 *AB* 和下游直线段 *CD*

上游直线段 *AB* 段按地形和稳定计算结果，布置为垂直。因该堰为小型堰，堰高为 5.2m，故取消了下游直线段 *CD*，采用反弧直接连接。

3.4 参数化预定值设置

为使实用堰重复率提高，将表 1 确定设置的固定值采用 iLogic 语言固化到模型中。

将参数“堰前上游边坡”做成多值，编辑为“垂直”“1∶3”“1∶1.5”“1∶1”。

编辑代码如下：

```
Select Case 堰前上游边坡
Case“垂直”
    WES_K =2
    WES_n = 1.85
    WES_R1 = 0.5 * WES_Hd
    WES_a = 0.175 * WES_Hd
    WES_R2=0.2 * WES_Hd
    WES_b = 0.282 * WES_Hd
    上游段坡度= 0
Case“1∶3”
    WES_K =1.936
    WES_n = 1.836
    WES R1 =0.68 * WES_Hd
    WES_a =0.139 * WES_Hd
    WES_R2=0.21 * WES_Hd
    WES_b = 0.237 * WES_Hd
    上游段坡度=(3.15159265359/2 - Atan(3)) * 180/3.14159265359
Case“1∶1.5”
    WES_K =1.939
    WES_n = 1.810
    WES_R1 = 0.48 * WES_Hd
    WES_a = 0.115 * WES_Hd
    WES_R2=0.22 * WES_Hd
    WES_b = 0.214 * WES_Hd
    上游段坡度=(3.15159265359/2 - Atan(1.5)) * 180/3.14159265359
Case“1∶1”
WES_K = 1.873
    n= 1.776
    WES_R1 = 0.45 * Hd
    WES_a = 0.119 * Hd
    WES_R2=0.001 * Hd
    WES_b = 0.001 * Hd
End Select
```

代码运行结果见图 7～图 11。

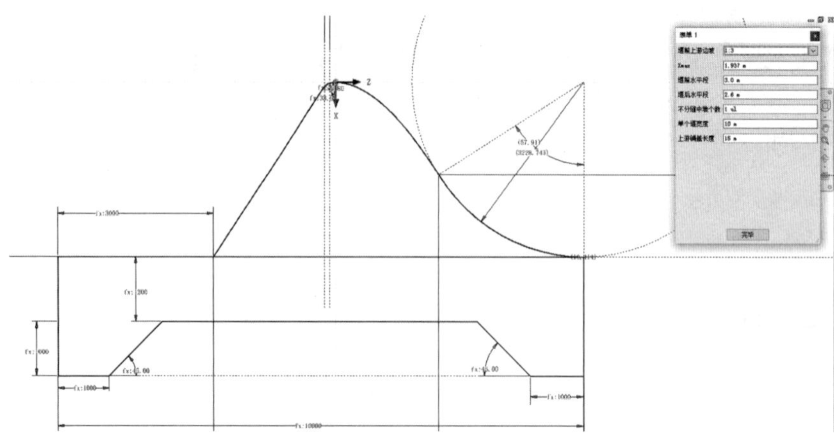

图 7　上游 1∶3 Inventor 环境下草图

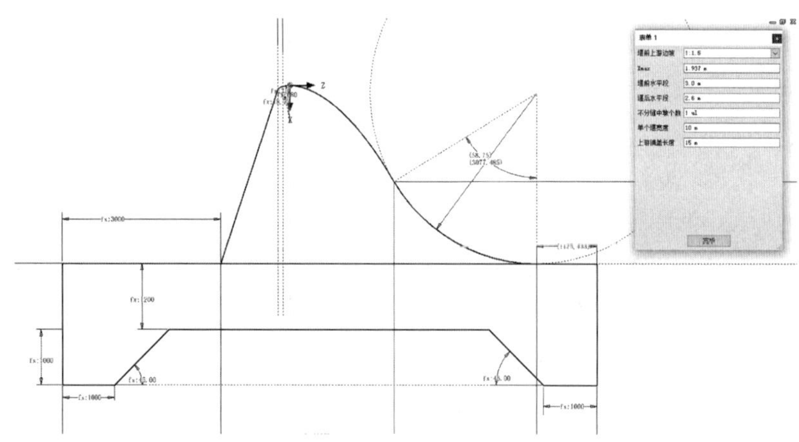

图 8　上游 1∶1.5 Inventor 环境下草图

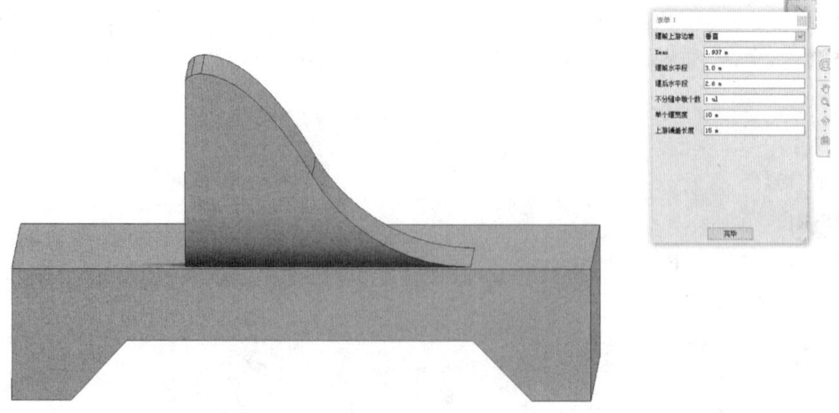

图 9　上游垂直 Inventor 环境下实体

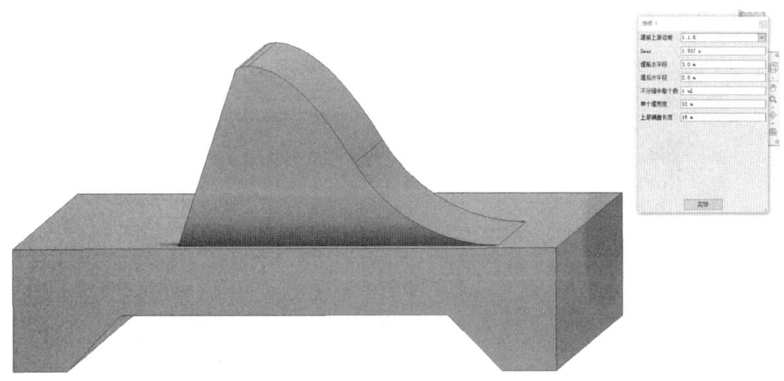

图 10　上游 1∶3 Inventor 环境下实体

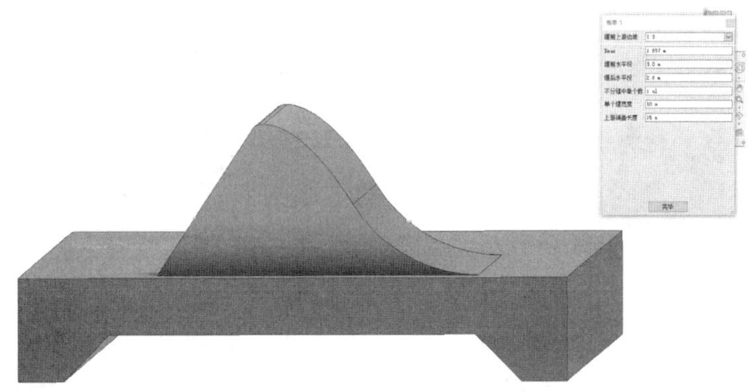

图 11　上游 1∶1.5 Inventor 环境下实体

4　建模成果展示

WES 实用堰实体建模成果展示见图 12～图 14。

图 12　WES 实用堰布置左侧视图

图 13　WES 实用堰布置右侧视图

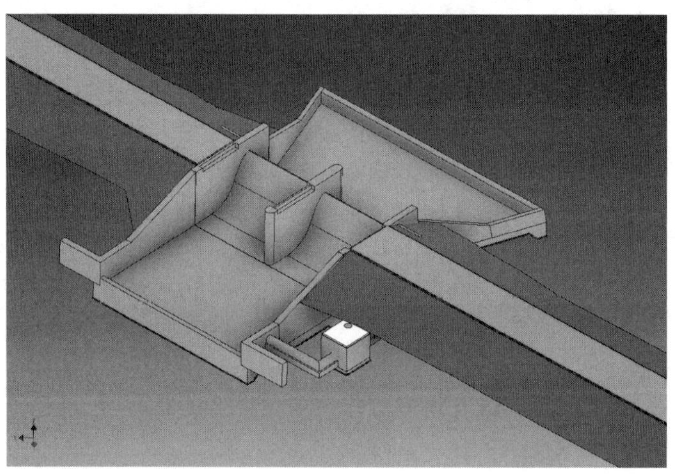

图 14　WES 实用堰与土坝联合布置

5　心得体会

通过此次建模设计，BIM 设计的优势体现十分明显。主要为以下方面：

（1）成果直观，各个细节错漏极少，以往平面图修改后，部分剖面图没有修改的情况消失。

（2）工程量计算简便，所有工程量所见即所得。尺寸结构只要完整、正确，对应混凝土工程量直接可得。

（3）在不同结构型式或同一结构型式不同尺寸情况下，三维模型直接生成二维工程图，建立适合水利水电工程设计规范的统一制图模板，实现三维模型工程图纸的生成，生成的工程图纸与相应的水工结构三维模型关联，实现设计调整修改时，工程图纸的自动更新，利于进行方案比较。

BIM 设计作为行业未来的趋势之一，本文只起抛砖引玉之效，因水平有限，错漏之处难免，希望各位同行批评指正。

灌区水利工程信息管理平台建设探索和实践

步怀亮　王　敏

1　项目背景

从2020年开始，内蒙古自治区水利水电勘测设计院开始尝试信息化平台的建设，在将近一年的时间内，连续着手开发了三个平台。从最初的全区地下水管理平台和全区河湖岸线管理平台，到仍在开发当中的灌区工程信息管理平台，这期间走过不少弯路，经历过不少难关，但在不断摸索的过程中也积累了些许经验。本篇文章以灌区工程信息管理平台建设为例，总结一年来的经验、教训，也对今后平台建设做出展望。

开展全区灌区工程信息管理平台建设的起因是内蒙古自治区水利水电勘测设计院承担了全区6个大型灌区的“十四五”续建配套与现代化改造工作，根据水利部要求，在编制“十四五”规划过程中，需要根据实际情况绘制灌区工程现状图、续改建规划实施图、方案规划图以及水资源配置图共四个专题图，每类专题图成果中包括 .mxd 地图文档和 .gdb文件地理数据库，最终将四个专题图打包上报，并且上报内容的空间要素位置需与灌区实际情况相符，数据确保准确无误。工作人员根据水利部要求规范了地图绘制过程中坐标系、空间要素、符号样式，也建立了地理空间数据库。与此同时，工作人员发现仅仅做到这些还不够，因为建立的数据库仅仅只能为技术人员提供遵循与参考，数据的直观化、可视化做得还不够好，还不能为水利厅及灌区管理单位提供便利的、直接的决策依据，因此环移处着手探索开发一个不需要高配置计算机，不需要安装专业软件，只需要普通计算机安装浏览器，就直观地可以看到灌区数据，并对数据做相应的筛选、分析，最终为管理人员乃至设计人员提供决策支持的平台，让数据彻底“活”起来、“火”起来。

后来，通过深入分析国内、区内现状和设计院自身需求，管理平台建设项目组找到了建设平台必要且急迫的三个原因：

（1）从全国层面来看，“十四五”期间水利部要求在开展大型灌区续建配套与现代化改造时主要对灌区防汛抗旱、水资源管理、水利工程建设管理、水利工程运行管理等灌区核心业务以及行政管理开展数字化建设，建立数字型灌区，实现“一张图”管理。即建设现代化灌区，需要有一个这样的平台。

（2）从全区层面来看，自治区的灌区分布呈现点多面广的特点，每个灌区内涉及数据种类庞多、繁杂，并且随着灌区续建配套工程的进行，时空数据不断积累，水利厅和灌区管理单位常规管理模式已经难以适应新形势下的管理要求，因此急需利用地理信息系统、空间数据库技术建立大型灌区规划成果信息管理平台，为大型灌区规划成果的信息化管理、查询、展示、统计和分析决策提供便捷的工具支撑。即管理全区的大型灌区，需要有这样一个平台。

（3）从内蒙古自治区水利水电勘测设计院自身发展的角度来看，设计院在大型灌区规划设计方面有着丰富的经验，多年来积累了大量的历史数据，在应用 ArcGIS 等软件处理、分析地理信息数据方面的技术已经相对成熟，并且积累了一批专业人才、队伍，但在数据整理方面缺乏统一的标准，数据的结构化程度较低，基于 ArcGIS 平台应用 HTML、CSS、JavaScript 和数据库语言的二次开发方面还存在明显短板，数据直观性、可视化和规划设计工具整合程度都较为落后。即深化灌区业务、拓展应用范围，需要有这样一个平台。

2　平台建设

基于以上原因，开始了灌区工程信息管理平台建设。平台采用 B/S（Browser/Server，即浏览器/服务器）应用模式，遵守水利行业信息化相关标准和规范，在充分保障系统和数据安全的基础上，由基础设施层、数据资源层、服务层、应用层共 4 个层次组成。平台建设技术框架见图 1。

建设内容大体上可以分为两个部分：一部分是数据整理建库，主要包含数据的收集、标准化处理、建库入库、符号化成图、服务发布等步骤，这部分的工作基本都是由环移处

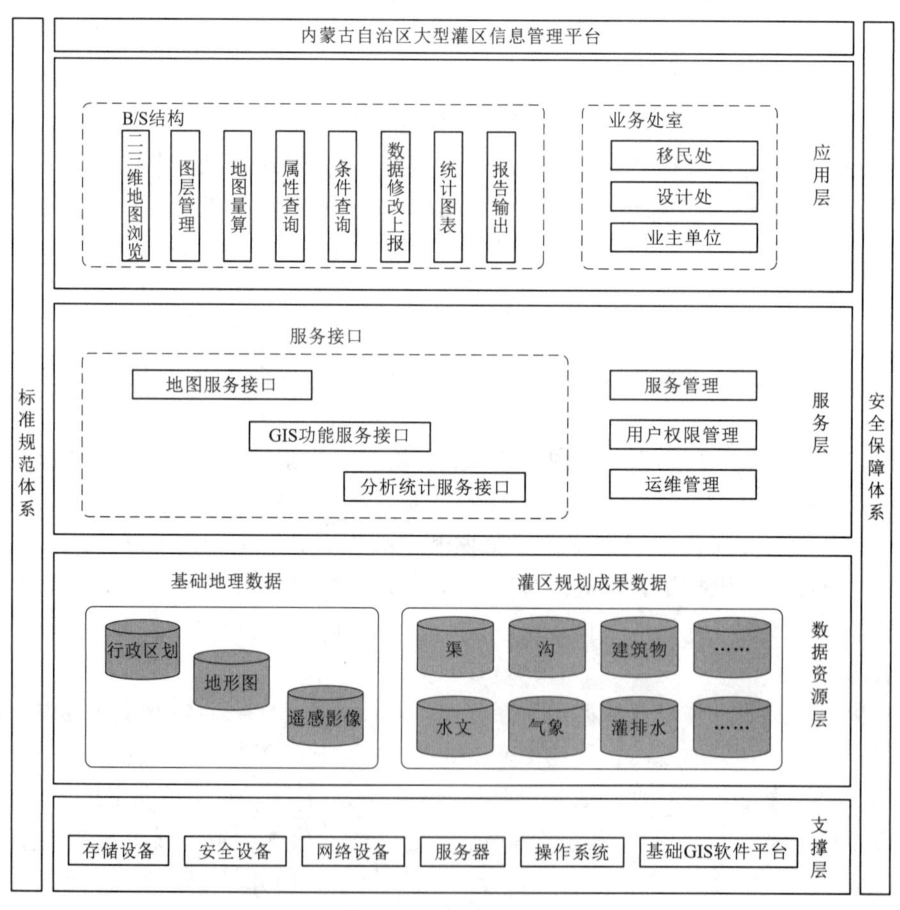

图 1　平台建设技术框架

的技术团队独立完成的；另一部分是应用系统的开发，包括总体设计、详细设计、代码编写、系统测试和部署，其中总体方案设计和功能需求由环移处技术人员承担，而其他工作则委托了第三方公司。下面将详细介绍两大建设内容及平台实现的功能。

2.1 数据整理建库

数据大体上可以分为两大类：一类为栅格数据，另一类为矢量数据。栅格数据主要是灌区的影像数据，包含三个小类：①30m 分辨率的遥感影像，影像范围覆盖全自治区；②1m 分辨率的遥感影像，影像覆盖范围为灌区管理范围；③利用无人机航飞生产的0.2m 分辨率影像，覆盖范围为重点渠道和建筑物。

矢量数据划分为四个图层：①灌区工程现状图，这部分数据具体包含灌区范围、灌区内沟渠、建筑物的整体信息；②续改建规划实施图，这部分数据主要是灌区历年续建配套与节水改造已经实施的工程，包含工程位置信息、水力要素、衬砌型式、投资等，数据来源主要是内蒙古自治区水利水电勘测设计院参与设计、施工时留下的资料；③方案规划图，包含项目规划、可研阶段的设计成果，数据来源主要是设计院参与的项目数据；④水资源配置图，主要包含灌区水资源配置信息。

2.2 系统应用开发

开发工作总体上可以分为两个部分：①Web 前端开发，如果打个比方，这部分内容更像是在做一个 PPT，主要是对平台的界面进行设计、布局，这部分内容更注重用户的使用体验，所以一个平台好不好看、好不好用都是这部分工作的直接体现。这部分所需的技术主要有 HTML、CSS、JavaScript 等编程语言，以及基于 JavaScript 的组件库、框架库。②服务器端开发，这部分主要工作是处理前端的请求，并对请求进行响应。这部分所需的技术主要有 C#、Java、Python 等其中一种语言，以及数据库语言。

数据库整体框架已经搭建好，应用系统的开发工作也正在进行，平台已经初步实现了一些功能，但离平台最初设想的功能还有一定距离，项目组计划继续通过半年的时间最终实现以下功能：

(1) 平台运维管理，主要包含用户角色分配、角色权限管理、系统日志管理等，实现系统管理员、项目负责人、规划技术人员和业主方代表四种登录角色，每种角色在数据操作层面具有不同权限，系统管理员具有最高的数据操作权限，并可以根据实际需要向其他角色分配权限。

(2) 对数据实现增删改查以及数据看板的功能，实现更灵活的方式查看、应用数据的目的。

(3) 整合现有的小型水力计算软件融入平台中，为设计人员搭建一站式工作平台，实现设计的基础资料可从平台查询、设计后技术成果及报告可直接导入平台。

(4) 实现 BIM 模型的自主导入和模型数据的旋转、缩放、拖拽查看，探索 BIM 模型和真实地形的贴合匹配并将其运用到规划选址、选线当中，达到 BIM+GIS 的深度融合。

3 存在问题及对策探讨

内蒙古自治区水利水电勘测设计院在平台建设方面还在初级阶段，需要进入下一阶段还需要破解以下几项难题。

（1）BIM 模型导入存在困难。目前，项目组已经实现了三维地形和河道、堤防等基于 Civil 3D 制作的三维模型的导入，但是对于复杂水工建筑 BIM 模型的导入还正处于探索阶段。这里有三种方案可选：①基于开源的 WebGL 实现三维模型的导入，此类技术路线优点是免费，缺点是技术成本较高、稳定性较差；②基于 ArcGIS Pro 平台实现 BIM 模型的导入，此类技术路线优点是技术相对成熟，缺点是需要购买软件的正版授权；③购买已经成熟第三方平台，此类技术路线优点是平台架构相对成熟，直接拿来用就可以，缺点是此类平台虽然具有较强的通用性，但用户的个性化需求仍需要二次开发，而且一旦使用后对平台的依赖性较强。这里推荐使用基于 ArcGIS 开发的第三方平台，这样的平台较为成熟，有专业团队维护，平台的安全性有保障，而且因为技术路线相似，技术团队可以将已有的平台成果叠加在第三方平台上，实现通用性和个性化的结合。

（2）数据的收集、整理工作量巨大。近些年内蒙古自治区水利水电勘测设计院承担的灌区主要业务集中在磴口等几个灌区，而在以河套为代表的其他灌区业务较少，这就造成了没有业务覆盖的灌区的数据量较少，如何收集这些缺失的数据也是摆在平台建设技术人员面前的一道难题，毕竟没有数据的平台就像是纸上谈兵。解决的思路有两种：①借助“十四五”大型灌区续建配套与现代化改造的契机，组织专业人员到现场开展普查。此类思路的优点是在制定数据标准的基础上搜集到的数据的质量较高，数据拿回来即可使用。缺点是工作量大，而且灌区历史数据不易搜集。②开放平台的使用权限，以灌区管理所为最小单元，向灌区管理人员开放平台中数据录入管理权限，将数据的录入工作平摊给每个管理所，管理所仅需填报自己管理范围内的工程信息。此类思路的优点是极大降低技术人员工作量，而且可以收集灌区的历史数据，缺点是同时填报的人员太多会对服务器造成一定的压力，而且受填报人员水平限制，填报质量可能难以保障，填报的数据成果可能还需要平台建设技术人员对数据进行复核后才能使用。推荐采用两种方式相结合的方式进行数据的收集、整理工作，对于已经掌握数据可由平台建设技术人员整理，而一些历史性数据和规划数据可由灌区管理单位填报。

4 结语

平台的建设本身并不存在较大的技术制约，在项目组和第三方合作公司的共同努力下，平台的建设正在朝着既定目标走去。难的是数据的获取和平台的推广，而无论是数据采集还是推广应用，都需要水利从业人员及时把握最新的行业发展趋势、不断打磨平台的功能和界面，更好地满足用户多元化的需求，这样才能真正为水利工作者提供便捷高效的决策支持，助力全区水利事业高质量发展。

智慧灌区数字化平台需求分析

李国宁

通过对GIS地图、航测模型、遥感数据、BIM模型、IOT数据等各类业务数据的采集、处理、分析，搭建灌区信息化系统的基本框架，建设以数据库系统为支撑，以自动化控制、在线监测、灌溉水量测、计量统计、灌溉调度、节水灌溉、水权转换、数据分析、水资源调配、智慧运维等为主要内容的智慧灌区数字化平台，不断为灌区管理维护提供全面、及时、准确的决策依据。通过信息化建设，全面提高灌区的管理水平与工作效率，使有限的水资源得到有效、可持续利用的同时，进行灌溉水资源的优化，实现节水增效、可持续发展的目标。

1　感知网络建设

感知网络是智慧灌区数字化平台的主要数据来源。首先，对工程所涵盖灌区内已建的气象站、雨量站、水位计、闸位计、流量计、墒情监测系统、视频监控系统等感知设备进行实地调查，详细统计感知设备的运行情况、故障情况、在线率等，综合评定这些设备在平台建设中的作用，避免感知设备重复建设，造成资金浪费。然后，结合工程设计，根据灌溉情况开展现场调研，确定监测站点和计量位置，选择合适的感知设备，制作一张灌区GIS地图，将所有感知设备分类分层标记在GIS地图上，完成灌区感知网络设计。对于灌区内已建成的大量闸门，根据实际运行情况，进行综合评估，对破坏严重达到报废标准的，更新为智能闸门，对状况良好的，进行现有闸门智能化改造，使其具备远程控制和自动计量功能，全部纳入灌区感知网络。

2　数据库设计

智慧灌区数字化平台数据库的设计，是围绕灌区运行管理工作中的数据采集、传输、存储、处理、统计分析、应用展示和共享服务等环节，以灌区基本情况、工情管理、水情监测、安全监测、闸门监控、数字移交等业务内容为信息源，针对这些业务内容以及各业务之间的联系，经过业务提炼与分析抽象，形成一整套涵盖各种业务功能的、统一的数据库结构，包括基础信息数据库、在线监测数据库、地理空间数据库、设施设备数据库、BIM模型数据库等。

3　GIS地图应用

GIS地图是根据基础地图数据和业务专题数据，加工制作形成基础地图数据服务和业务专题数据服务，实现基础地图操作功能、地图浏览、查询、分析等功能，为智慧灌区数字化平台提供一站式分析、展示的“仪表盘”。GIS地图能够将实时监测的水位、流量、闸门工况、设备状态等信息在地图上进行展示，每个闸站位置都可查看到最新上报的监测信息，方便用户查看灌区最新状况。

4 遥感数据服务

面向灌区，提供卫星遥感监测技术手段结合地面观测数据，构建遥感监测体系，实现灌区地表水源地水体范围及蓄水量、土壤含水量、灌溉面积、灌溉用水、种植结构的遥感动态监测。快速、客观、准确地反映灌区地表水资源状况及其变化特征。综合 GIS 技术和科学数据分析方法，实现遥感数据产品的浏览、查询、统计、分析、制图与报表报告的自动化生产。辅助灌区主管部门客观、直观地掌握灌区水资源及相关信息的动态变化情况。

5 BIM 模型应用

基于已有 BIM 技术架构，结合工程特点，利用 Civil 3D、Inventor、Revit、Infraworks、Navisworks、Mars 等软件构建灌区三维地形模型、渠道模型、主要建筑物 BIM 模型、智能闸门 BIM 模型等。围绕 BIM 模型高效地开展设计工作，充分展示设计意图，保证模型信息数据的准确性和完整性。进行三维校审、会审等工作，提升专业间配合工作效率，减少或避免传统设计过程中的“错、漏、碰、缺”现象，实现项目多专业协同优化设计、精细设计。

灌区主要渠道及建筑物的高精度 BIM 数字模型与 GIS 地理信息结合应用，成为灌区可视化管理的基础；同时将灌区中各类监测数据融合，成为可视化运行和监控的有效载体，为数字移交、数字孪生、智慧运维、全景展示等模块提供基础数据支撑。

6 灌区综合信息“一张图”

以灌区“一张图”的方式，实时展示水雨情信息、流量信息、水质信息、闸门运行信息、工程安全监测信息、视频信息、雷达图、卫星云图等，并提供上述信息的查询和统计。用户通过一个界面，可以掌握灌区所有监测信息和基础信息，同时，中央区域展示灌区地图，地图上标注实时监测数据，包括工程工况、实时水位、渠道水位流量等信息，对工程运行情况进行全盘监控，为管理者提供直观的辅助信息。

7 数字移交

收集灌区设计、施工建造、安装调试过程相关模型及数据信息，建立模型与相关文档之间的关联关系。实现模型操作、数据组织管理、系统浏览、编码管理、属性管理、模型与文档关联管理等功能。建设灌区数字移交系统，以工程 BIM 模型为核心载体，以数据信息对象编码为纽带，建立模型与工程设计二维图纸、文档、照片等资料之间的关联关系，形成基于一个模型、一套数据、一个数据库的可视化数模展示查询系统，从而构建设计数据全面、组织有序、服务于工程建设期和运行期的设计模型数据中心，为灌区的后续相关应用维护工作提供基础数据。

8 监测预警应急

在线监测是智慧灌区数字化平台的基础数据支撑，利用感知网络、视频系统、遥感数据等自动化监测手段，同时与人工采集相结合，对灌区水量、雨量、设备、安全、运行等情况及环境参数进行实时在线监测。对断面水情风险、设施设备故障、工程运行情况、人员安全情况、水旱地质灾害等各类异常情况进行预警预报，发现监测结果超过预警指标时，系统将根据超标情况，在GIS地图上以不同的标记闪烁形式凸显预警位置，同时自动启动声光报警功能进行告警。制定灌区应急预案，加强应急指挥的科学性、时效性和准确性，促进应急工作逐步从被动向主动转变。通过系统对监测数据的分析，达到第一时间监测、第一时间预警、第一时间应急的目的。

9 远程控制

灌区管理中心的主控服务器运行闸门远程监控软件，闸门通过水位流量监控设备将水情信息传输到管理中心。软件通过获得的水情信息来控制闸门开度，闸门接收到控制指令后自动调整闸门的开度情况。远程控制闸门包括远程开启闸门、远程关闭闸门、远程切换工作模式、远程重启闸门控制器。首先在GIS地图上选择被控制的闸门，如果所选择的闸门当前在线（远程通信连通），则四个控制按钮生效，然后单击不同的按钮，实现不同的远程控制。如果所选择的闸门当前处于离线状态（远程通信断开），则按钮失效，无法远程操作。

采用多种分水计量控制模式，满足不同调水方式的需要：具备手机操作及故障报警功能；具备分水信息及数据自动上报功能。采用无线远程控制、无线数据传输，动态协同控制，提高输水效率。操作人员可以通过闸门终端控制软件查看当前水位信息、累计流量、闸门状态以及控制闸门开度，选择分水模式等。为满足不同应用要求，设计了多种工作模式：流量控制模式、定位控制模式、闸前水位控制模式、闸后水位控制模式、联动控制模式等。在每种工作模式下，实时流量都由控制系统计算并发回远程控制中心。

10 灌溉水量测

灌溉水量测是节约灌溉用水、提高灌溉质量和灌溉效率的有力措施，是实行计划用水和准确引水、输水、配水的重要手段，也是水权转换、水费征收、灌溉水利用率评定的基础。首先，考虑灌区水系和渠系分布，结合灌溉制度，根据水闸、分水口建设情况，确定灌溉水量测站点。其次，综合考虑现场环境、断面流量、渠道水头、建筑物特点、测流精度等要求，选择合适的测流方法及相应的量测设备。最后，根据灌区的量测水现状，结合量水规范和监测数据，将各种测流计算方法固化到系统中，快速生成满足要求的量测水数据。

在目前的技术条件下，需要解决明渠测流精确计量的问题，现行的测流方法可分为两大类：流速-截面积法，如雷达流量计、超声波流量计、超声波测流筒、AI摄像头等设备；水工建筑物法，如三角堰、巴歇尔槽、智能闸门等设备。

11 综合查询、统计分析与智能报表

综合查询以灌区数据库中的数据为基础，以电子地图或遥感影像图为背景，通过多种不同条件的组合查询和数据展示方式，全面、直观、形象地展示各类基础数据和专题

数据。

采用可视化图表技术，实现灌区各量测站点、各渠道、各用水对象的不同时间频度（日供水、月供水、季度供水、年度供水等）的水量信息统计、水费征收信息统计、水权转换信息统计、种植面积信息统计、灌溉水利用率信息统计等各类统计功能。支持多种类型格式批量数据的导入、导出，提供数据表、趋势线、分布图等多种数据展示方式。

自动生成智能报表，制定标准的报表样式，实现供水报表统一化、规范化管理和自定义管理。通过计算公式配置实现复杂计算关系的准确计算，数据计算快速高效，避免人工计算引起的各类错误；定时计算功能，保证查看到最及时、准确的报表数据。报表可轻松导出为 Excel 电子表格，形成数据汇总、多 Sheet 页分类的报表；报表生成、在线查看、下载控制机制，保证报表数据的安全。

12　供水管理与水量调度

供水管理与水量调度是水资源调配的手段，综合利用调度模型和数据挖掘，通过对流量、水情、墒情、气象等数据进行综合分析，作为配水计算、水量调度的依据，合理调配灌区水资源。建立水资源调配模型，可以根据期望的流量自动计算出闸门开启和关闭的时机，降低配水随机性，实现整体调度的自动化控制，有利于灌区的统一管理，为灌区供水计划管理、供水统计、节水管理、水价测算、水费征收、水权转换管理等提供技术支撑。

13　智慧运维

基于 GIS 地图和 BIM 模型实现设施设备数据查看，便于管理者掌握设施设备的运行状态，支持基础信息编辑和设备增加、设备删除及运行状态查询等操作。建立设施设备电子档案，实现设施设备档案的录入、归档、更新和查看，设施设备档案信息涵盖设备编码、所在位置、分类、技术参数、优先级、采购等信息。实现物资编码、设备位置编码、设备编码、固定资产编码的关联。可根据监管特点，建立设备位置层次结构，实现统计设备全生命周期情况，并可与 GIS 系统集成以建立设备和 GIS 对象的对应关系。支持按时间周期（周、月、年）对设施设备养护工作进行计划管理；按照养护计划派发的设施设备养护工单，规定执行日期、待养护的设施设备、养护内容等。养护过程中发现的问题可被记录下来并自动产生故障工作单。

为灌区巡检、养护等业务提供任务分派、人员监管、巡检定位、信息上报、远程调度、施工反馈等全流程管理工具，有效解决巡检监管及考核、维修现场缺少信息支持等业务管理问题。通过移动终端和无人机，利用相关程序和接口的开发，减轻巡检人员的工作量，实现智慧运维。

14　全景展示与数字孪生

对灌区地形地貌进行无人机拍摄，制作 720°全景影像场景，实现对灌区整体布置的 720°全景影像展示，并对灌区的地形地貌、周边环境、水工建筑物布置、设施设备布局等内容进行全景展示。

融合应用 BIM+GIS，利用灌区全信息数字化三维模型，制作虚拟现实场景，使灌区的数字虚拟与现实物理数据相互映射，并进行高层次数据分析，实现在 GIS 场景中的全局流畅浏览和 BIM 模型细致详尽的细节展现，虚实融合，全局呈现，构建灌区数字孪生体。

15 信息发布

信息发布以互联网作为传播媒介，将灌区需要向公众展示的信息，通过移动应用系统、微信公众号、门户网站等形式发布给公众，从而拓宽灌区与广大用水户、地方政府、社会公众以及行业主管部门信息沟通的渠道，由此扩大灌区影响，树立灌区形象，提高灌区的公众知名度。

16 移动应用

移动 App 是智慧灌区数字化平台的移动端应用，相关管理人员通过移动互联网实时掌握工程信息，发布最新工作动态。这既实现管理人员随时随地进行工作处理，及时接收发送的预警及工作消息，又利用移动端的自动定位、便捷拍照、视频等功能，辅助治理运行过程中的问题上报等，提供了管理人员高效实用的联络上报、事件督办的信息化手段，解决信息上传的即时性难以保障，易造成信息的漏报、重报、误报，不能全面地将上报信息归档、存储的问题，满足运维工作的实时性、便捷性要求。智慧灌区数字化平台的移动 App 具有界面友好、流程清晰、用户针对性强、平台通用性好等特点，主要包括信息总览、模型查看、在线监测和预警预报等功能。

17 系统管理

系统管理包括用户建立、权限设置、密码设置、登录退出、操作记录，记录查询、显示等。用户管理模块为用户提供新用户建立、密码设置修改等功能。管理人员可调整组织架构，对人员进行管理。对用户的属性、权限进行划分设定其权限。采用基于角色的授权方式，可以动态维护角色，并把用户添加到指定的角色中去。可以进行管理权限的划分，把部分管理权下放到各个单位；后台可记录每位用户的操作、控制等行为，并提供多条件筛选查询操作记录。

地埋式水平镇墩标准化设计及BIM应用

张雯颖　李国宁　王雪岩　左舒扬

1　工程背景

为了保持长距离输水管线压力管道不发生滑移、倾覆和扭转等现象，在转角及地势起伏处设置重力式支撑构筑物，即镇墩，镇墩一般依靠自重固定管道，以抵抗因水流方向改变而产生的轴向力。

近年来，随着国内各类长距离引调水工程以及跨流域调水工程的发展，输水管线上的镇墩作为输水管线中的重要建筑物，其安全性和经济性直接关系到工程效益的实现。同时，长距离输水管道由于平面曲折转弯、立面起伏变化，导致镇墩数量众多、结构型式相似但不同，在设计过程中几十个甚至上百个镇墩结构图和钢筋图一一用AutoCAD制图软件绘制实属浪费时间及精力。因此，在镇墩设计中，不仅要对其结构型式、抗滑、抗倾、地基承载力等进行计算校核，也要采用BIM平台将镇墩标准化进行设计，以提高设计效率。

2　工程概况

引绰济辽工程输水线路起点为拟建的兴安盟文得根水利枢纽，终点为通辽市的莫力苗水库，线路总长度389.57km，年最大调水量4.88亿m^3，设计输水流量18.58m^3/s，全线采用重力流输水。输水线路主要由隧洞、倒虹吸、暗涵、PCCP压力管道及附属建筑物组成。其中，PCCP压力管道工程为埋地式管道，总长度206.27km，兴安盟境内采用$DN2800$双管布置，长度为100.14km，通辽境内采用$DN3200$单管布置，长度为106.13km。

$DN2800$双管水平镇墩数量为25个，角度范围为9.47°～53.57°，$DN3200$单管水平镇墩数量为14个，角度范围为8.49°～45.00°。

3　地埋式水平镇墩尺寸标准化设计

水平镇墩根据管线转角的角度分为两类，根据管道根数分为单管和双管两类，详见图1～图4。

采用管道水平外包混凝土厚度A_1、垂直外包混凝土厚度H_1和镇墩水平中心线偏移距离L作为镇墩尺寸的控制性参数，通过调整A_1和L的值控制镇墩尺寸，以满足镇墩抗滑稳定计算等要求。

3.1　单管（$\theta<45°$）水平镇墩尺寸

根据几何关系推导得出水平镇墩的尺寸及混凝土体积公式：

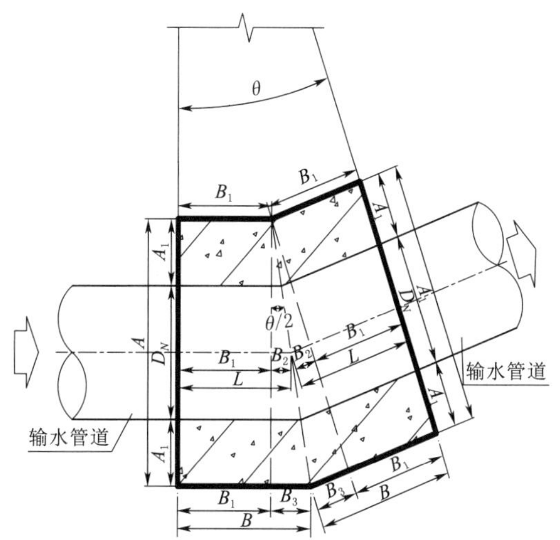

图1　单管 $\theta<45°$ 水平镇墩平面图

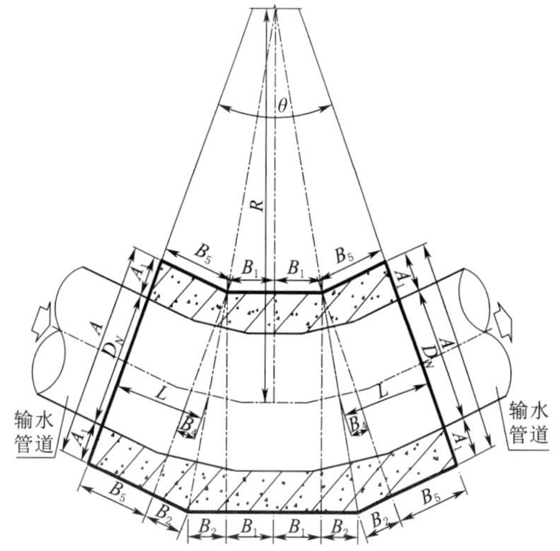

图2　单管 $\theta\geqslant45°$ 水平镇墩平面图

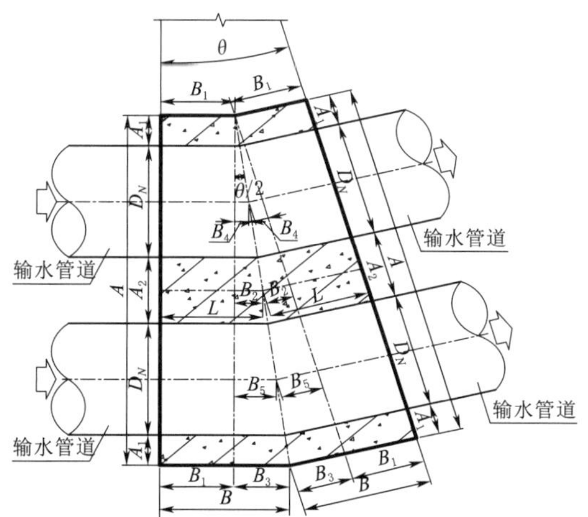

图3　双管 $\theta<22.50°$ 水平镇墩平面图

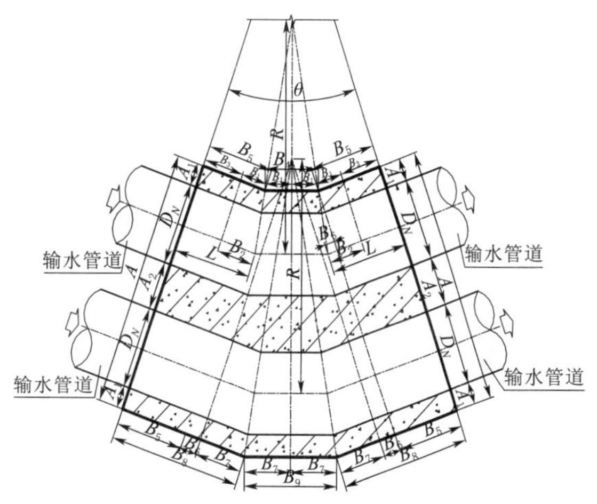

图4　双管 $\theta\geqslant22.50°$ 水平镇墩平面图

$$A=2A_1+D_N$$

$$B_1=L-B_2$$

$$B_2=\left(A_1+\frac{D_N}{2}\right)\tan\frac{\theta}{2}$$

$$B_3=A\tan\frac{\theta}{2}$$

混凝土体积：$$V=(B_1+B)A(2H_1+D_N)-\frac{\pi D_N^2}{4}2L$$

式中　L——镇墩水平中心线偏移距离，m；

A_1——管道水平外包混凝土厚度，m；
H_1——管道垂直外包混凝土厚度，m；
A——镇墩垂直水流方向尺寸，m；
B_1——镇墩迎推力侧尺寸，m；
B——镇墩抗推力侧尺寸，m；
θ——管线平面转角，(°)。

3.2 单管（$\theta \geqslant 45°$）水平镇墩尺寸

根据几何关系推导得出水平镇墩的尺寸及混凝土体积公式：

$$A = 2A_1 + D_N$$

$$B_1 = \left(R - A_1 - \frac{D_N}{2}\right)\tan\frac{\theta}{4}$$

$$B_2 = A\tan\frac{\theta}{4}$$

$$B_3 = 2(B_1 + B_2)$$

$$B_4 = \left(A_1 + \frac{D_N}{2}\right)\tan\frac{\theta}{4}$$

$$B_5 = L - B_4$$

$$B_6 = B_2 + B_5$$

$$B_7 = 2B_1$$

混凝土体积：

$$V = \left[(B_5 + B_6)A + \frac{(2B_1 + B_3)A}{2}\right](2H_1 + D_N) - \frac{\pi D_N^2}{4}(2L + 2B_1 + 2B_4)$$

式中　R——转弯半径，一般取$R = 3D_N$，m；
其他符号意义同前。

3.3 双管（$\theta < 22.50°$）水平镇墩尺寸

根据几何关系推导得出水平镇墩的尺寸及混凝土体积公式：

$$A = 2A_1 + 2D_N + A_2$$

$$B_1 = L - B_2$$

$$B_2 = \left(A_1 + D_N + \frac{A_2}{2}\right)\tan\frac{\theta}{2}$$

$$B_3 = A\tan\frac{\theta}{2}$$

$$B_4 = \left(A_1 + \frac{D_N}{2}\right)\tan\frac{\theta}{2}$$

$$B_5 = \left(A_1 + \frac{3}{2}D_N + A_2\right)\tan\frac{\theta}{2}$$

$$B = B_1 + B_3$$

混凝土体积：$V = (B_1 + B)AH - \frac{\pi D_N^2}{4}2(B_1 + B_4) - \frac{\pi D_N^2}{4}2(B_1 + B_5)$

式中符号意义同前。

3.4 双管（$\theta \geqslant 22.50°$）水平镇墩尺寸

根据几何关系推导得出水平镇墩的尺寸及混凝土体积公式：

$$A = 2A_1 + 2D_N + A_2$$

$$B_1 = \left(R - A_1 - \frac{D_N}{2}\right)\tan\frac{\theta}{4}$$

$$B_2 = R\tan\frac{\theta}{4}$$

$$B_3 = L - B_2$$

$$B_4 = 2B_1$$

$$B_5 = B_1 + B_3$$

$$B_6 = (A_1 + D_N)\tan\frac{\theta}{4}$$

$$B_7 = \left(R + \frac{D_N}{2} + A_1\right)\tan\frac{\theta}{4}$$

$$B_8 = B_5 + B_6 + B_7$$

$$B_9 = 2B_7$$

混凝土体积：

$$V = \left[(B_5 + B_8)A + \frac{B_4 + B_9}{2}A\right]H - \frac{\pi D_N^2}{4}(2L + B_4 + 2B_6) - \frac{\pi D_N^2}{4}(2B_8 + B_9)$$

式中符号意义同前。

4 水平镇墩稳定计算

镇墩的稳定计算主要包括抗滑、抗倾覆、地基承载力等方面。根据已有工程经验，对于埋地管道镇墩，一般情况下地基承载力均能满足要求。镇墩稳定计算主要考虑抗滑稳定，通过抗滑稳定计算确定镇墩所需的结构尺寸，进一步进行抗倾覆和地基承载力的相关计算。

根据《柔性接口给水管道支墩》（10S505），关于水平向镇墩抗推力稳定验算已经给出明确的计算公式：

$$F_{pk} - F_{ep,k} + F_{fk} \geqslant K_s F_{wp,k}$$

式中 F_{pk}——镇墩抗推力侧的被动土压力标准值，kN；

$F_{ep,k}$——镇墩迎推力侧的主动土压力标准值，kN；

F_{fk}——镇墩滑动平面上摩擦力标准值，kN；

K_s——抗滑稳定性抗力系数，$K_s \geqslant 1.5$；

$F_{wp,k}$——水平向镇墩承受截面外推力对镇墩产生的水压合力标准值，kN。

5 各类型镇墩三维参数化设计

由于引调水工程中管道转角众多，镇墩尺寸均不相同，因此不同镇墩结构可通过

Inventor 软件的相关功能进行参数化建模，通过设定边界条件把各种参数集合在一起，形成相应的拓扑关系，继而进行调整设计参数，快速形成新的设计模型。

“三维钢筋图软件 Visual FL”是近年来开发的一款钢筋图软件。这款软件可通过导入三维建模软件生产的 .sat 文件对建筑物进行配筋，从而生成三维配筋模型、二维钢筋平、立、剖图以及钢筋表、材料表等，可满足在施工图阶段的要求。

基于上述 Inventor 平台和三维钢筋图软件 Visual FL 平台，通过将镇墩参数化设计，相应生成结构图和钢筋图，大大提高生产效率以及图纸准确率。

6 工程实例

6.1 计算尺寸成果

基于上述标准化计算公式，同时复核水平镇墩稳定等因素，计算成果详见表 1～表 4。

表 1 单管水平转角 $\theta<45°$ 镇墩结构尺寸表

管径 DN/m	角度 θ/(°)	L/m	A/m	B_1/m	B/m	H/m	V/m^3
3.36	10.11	2.15	4.96	1.93	2.37	4.96	67.68
3.36	19.48	3.95	5.36	3.49	4.41	5.36	156.95
3.36	32.12	4.05	4.96	3.34	4.76	4.96	127.49

表 2 单管水平转角 $\theta\geq45°$ 镇墩结构尺寸表

管径 DN/m	角度 θ/(°)	R/m	L/m	A/m	B_3/m	B_5/m	B_6/m	B_7/m	H/m	V/m^3
3.36	45.00	9.60	4.20	5.36	4.89	3.67	4.73	2.75	5.36	242.76
3.36	50.00	9.60	4.53	5.36	5.44	3.94	5.12	3.07	5.36	264.56
3.36	53.20	9.60	4.62	5.36	5.81	3.99	5.25	3.27	5.36	273.74

表 3 双管水平转角 $\theta<22.50°$ 镇墩结构尺寸表

管径 DN/m	角度 θ/(°)	L/m	A/m	B_1/m	B/m	H/m	V/m^3
2.96	15.11	2.24	9.26	1.63	2.85	4.56	127.46
2.96	18.46	4.05	9.26	3.30	4.80	4.56	230.46
2.96	21.35	2.83	9.26	1.96	3.70	4.56	161.04

表 4 双管水平转角 $\theta\geq22.50°$ 镇墩结构尺寸表

管径 DN/m	角度 θ/(°)	R/m	L/m	A/m	B_4/m	B_5/m	B_8/m	B_9/m	H/m	V/m^3
2.96	31.74	8.40	1.97	9.26	1.71	1.65	3.66	2.98	4.56	206.36
2.96	41.62	8.40	6.35	9.66	2.17	5.89	8.62	3.99	4.96	584.55
2.96	52.13	8.40	5.45	9.66	2.74	4.88	8.31	5.04	4.96	562.45

6.2 BIM 出图成果

（1）三维建模：采用 Inventor 软件将上述 4 种型式的水平镇墩进行参数化设计，并创建成 .sat 格式的三维建筑物模型，如图 5 所示。

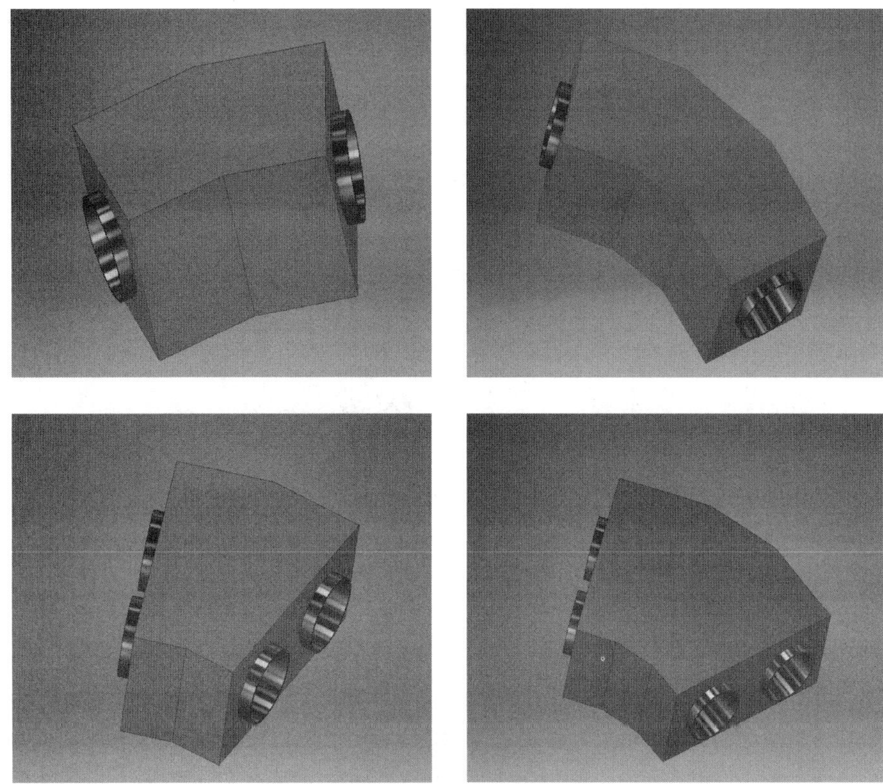

图 5　各种型式水平镇墩三维模型

(2) 模型配筋：采用“三维钢筋图软件 Visual FL”对上述 4 种型式的水平镇墩三维模型分别进行配筋，配筋完成后保存为 . slf 文件，该文件可作为该种类型水平镇墩配筋模型，后续根据角度不同进行模型替换即可，如图 6 所示。

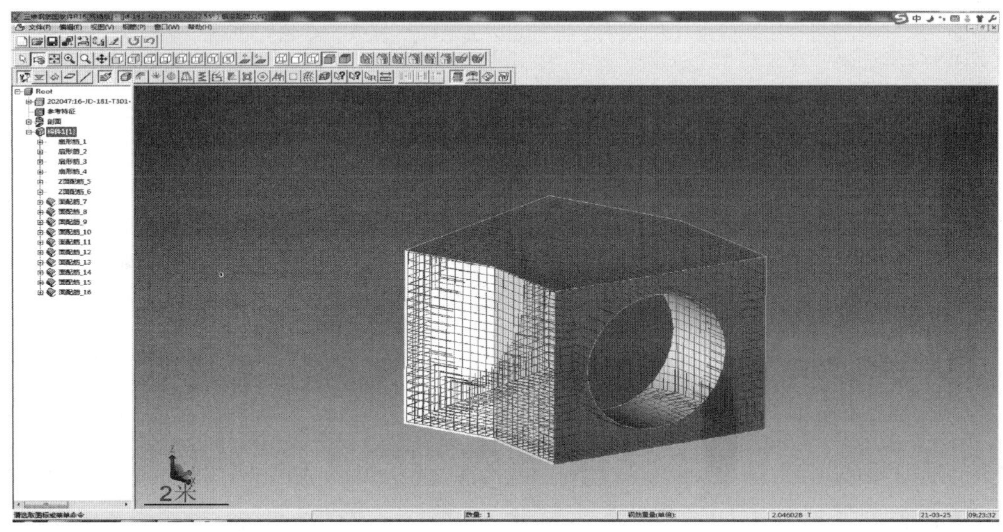

图 6（一）　各种型式水平镇墩三维配筋模型

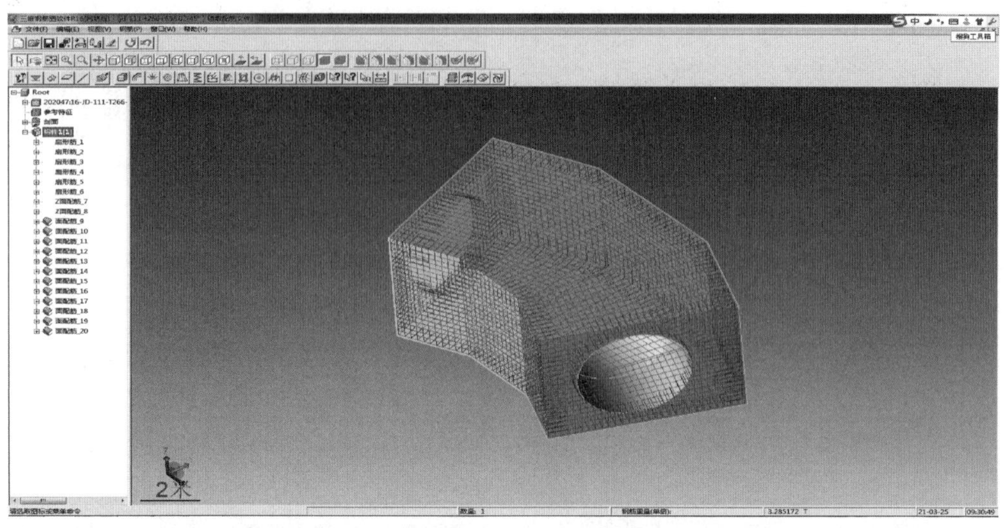

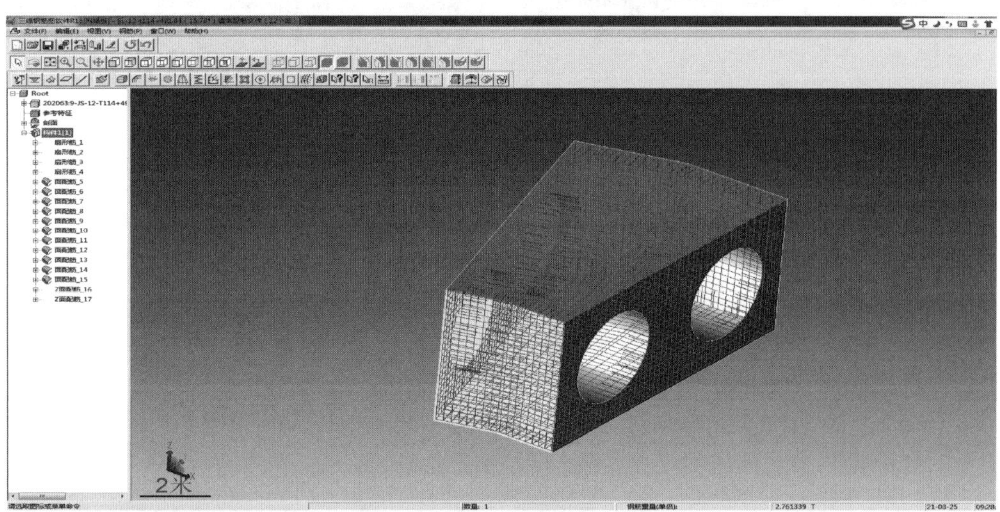

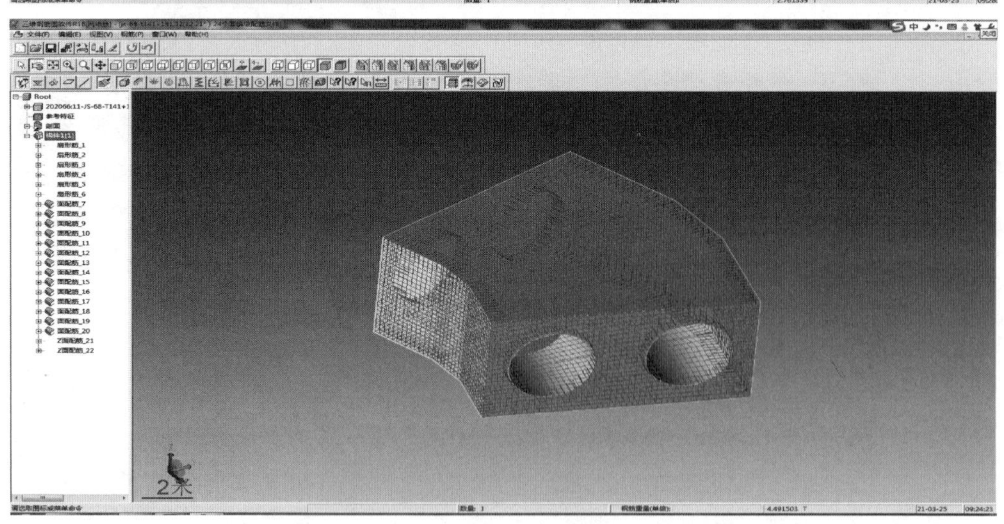

图 6（二）　各种型式水平镇墩三维配筋模型

（3）AutoCAD 出图：模型配筋完成后，“三维钢筋图软件 Visual FL”可直接实现同 AutoCAD 之间的接口转化，同时生成钢筋表和材料表。在 CAD 中进行图面修复整理即可完成施工图阶段的出图要求，如图 7 所示。

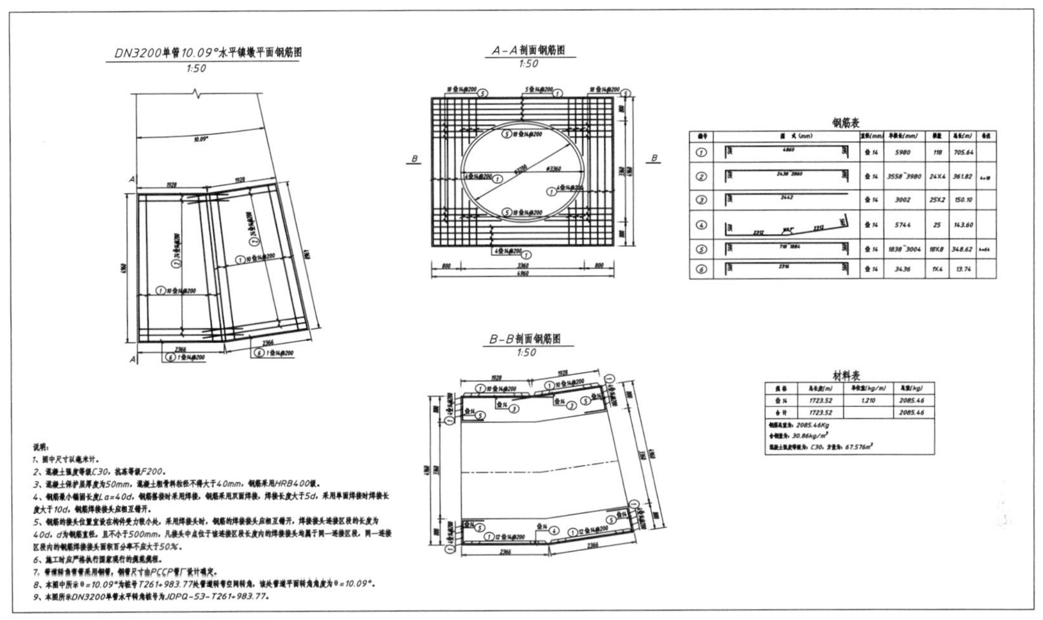

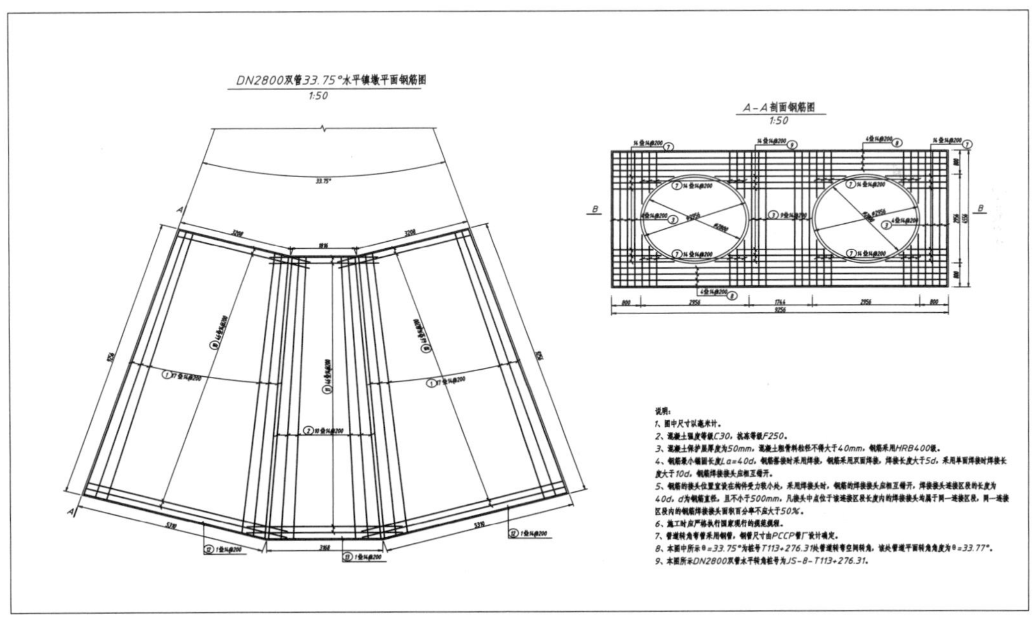

图 7　各种型式水平镇墩 CAD 图纸

7　结语

目前在现行规范、书籍及研究成果中，对于地埋式水平镇墩的涉及内容偏少且不够全面，本文探讨了长距离输水管线地埋式水平镇墩的标准化设计，有以下结论：

（1）标准化设计针对单、双管管道地埋式水平镇墩所涉及的角度类型进行分类设计，并推导出不同型式的水平镇墩结构尺寸。

（2）利用 BIM 技术将不同型式的水平镇墩进行参数化设计，并利用“三维钢筋图软件 Visual FL”进行钢筋图绘制，提高绘图效率。

（3）根据工程实际经验、弯头管片数量以及弯头排管要求，单管弯头转角分界角度为 45.00°，双管弯头转角分界角度为 22.50°。在后续工程中，建议根据具体情况进行分界角度调整。

（4）水平镇墩水平、垂直外包混凝土厚度以及镇墩水平中心线偏移距离，是水平镇墩标准化设计的控制线参数，通过不断对上述三个值的试算，达到镇墩稳定计算的要求，获得相应镇墩结构尺寸。

管理篇

基于 A 平台的水利水电工程 BIM 技术研究应用实施方案

李国宁

1 意义与必要性

BIM 技术是一种融合数字化、信息化和智能化技术的设计和管理方法，以三维数字技术为基础，集成了工程项目各种相关信息，最终形成工程数据模型，是对工程项目设施实体与功能特性的数字化表达。BIM 技术可以利用强大的三维造型表达手段和工程属性关联技术，更好地表达设计意图，更准确地定义各种工程对象，更方便地进行专业配合，更直观地展示设计成果。BIM 技术的全面应用能够将设计人员更好地从绘图任务中解放出来，使他们由“绘图员”变成真正的“设计师”，将更多的精力投入到设计工作中。

BIM 技术给工程界带来了重大变化，深刻地影响了工程领域的现有生产方式和管理模式，是提高工程设计效率和质量的有效方法。BIM 技术不仅仅是狭义上的设计工具和设计手段，更是设计思维的转变、设计流程的改进和项目管理的革新，其在设计行业替代传统二维设计的格局已势不可挡。

BIM 技术的应用程度在今后的技术发展中将逐步成为衡量勘测设计类企业技术水平的一项关键指标，内蒙古自治区水利水电勘测设计院要建设一流甲级设计院，研究和应用 BIM 技术势在必行。水利行业勘测设计类企业开展水利水电工程 BIM 技术研究应用时间较晚，面临时间紧迫、待解决技术问题多等多方面难题，只要坚持度过开始时的探索期，必将会迎来技术水平迅速提高和设计业务井喷式发展的局面，为设计院持续发展创造动力。

2 技术路线与总体目标

2.1 技术路线

“A 平台”，即欧特克系列 BIM 软件，有广泛的群众基础和长期的应用历史，每一位设计人员，都用过一到两款 A 平台家族软件，其设计界面、设计习惯已深入人心。在 A 平台的 BIM 解决方案中，每个专业都有一款主干软件可以很好地解决本专业的设计问题，例如用于金属结构建模的 Inventor，用于厂房建模的 Revit，用于土工、开挖、地形、道路建模的 Civil 3D，这些软件都功能强大，自成一体，在各专业可以进行充分的深度应用。近年来，A 平台又推出了用于碰撞检查和模型整合的 Navisworks，用于方案布置和概念设计的 Infraworks，完善了项目协同平台 Vault，这三款软件解决了 A 平台各软件的整合和协同问题。再加上地质内外业一体化系统，解决了地质三维建模出图的难题；混凝土结构三维一体化系统，解决了 BIM 设计“最后一公里”的问题。综上，形成的基于 A 平台完整的 BIM 技术架构如图 1 所示。

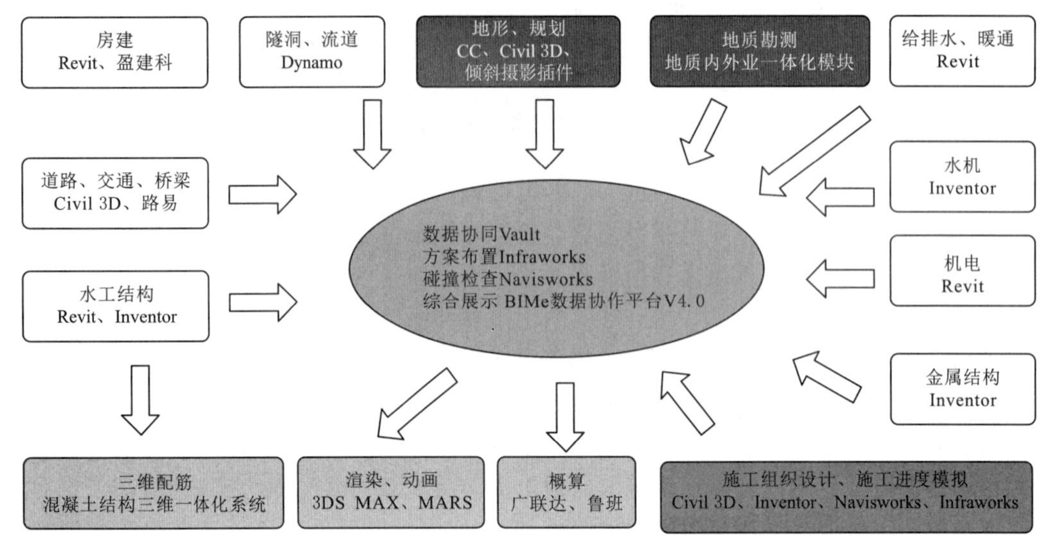

图 1　基于 A 平台完整的 BIM 技术架构

总体思路是：独立自主，平行推进，集中整合。各专业分开应用适合本专业软件的时候，可以根据该软件本身的特点和优势，独立自主地进行深入的研究，充分解决本专业的设计问题，比如，金属结构专业在 Inventor 环境下完成所有常用闸门类型的三维参数化建模及出图。需要项目协同和总体布置的时候，重点研究各专业模型的数据接口和相互的关联性，集中整合。该技术路线最大的特点是各专业彼此之间不互相制约，既可以深入发展本专业技术优势，又可以在需要的时候整合在一起，平行推进、灵活多变、操作简单、风险可控。

2.2　总体目标

（1）在各类工程的规划、项目建议书、可行性研究、初步设计等前期设计阶段，建立各专业建筑物、设备等的概念模型，完成各专业模型的初步整合，实现工程级协同。能够快速完成方案布置、方案比选、工程量计算、方案更改、结构出图、渲染视频制作等设计工作，提高审后修改效率和汇报视觉效果。

（2）在各类工程的招标和施工图等后期设计阶段，建立各专业建筑物、设备等的精细模型，完成各专业模型的精确整合，实现项目级协同，建立项目级协同数据库，快速完成各专业施工图纸设计，提高成果出版效率和设计产品质量。

（3）各专业运用适合本专业的建模软件，进行深度应用，优化模型结构，建立本专业的结构族库和设备零部件库，定制二维工程图模板，缩短设计周期、提高图纸质量。

（4）构建院级项目协同平台，建立资源中心库，定制协同数据库，实现数据无缝流通、模型广泛共享、项目高度协同，全面提高设计院的设计水平和核心竞争力。

3　工作计划与进度安排

工作计划的制定必须根据项目的紧迫需求、结合人才状况和工程进展、实事求是、量

力而为；摒弃急功近利、贪大求全、一步登天、一步到位的想法。要因地制宜、量体裁衣，要自力更生、艰苦奋斗，绝不能眼高手低、削足适履、拿来主义。要贯彻由小到大、由低到高、由点到面、由简单到复杂、由独立到协同的思想，为每位成员在各个小阶段设立一个小目标，然后专注于这个小目标，心无旁骛，一心一意，在计划的时间节点前完成。通过一个个小目标的完成和一点点模型的建立，最初的任务目标就能够实现。

3.1 工作计划

(1) 筹备学习阶段：成立机构，确定人员，配备硬件，购买软件，学习培训，制定计划等。

(2) 试点验证阶段：选择相对简单的试点项目，探索和验证技术流程和思路的正确性。

(3) 工程实战阶段：选择导航项目，直接进行工程 BIM 设计，出图施工。

(4) 应用拓展阶段：在各种工程上逐步应用，完成核心团队建设。

(5) 示范推广阶段：在全院范围内，推广 BIM 设计方法，让更多的设计人员掌握，全面提升设计水平和竞争力。工作计划示意图如图 2 所示。

3.2 进度安排

第一步：简单模型。选择单体建筑物，建立水工、金结、房建专业的三维模型，主要任务是学习各软件的建模方法。

第二步：三维地形＋大坝模型。选择相对简单的水库工程，建立三维地形，完成坝基开挖、大坝建模，主要任务是研究三维地形的处理方法及大坝与地形的自适应结合。

第三步：复杂模型＋结构图。选择相对复杂的水工建筑物，如电站、水厂等，建立水工、金结、房建、机电等专业的三维模型，并出版结构图，主要任务是各专业模型整合及二维结构图的定制。

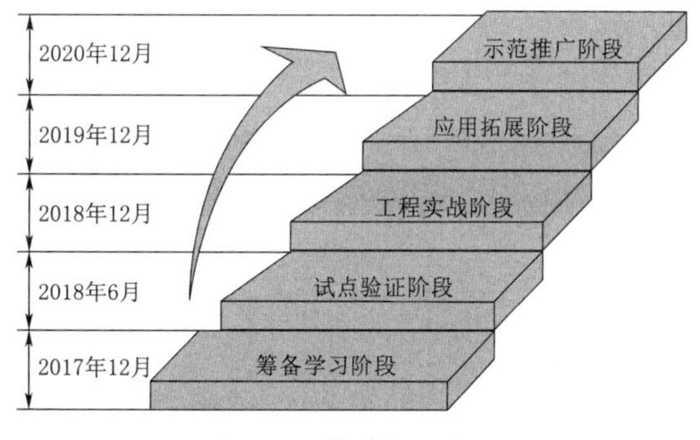

图 2　工作计划示意图

第四步：项目完整模型＋钢筋图。选择典型工程项目，建立三维地形和三维地质，完成全专业三维建模，实现模型整合和项目级协同，出版结构图、钢筋图和各专业施工图。主要任务是建立项目完整模型和研究三维钢筋图。

第五步：综合应用＋定制族库。在各类工程，如水闸、水库、电站、供水、枢纽、景观、灌区中综合应用；各专业积累资源，实现模型参数化，定制结构族库和设备零部件库，主要任务是应用推广和扩大族库规模。

第六步：协同平台＋资源中心库。构建院级项目协同平台，定制协同数据库，建立资源中心库；实现数据无缝流通、模型广泛共享，项目高度协同。进度安排示意图如图 3 所示。

4 团队建设

选择有梦想、有担当、能坚持、能付出的年轻设计人员为团队成员，要有敢于开始的勇气和坚持到底的决心。团队成员必须充分掌握本专业知识，有丰富的工程实践经验，能够熟练完成本专业工程设计，能够处理好科研任务与生产任务的关系。滚雪球式团队建设示意图如图 4 所示。

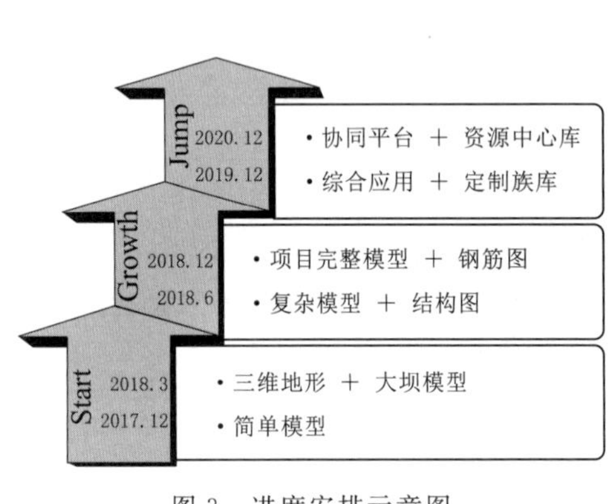

图 3　进度安排示意图

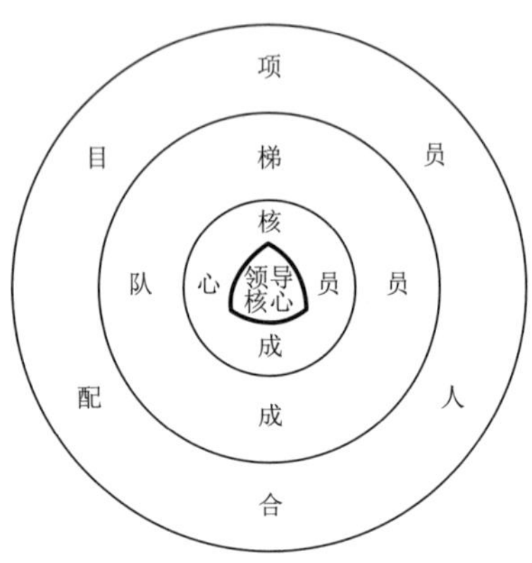

图 4　滚雪球式团队建设示意图

4.1 团队定位

开放共享的创新型团队。

4.2 建设方案

核心稳固、层次培养、渐进铺开。

4.3 核心成员

核心成员是团队的最基本配置，是团队凝聚力和战斗力的保证，在任何情况下，必须做到不散、不乱、不停；在项目开展过程中起到契机、引领、导向和示范作用。

4.4 梯队成员

梯队成员是各专业项目负责人和骨干，并且自觉、自愿地投入 BIM 技术研究中，有充分的积极性和热情；根据项目进展情况，梯队成员不断扩充，逐步完善专业配置。

4.5 工程项目配合人员

工程项目配合人员是实施 BIM 设计的工程项目各专业设计人员，有意愿在工程设计中开展 BIM 研究，运用 BIM 方法出图施工。

4.6 工作开展方式

（1）自主独立学习。

（2）BIM 技术分享。面向全体设计人员，不定期举办分享会，欢迎每位成员或有兴趣爱好的设计人员将自己的思路、心得、成果展示出来，供大家沟通交流，互帮互学，共同提高；并且将技术思路、解决方法、操作流程等整理形成文字，图文并茂，条理清晰，统一装订成册，专人保管，作为BIM关键技术汇编，积累到一定规模，可以考虑出版，成为一项重要的技术成果。

（3）团队技术讨论。团队成员的内部讨论活动，主要任务是检查成员的任务完成情况、确定技术方案、解决技术难题；分设计任务展示、发言和讨论三个环节；营造活泼自由的氛围，鼓励畅所欲言。

（4）深入项目指导。密切联系工程项目，切实服务于工程项目组，团队成员深入到项目组中解决各种技术难题，为项目组制定BIM工作计划，开展技术交流，一对一、一对多或多对一的进行技术指导等。

4.7 任务职责与考核机制

采用是极简的精干型团队模式，每位成员在每个时间段内，都要完成各自的基本任务，鼓励超额完成；坚决杜绝挂名、等靠、拖拉、不作为等现象在团队内发生。所以，建立合理可行的团队考核机制，制定严格的团队纪律，形成可进可出、可上可下的团队准入准出条件，对团队战斗力的形成、新鲜血液的注入和长远的发展至关重要。

4.7.1 主要任务职责

（1）编制撰写体系标准。

（2）攻克技术难题。

（3）完成建模任务。

（4）技术分享交流。

（5）指导项目人员。

4.7.2 团队考核机制

（1）技术难度指标。

（2）任务完成指标。

（3）时间进度指标。

（4）指导推广指标。

（5）图纸出版指标。

4.8 团队成员的必备素质

（1）自信。不能总抱有落后的想法，只要制定了合理的目标、确定了正确的道路，一定能够搞出适合自己、有突出特色的BIM，绝不会一直落于人后。

（2）热情。唯有对技术进步的热情，才能驱使团队用心的完成各项研究工作，才能产生各种各样的自觉自愿；唯有对团队事业的热情，才能有积极性、才能有动力、才能忘我投入。

（3）勇气。两层含义：一是要突破自己内心的胆怯和惰性，敢于开始；二是要打破传统二维设计的思维和习惯，包括自己内心的束缚和别人的评判。

（4）坚持。任何一项技术进步，哪怕是一点点的突破，都要付出很大的心血和精力，技术进步的路上没有终点、没有捷径、不能拿来、不能速成，一旦选择了，遇到再大的困难和阻力，都要不断地坚持，不断地积累，不能轻言放弃。

（5）实践。BIM设计的成果要尽快应用到工程中去，务必和工程实践紧密结合；从生产中来，到生产中去；成果源于生产，同时促进生产。只有这样，才能为后续研究提供持续的动力，做出设计院最迫切需要的东西。

5 技术推广

BIM 团队定位为“开放共享的创新型团队”，就要从根本上摒弃狭隘的小团体思想，不设技术壁垒，不做技术垄断。团队的最终目标是技术推广，只有大部分设计人员接受并掌握了 BIM 设计方法，才能从根本上形成核心竞争力，所以技术推广是项目开展的重中之重。传统金字塔推广模型如图 5 所示。

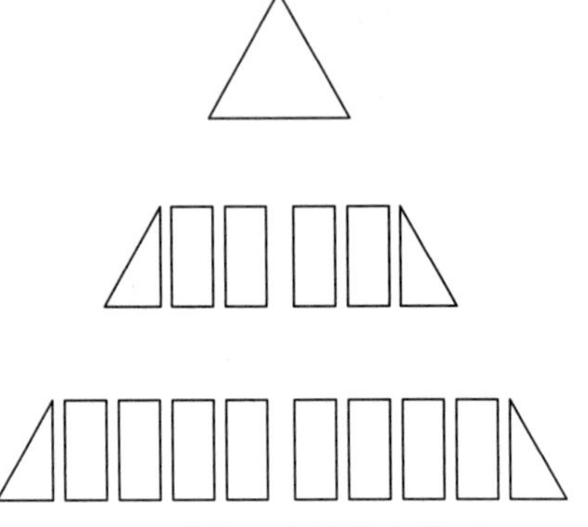

图 5 传统金字塔推广模型

5.1 项目管理模式分析

从大部分设计院近年来的工程设计任务开展情况及项目经理负责制实施情况来看，每一位项目负责人，特别是年轻项目负责人，都不只是负责单一项目，而是负责几个项目，同时还承担着其他项目的具体设计工作。这样，很多年轻骨干水工设计人员肩上承担着几个甚至十几个项目，项目交叉严重、设计任务繁重、出图工作量大，特别是几个项目同时进行的时候，很多设计人员加班熬夜、身心疲惫，牺牲了身体健康和家庭幸福。像金属结构、房建、概算、机电等专业，由于设计人员少，每个人身上承担的设计任务更多达几十项，这种现象和矛盾更为突出。这是大多数设计院都存在的问题，更是团队发奋图强、攻坚克难做 BIM 的根本原因。团队的最终目的就是要提高设计效率、提高生产力，把设计人员从繁重、枯燥、重复的制图工作中解放出来，享受工作的乐趣。

5.2 网状节点推广模型

根据上述项目管理模式分析，如果把设计人员和项目画在一张图上，然后把设计人员和相关项目用线连起来，会得到一张巨大的、交错复杂的网。这张网上连线最多的节点就是各项目负责人、专业项目负责人和骨干设计人员，称之为关键节点。这种一人多项、交叉严重的项目管理模式是设计院的现状，却又为技术的推广创造了很好的条件。基于此，提出了适合中小设计院的技术推广模型——网状节点推广模型，如图 6 所示，配合上述滚雪球式的团队建设方案，形成了具体的推广思路和方法。

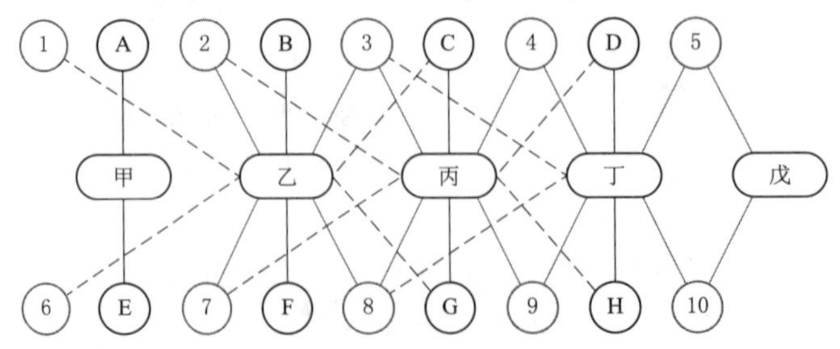

图 6 网状节点推广模型

5.2.1 推广思路

抓关键节点、网状辐射、全面铺开。

5.2.2 具体方法

（1）团队核心成员就是很重要的关键节点，他们分别负责和参与多个重点项目，代表各自专业的先进力量。他们首先学习和掌握 BIM 设计方法，会影响很多个项目，同时会影响到这些项目的设计人员，带动和引领大家。

（2）团队梯队成员要不断扩充，就是要抓住其他关键节点，更具体的推广实施细则将把梯队成员定位到个人，通过小组推动和引领梯队成员，给他们信心，提高他们的主动性和积极性。一旦梯队成员们接受并开始使用 BIM 设计方法，我们的推广工作就完成了一大半。而且，接下来会形成连锁反应，大幅加快推广速度和范围。所以，对梯队成员这些关键节点的突破是本推广模型的重中之重。

（3）工程项目配合人员在关键节点的带动下，会潜移默化地接受，慢慢地用起来。

（4）对于年长的项目负责人，虽然他们不具备掌握 BIM 的条件，但可以起到很好的推动作用，如果他们想在自己负责的项目上应用 BIM，我们可以针对该项目组人员情况和工程状况，量身定做一套适合本项目的工作计划，由团队成员深入到个人身边解决实际问题，一对一指导项目设计人员完成 BIM 设计。

5.3 面向项目的激励机制

制定面向项目的激励政策，针对不同人群设置奖项，最大程度地挖掘项目附加值。在不影响传统项目津贴发放的同时，另辟蹊径，创建一条全新的 BIM 技术应用奖励之路，激励有兴趣、有能力的设计人员突破自我、勇于承担、技术进步。团队提出了项目附加值的概念，包含两层含义：一是前期在内部，在按时完成项目传统工程设计的基础上，通过奖励项目的三维建模来产生额外的项目附加值，提高设计人员进行 BIM 技术应用的积极性；二是后期 BIM 技术成熟应用之后，模型和数据积累到一定程度之时，通过提高工程数据模型的信息量和数字化水平，在传统项目设计图纸成果的基础上，增加设计产品的数字化项目附加值成果，为业主和施工单位提供更高层次的技术服务，成为设计院创收的另一条途径。

5.4 培训学习交流

组织多种层次、多种形式、灵活多样的培训学习交流活动，如专业内的技术交流、项目组的技术沟通、专题技术研讨会、各种培训讲座、在线视频培训、软件供应商基础培训、实操培训、提高培训等不一而足，就是要营造一种崇尚进步、积极学习的氛围，给广大有兴趣的设计人员提供广阔的技术提升通道和沟通交流平台。

6 “四位一体”的实施方案

滚雪球式团队建设、网状节点推广模型、面向项目的激励机制、多种形式的培训学习交流共同构成了“四位一体”的水利水电工程 BIM 技术研究应用实施方案。此方案不是关注某几个重要项目，而是重点关注人，以人为本，发现人才、培养人才、激励人才、引领人才；当人才培养起来了，掌握最新的设计方法了，各种项目的技术进步和产品质量自然而然就提高了。而且，紧密结合设计院项目管理模式，发挥企业特色，投入和风险最小，给设计人员无尽动力，却只有很小压力，这种春风化雨、润物细无声的影响，有利于快速和全面推广。

水工专业混凝土结构BIM正向设计解决方案

李国宁　贠　杰　布　禾

1　需求分析

水工专业是水利水电设计院的骨干专业，在整个水利水电工程设计中起着主导作用。水工设计是水利水电工程设计中最重要、最复杂的工作，涉及的专业有开挖、坝工、水闸、枢纽、流道、厂房、管线、阀井、隧洞、渠道等，专业之间接口复杂。水工设计是在前期地形、地质、规划等资料基础上，进行计算、分析、比较，确定各建筑物的最优布置形式，满足各种经济及技术指标。在工程前期阶段提供的成果主要是报告和图纸，施工阶段提供的主要是施工图纸。

同样，在整个水利水电工程BIM设计体系中，水工专业也起着至关重要的作用，其上游专业地形、地质三维模型是为水工结构模型服务的；其下游专业金属结构、机电、建筑模型需放置于水工结构模型之上，各专业均需与水工结构模型协同配合。可以说，水工结构模型是水利水电工程BIM模型承上启下的纽带，直接决定着水利水电工程BIM模型的成败和优劣。水工专业BIM应用主要需求如下。

1.1　水工结构体型设计

通过引用工程地形、地质三维模型，在此基础上进行水工结构三维体型设计工作，为提高水工结构设计质量和效率，需建立各类水工结构参数化模型库，实现各结构模型的快速建立及调整修改。参数化模型库应按照水工专业设计内容进行分类建立，并结合各设计对象的类型进行进一步细分，具体参数化模型应包含尺寸、定位、材质等信息。对于复杂体型的水工结构，如蜗壳、尾水管、渐变段等，需建立相应的建模工具或方法以提高建模和修改的效率。对于常用的、构成相对简单的单体结构，如水闸、泵站、进水塔、溢洪道、隧洞等，可考虑建立相应的建模系统，将各组成部分的参数化建模、相互间关联关系进行整合，进一步提高设计质量和效率。

1.2　开挖设计

结合水工结构设计情况，通过引用工程地形、地质三维模型、水工结构三维模型，在此基础上进行三维开挖设计工作。开挖设计中，建立参数化开挖工具，方便开挖设计及调整修改，提高开挖模型的建模效率。对于复杂的开挖三维建模，如变坡马道、拱坝重力坝复杂建基面、土石坝建基面清基等，需要专用工具进行开挖建模，以提高工作效率和质量。水工结构开挖模型应与三维地质模型、水工结构三维模型进行关联，方便在地质数据更新完善、水工结构设计调整时的自动适配调整。

1.3　计算分析

建立水工结构建模软件与常用分析计算软件间的数据接口，如ANSYS、ABQUS、

Midas 等软件，能够将水工结构模型不进行或少进行加工处理，直接导入相应的计算软件中，方便进行稳定分析、应力分析、位移分析等计算分析工作，并能将计算分析及调整后的模型返回水工结构建模软件的设计模型中，提高设计工作优化调整的便捷性。

1.4 配筋设计

配筋设计基于水工结构三维模型进行钢筋配筋，三维钢筋的生成要求符合水利水电设计的习惯，如钢筋的折弯、延长、单独增加减少和修改等。在三维配筋的基础上，实现钢筋类型、数量的自动统计及钢筋表的自动生成。由于配筋设计已到达设计工作的最后一环，结构体型模型可以不支持联动。

1.5 图纸输出

建立适合水利水电工程设计规范的统一制图模板，基于各类专业三维模型实现各类工程图纸的生成，包括平面图、剖面图、立视图以及局部详图等；内容包括图框及标题栏、各类标注（包括字型、字号、线型、线宽、符号形式、填充方式、颜色等）、各类数据表格、图幅及比例尺适配等。生成的工程图纸需与相应的水工结构三维模型关联，实现设计调整修改时，工程图纸的自动更新。

2 存在问题

通过多方咨询和调查，发现在各大水利水电设计院中，水工专业在水利水电工程 BIM 设计体系中的地位是最重要的，但和金属结构、建筑、机电等专业相比，水工专业的 BIM 应用水平却是最低的，推广难度也是最大的。究竟是什么原因导致这样的现象呢？存在以下几个问题。

2.1 专业难度大

水工专业受工程区特殊地形、地质条件的影响较大，边界条件非常复杂，不具备建立通用水工结构模型的条件，BIM 应用难度比其他专业大很多。

2.2 缺乏专业软件

如果只在水利水电行业这个视野上讨论，水工专业是名副其实的大专业；但如果放眼于全球各个行业这个大视野上，水工专业和建筑专业、机械专业、电气专业相比，是不折不扣的小专业。欧美国家的高校已经不再设置水工专业，大的软件商也不会专门为水工专业开发专用的 BIM 软件，而建筑行业、机械行业、电气行业、自动化行业等专业 BIM 软件层出不穷，应用成熟，更新迅速。目前应用于水工专业的建模软件都需在其他行业软件上进行定制和二次开发。这一客观条件极大地限制了水工专业 BIM 技术的提高和应用。

2.3 缺乏兴趣和积极性

众所周知，在各大设计院、各个水利水电工程设计项目组中，水工专业技术人员无一例外的担任着项目的设总、项目负责或者主设。由于职责和专业分工不同，水工专业技术人员把大部分精力都放在了方案布置、业主沟通、审查会议、文件报批、现场施工等繁杂的事务上，导致大家对水工结构的深入研究不够重视，设计手段上安于现状，对 BIM 设计兴趣不够、积极性不高。

2.4 无法落地

水工专业的主要设计工作量在施工图纸阶段，长期以来，BIM 技术对于水工结构图和钢筋图，没有一个很好的解决方案，致使经过千辛万苦建立的水工结构三维模型在汇报展示后便戛然而止，设计人员仍要返回到传统二维环境中重新绘制图纸，效率不升反降。技术无法最终落地，不能应用于实际工程的出图中，这是水工专业技术人员不愿建模的根本原因。

3 解决方案

水工专业涉及开挖、坝工、水闸、枢纽、流道、厂房、管线、阀井、隧洞、渠道等不同子专业，各子专业涉及的 BIM 研究方法各不相同，需要针对不同类别的子专业分别制定不同的技术流程。而上述各子专业中，混凝土结构的应用绝对是最广泛和最普遍的，可以说解决了混凝土结构的 BIM 正向设计问题，才有望从根本上推进水工专业的 BIM 技术应用。该解决方案就是以专业需求为导向，针对水工专业混凝土结构量身定制的技术路线。

3.1 技术流程

水工专业混凝土结构 BIM 正向设计技术流程图如图 1 所示。

3.2 详细步骤

（1）根据前期方案布置、水利学计算、结构计算等环节，初步确定水工结构尺寸参数，以特定的格式存放于 Excel 参数表中。

（2）在 Inventor 或 Revit 中，链接上述 Excel 参数表，进行水工结构三维体型设计，建立参数化三维模型。采用自顶向下的建模思想，分别完成各段水工结构的多实体建模，通过“生成零部件”命令将实体升级为零件，自动生成各部分结构零件，为后续提工程量和三维配筋做准备。最后通过 Inventor 或 Revit 的装配功能，依据总体骨架控制信息，进行整体模型的整合，形成水工结构完整三维模型。

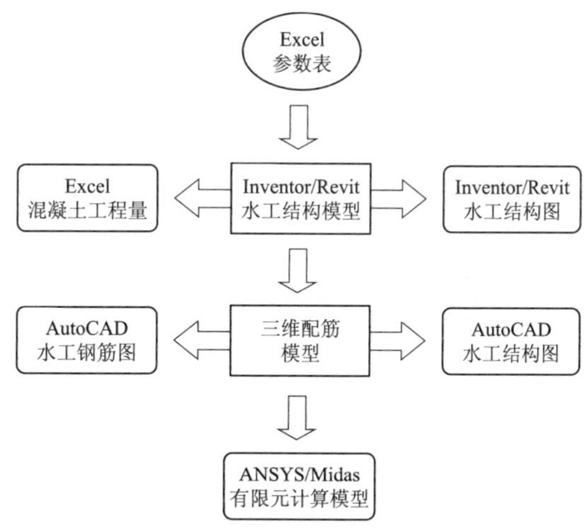

图 1 水工专业混凝土结构 BIM 正向设计技术流程图

水工结构建模时最需要注意的问题是坐标系的布置，各段模型所采用的坐标体系应一致，如底槛均为 *XY* 面、顺水流方向中心面均为 *XZ* 面、垂直水流方向起始面均为 *YZ* 面。一致的坐标体系有利于模型整体组装和修改。

（3）建模过程中，要给模型添加各种信息，如材料、密度、颜色、外观、弹性模量等；软件也会根据模型的几何尺寸自动计算出体积、质量、重心、惯性矩等物理特性；另外，还有诸如单位、项目、设计者、阶段等管理信息。利用这些信息，便可以自动得到混凝土结构的精确工程量，提供给概算专业，这就是信息模型的典型体现和突出特点。

（4）在 Inventor 或 Revit 中，水工结构三维模型直接生成二维工程图，建立适合水利水电工程设计规范的统一制图模板，基于各类专业三维模型实现各类工程图纸的生成，包括平面图、剖面图、立视图以及局部详图等。生成的工程图纸与相应的水工结构三维模型关联，实现设计调整修改时，工程图纸的自动更新。另外，在工程图纸的材料表和文字说明中，也可以附着或调用三维模型的特性和信息，使图纸表达更完善准确。

（5）配筋是水工设计中必不可少、且重复性高的机械工作，占用了设计人员大量精力和时间，并且存在效率不高、容易出错等问题。尤其是当钢筋图已经完成，而经过校审，水工结构又发生改变，需要重新修改钢筋图时，设计人员的修改工作量更大，极易出错。

三维配筋设计可以一定程度上解决这个困扰水工设计人员多年的问题，“混凝土结构三维一体化系统”应用简便快捷、通用性强、有跨平台优势，能配合多种 BIM 基础平台对水工结构进行三维配筋设计。通过 Inventor、Revit 等软件建立的三维模型，导出成“. sat”“. stp”等文件格式，都可以导入该系统中。可以实现面配筋、线配筋、柱面配筋、箍筋、角加强筋、扇形筋、孔口加强筋、螺旋筋、周边布筋、插筋、钢筋配筋、圆中心加强筋、角度筋、参考面配筋等功能。采用网格图面布局算法及自定义对象技术，有出图质量高，后续修改少的优点；同时支持对已配钢筋进行灵活编辑，自动统计钢筋型式和工程量；出图采用 AutoCAD 平台，易于推广，并能向业主提供最终施工图。

三维配筋设计符合水利水电行业习惯，功能满足设计规范要求；三维环境下，钢筋在水工结构模型中完整呈现，有效避免出错；在 CAD 二维环境下一键自动生成水工结构图、各钢筋视图及标注、钢筋表、材料表等；后期水工结构修改只需调整配筋面，便可以实现与水工结构三维模型联动。该系统解决了水工结构 BIM 设计最后一公里的问题，使水工结构三维模型有了归宿，可以有效提高水工专业技术人员的建模积极性。

4 结语

要打破设计者脑海里存在了多年的固有设计思维，要推翻设计者运用纯熟的传统设计习惯，是一件无比艰难的事情，对设计者本人而言，看成是一次洗礼，或者涅槃也不为过。因此，新的设计方法的推广必然是一个漫长的过程，这就要求我们要有足够的耐心和决心，通过点点滴滴的积累和永不放弃的坚持，以期获得激动人心的收获。

多措并举促进水利水电 BIM 技术健康稳定发展

李国宁

党中央提出要构建以数据为关键要素的数字经济，推动实体经济和数字经济融合发展，继续做好信息化和工业化深度融合这篇大文章，推动制造业加速向数字化、网络化、智能化发展，快速形成以创新为主要引领和支撑的数字经济。而 BIM 技术就是数字化、信息化在工程建设行业的典型应用，越来越多的单位和人才陆续投身到 BIM 浪潮中，并视其为新一轮的工程建设行业革新。

BIM 技术作为水利信息化的重要着力点，其应用程度在今后的技术发展中将逐步成为衡量勘测设计类企业技术水平的一项关键指标。水利水电工程设计、施工和运行管理等全生命周期 BIM 应用正处于飞速发展阶段。BIM 技术在水利水电工程的标准化设计、参数化建模、可视化交流、全专业协同，以及进度、质量、安全、造价、节能、设备、资源、决策管理等全部领域都发挥着重要作用，解决了工程建设的技术难题，提高了生产效率和产品质量。未来，通过云、物联网、射频（RF）、虚拟现实（VR）、地理信息系统（GIS）等新兴技术与 BIM 相结合，将充分发挥 BIM 大数据整合能力，不断为水资源优化配置、智慧城市和数字中国建设提供有力的数据和技术支撑。

1　调研分析

相较于建筑行业 BIM 应用工作的开展情况，水利水电行业 BIM 应用起步较晚、发展较慢、差距不小。市场上还没有专门针对水利水电行业的 BIM 软件，行业内也未发现使用国产 BIM 软件的单位，水利水电行业 BIM 普及之路还有很多障碍。BIM 应用还停留在少数设计企业、停留在设计阶段、停留在大型工程的应用，在信息案例、技术研究、成本控制、市场认可和技术本地化、专业化等方面还不能满足行业需求。

为深入了解水利水电行业 BIM 应用现状，我们开展了水利水电勘测设计行业 BIM 技术应用与管理模式的专题调研。调研结果显示，与发达省份相比，内蒙古自治区水利行业对 BIM 技术的研究和应用差距很大。主要体现在以下几个方面：

（1）内蒙古自治区水利行业 BIM 应用起步较晚、发展较慢，水利行业从业者还没有从思想上认识到 BIM 技术对于提高生产技术水平、劳动生产率水平和管理水平所起到的巨大作用。

（2）内蒙古自治区水利行业在 BIM 应用研究方面的投资不足、重视不够。

（3）内蒙古自治区水利行业没有出台相关的政策支撑，没有形成一定规模的 BIM 应用市场，没有营造良好的创新氛围。

（4）极度缺乏既精通专业、又精通 BIM 的综合性人才，未形成有效的人才培养和引进机制。

具体到水利水电勘测设计行业，所调研的各大部属设计院及部分发达地区的省设计院以超强的综合实力和人才、资金方面的优势，在 BIM 应用工作方面投入了大量的人员和经费，成立了专门的机构，制定了配套的制度、标准和激励措施；立足于满足水利水电工程设计专业应用需求、提升工程设计的效率和成果质量，开展了 BIM 应用、研发和培训工作。目前，他们已达到专业协同设计的程度，取得了较为全面、具有较高水平的 BIM 应用研发成果，初步具备工程全生命周期 BIM 应用基础。已基本达到 BIM 应用的收获期，进一步拉大了与省院的技术差距，形成了差异化优势、提高了核心技术能力和市场竞争力，带来了直接的能力提升和效益体现。所调研的各个省设计院也于近几年相继成立了专门的 BIM 机构，开始了 BIM 技术的研究应用工作。但他们内部的 BIM 组织还未与原有生产模式完全整合，BIM 应用推广的出发点主要表现为业主要求、投标演示、课题研究、提升企业形象等方面。BIM 应用价值的挖掘主要体现在规划、设计阶段，BIM 技术在该领域的应用较成熟，应用场景较丰富，在一定程度上建立了刚需。但在施工、运维阶段应用尚不深入，需要更多地向施工、运维阶段延伸，实现 BIM 技术在项目全生命周期的应用。各个省设计院还处在持续投入阶段，BIM 部门未产生实际效益。

2　应用现状

内蒙古自治区水利水电勘测设计院于 2017 年 12 月成立了 BIM 技术研究应用小组，2020 年 7 月成立了 BIM 数字工程中心，相应采取了一系列有力措施，支持 BIM 机构从无到有、从小到大持续发展，加大了 BIM 方面的资金投入和 BIM 技术人员的奖励力度，吸引和培养更多的技术人员投身到 BIM 技术研究应用中来。购置了硬件，引进了软件，组织了培训，创办了期刊，制定了技术路线和工作计划，开展了科研创新项目，紧密结合实际工程，有条不紊地开展 BIM 技术研究应用工作。

经过了 2018 年艰苦卓绝的工作，BIM 数字工程中心走出了关键的第一步，实现了零的突破；经过 2019 年卓有成效的工作，内蒙古自治区水利水电勘测设计院 BIM 技术的应用已经从概念普及阶段过渡到项目试点阶段，成效显著。参与 BIM 技术研究应用的人员发展到 30 多名，培养了第一批 BIM 人才，为后续的 BIM 发展打下了良好的基础。队伍得到了锻炼，人才实现了成长，技术不断提高，模型慢慢积累，专业配置逐步完善，团队逐渐壮大。广大技术人员看到了 BIM 的巨大生命力，从思想上接受和认可了 BIM 技术，对 BIM 未来的发展充满信心，并且已经认识到 BIM 对企业发展的重要性。

3　研究方向

BIM 技术的基础积累初步完成后，深化应用将成为核心问题。我们以提高设计产品质量和设计工作效率为方向，坚定不移走正向设计的路线；加强学习，深度掌握各种建模软件，把精力放在数据—模型—图纸的正向流程上；研究各专业或者某个单项的技术流程，找到制约因素，深入解决各专业的突出技术问题；构建 Vault 协同平台，逐步实现多专业协同设计。

3.1 远距离引调水类项目 BIM 设计

远距离引调水类项目线路长，属于典型的线状工程，涉及地区多，地形、地质多变，建筑物种类多，必须根据工程实际条件，进行分类研究。一般情况下，应用较多的有隧洞、管线、阀井、交叉建筑物等。

3.2 电站枢纽类项目 BIM 设计

电站枢纽类项目涉及专业最齐全，各专业模型最复杂，建模体量最大，协同难度最大，综合性最强，最适合搞 BIM 设计。但需在技术积累到一定程度，各专业 BIM 技术水平同步提高，人才培养储备到位后才能开展。

3.3 水库类项目 BIM 设计

水库类项目与地形地质条件联系紧密，地质结构对水工结构和施工方法影响大，涉及专业多，协同难度大，最大的难题是水工结构模型与地形、地质模型的自适应接合问题。BIM 设计主要内容包括大坝、坝基处理和开挖、溢洪道、泄洪洞、输水洞及相应的金属结构设备和启闭机房等。

3.4 供排水类项目 BIM 设计

供排水类项目主要涉及各种水处理建筑物，如蓄水池、沉清池、浮流池、V 形滤池、水平管沉淀池、加滤间等厂区建筑物。这些建筑物的内部结构复杂、设备种类多，与水处理工艺密切相关，非常适合进行 BIM 设计，模型质量足够精细时，展示效果和出图水平都很高。

3.5 灌区类项目 BIM 设计

灌区类项目的突出特点是水工建筑物结构简单、数量多、重复绘图工作量大，通过建立三维参数化水工结构模型和三维配筋出图的方法可完美解决此问题。BIM 设计主要工作是定制灌区建筑物水工结构图 Inventor 图纸模板、Revit 图纸模板；建立灌区建筑物三维配筋模型库，完善模型替换与钢筋图出图机制，提高出图效率。

3.6 水资源规划类项目 BIM 设计

水资源规划类项目需要大局观、整体布置、方案比选。通过建立各专业建筑物、设备等的概念模型，完成各专业模型的初步整合，快速完成规划布置、方案比选、工程量计算、方案更改、结构出图、渲染视频制作等设计工作，提高审后修改效率和汇报视觉效果。

3.7 河道生态景观类项目 BIM 设计

现代城市的建设与发展对城区河道的景观性要求越来越高，要求河道建筑物与周边环境相适应，与生态水系相协调，与文化内涵相吻合。BIM 设计可以作为该类项目的有效手段，能够营造艺术氛围，表达设计效果，有助于更好地把设计理念展示给业主，最终确定景观和工程方案。

3.8 BIM+GIS 融合深度应用

BIM 结合 GIS 集成应用不断深入，统筹全院硬件及数据资源，建立水利信息数据库，将各专业的三维设计数据和成果纳入“GIS 一张图”中，进一步升华 BIM 和 GIS 的价值。整合地理信息系统和建筑信息模型方面取得的成果，充分发掘已有设计成果的价值，促进成果的多次利用，推动归档改革。逐步实现模型＋地形＋信息＋图档＋效果的整合，顺应智慧水利和大数据的行业要求，把 BIM 和 GIS 的设计成果充分利用和展示出来，产生新的商机和市场增长点。

4 建议措施

4.1 成立 BIM 组织机构

为更好地推进设计院 BIM 工作深入健康发展，有必要对全院的 BIM 资源、BIM 人才进行有机整合、统一管理、形成合力；有必要成立专门的 BIM 机构，有相对稳定的技术团队，有明确的职能和权限，有合理的资源与政策；对全院 BIM 相关工作进行全面、深入、细致、系统的统一规划和组织实施，确保 BIM 工作投入适度、推进有序。

（1）管理职能和技术推广的保障。BIM 机构有利于快速形成科学合理的 BIM 生产组织管理模式和相关规章制度；BIM 机构有利于设计人员的培训和 BIM 现实生产力的培育，有利于 BIM 技术在全院范围的推广使用，并降低推广成本和风险。

（2）工作模式创新的保障。BIM 机构有利于探索和理顺 BIM 工作流程，为 BIM 项目拟定明确可靠的项目策划与工作方案。在一个规模适度、主要专业齐全、相对集中办公的团队里，按项目和专业任务合理组织工作流程，以便各专业工程师能按统一指令相互协作，快速完成工作任务。

（3）科技攻关与技术进步的保障。BIM 机构有利于为设计院技术进步创造良性的生态环境，为设计院 BIM 技术的开展铺平道路，保障重点 BIM 项目的技术攻关；BIM 机构有利于组织、协调、联系和整合相关 BIM 资源，为科技攻关提供保障；BIM 机构使设计人员真正接受并使用 BIM 技术进行设计工作，促进设计院项目实践、软件研发，进一步推进 BIM 技术进步，提高设计院的核心竞争力。

（4）政策响应与对外宣传的窗口。BIM 技术进步的潮流已经势不可挡，各地区政府、各行业协会已经纷纷出台 BIM 政策，设计院必须有一个对外的 BIM 接口部门，而 BIM 机构就是面向业主、政府、协会、企业的接口部门。BIM 机构始终专注 BIM 领域，能够获得最新行业 BIM 技术发展趋势和动向，有利于对 BIM 功能及价值的深度挖掘，成为设计院 BIM 技术宣传、BIM 业务承接的主力军。

4.2 搭建共享的 BIM 私有云

BIM 因其强大的应用能力对硬件要求非常高，每年软件版本更新和功能增加迫使硬件成本不断增加，这无疑会成为 BIM 推广的一种客观障碍，因此，近年来出现了云 BIM 系统，以加快 BIM 的推广速度。探索建设 BIM 私有云，这种基于互联网的云计算方式共享的软硬件和信息资源可以按需提供给计算机和其他终端使用。BIM 与云计算集成应用，是利用云计算的优势将 BIM 应用转化为 BIM 云服务。基于云计算强大的计算能力，可将 BIM 应用中计算量大且复杂的工作转移到云端，以提升计算效率。基于云计算的大规模数据存储能力，可将 BIM 模型及其相关的业务数据同步到云端，方便用户随时随地访问与共享。云计算使得BIM技术走出办公室，用户在施工现场可通过移动设备随时连接云服务，及时获取所需的BIM数据和服务等。利用现有千兆局域网，搭建企业BIM私有云，进行虚拟桌面操作、云端集中计算、数据集中存储；提高设备利用率、共享使用便利性、保证数据安全性。从根本上解决设计院图形工作站不足和大量设计人员急需高性能设备之间的矛盾，极大地降低了软硬件成本和开展BIM设计的硬件门槛，发展更多的BIM工程师。

4.3 制定完善的BIM奖励激励政策

制定面向项目的激励政策，针对不同人群设置奖项，最大程度地挖掘项目附加值。在不影响传统项目津贴发放的同时，另辟蹊径，创建一条全新的BIM技术应用奖励之路，激励有兴趣、有能力的设计人员突破自我、勇于承担、技术进步。

(1) BIM应用深度奖。该奖项针对广大设计人员，适合BIM技术研究应用开展初期设置。不要求某个项目或者某个人的BIM应用水平有多高，只要开始尝试了，再小的一点点进步，都会得到奖励。具体方法是：首先设定一个BIM应用深度奖金基数，然后通过评定某一项目应用BIM技术的百分数来确定具体奖金金额，直接奖励该项目上开展BIM设计的设计人员。

(2) BIM应用推动奖。该奖项针对项目负责人，适合BIM技术研究应用开展初期设置。年轻项目负责人自己有精力进行BIM设计，但年长项目负责人可能种种原因不具备这种条件，但可以积极推动BIM技术在本项目设计过程中的应用，根据应用深度，得到相应奖励。具体方法是：首先设定一个BIM应用推动奖金基数，然后根据上述项目应用BIM技术的百分数来确定具体奖金金额，直接奖励项目负责人。该奖项和BIM应用深度奖是紧密关联的，目的就是鼓励各位项目负责人在其负责的工程项目上大力推动BIM设计，多起用掌握BIM技术的设计人员，给大家提供动力的同时形成压力。

(3) BIM综合应用奖。该奖项针对项目组全体成员，适合BIM技术研究应用开展中后期设置。只有应用深度达到一定水平的项目才有资格评定该奖项，目的是鼓励项目组全体成员齐心协力、勇往直前，各专业、全阶段全部采用BIM技术进行工程设计。具体方法是：每年举办一次BIM大赛，从应用深度达到70%的项目中评选BIM综合应用奖一、二、三等奖，给予重奖。

(4) BIM单项及共享应用奖。该奖项针对特别有兴趣、有能力的个别设计人员，适合BIM技术研究应用开展前中后期设置。总有一些人，对某方面特别敏感，特别着迷，能够取得令人惊喜的成果，BIM技术也是一样。本奖项的设置就是鼓励那些用心钻研、忘我投入，最终解决了很难的技术问题，或者积累了很多专业模型的设计人员，并且毫不藏私，对设计院的协同数据库和资源中心库建设有突出贡献。具体方法是：各专业的设计人员，在自己的不懈努力下，取得了丰富的BIM成果，经过了大家的认可，并且无私的共享于资源中心库中，便会得到一笔不菲的奖金。

(5) 特别说明。在纵向上，上述各奖项互相不冲突，可以累积，只要有能力、有兴趣、肯努力，可以获得所有奖项。在横向上，各个项目的奖金彼此独立，互不干涉，不设上限，项目交叉越多的设计人员，应用BIM技术越多，获得奖金越多。

另外，对参加BIM大赛的获奖人员除给予足以打动人心的物质奖励外，还能在职称评定、职级晋升、优秀员工、优秀党员等方面优先考虑，给予精神层面的奖励，全面提高 BIM 设计人员的成就感和认同度。

4.4 加强人才培养、重视技术培训

在业务执行和事务处理过程中，人才作为执行主体对执行效率、执行质量等方面起到至关重要的作用。熟练掌握 BIM 技术的人员数量代表着设计院 BIM 深化应用的能力，设计院掌握 BIM 核心技术和 BIM 综合应用的人才严重欠缺，成为制约设计院 BIM 发展的首要因素。

内部培养一定要重视培训，加大培训的力度和频度，组织有针对性的、多种层次、多种形式、灵活多样的培训学习活动，给广大有兴趣的设计人员提供广阔的技术提升通道和沟通交流平台。尤其是针对某一技术难题的专题案例培训，培训过程即应用过程，培训结束、难题解决、成果完成、指导施工，再进一步巩固消化、熟练掌握、拓展应用。内部培养还要重视对外学习交流，切勿闭门造车，允许 BIM 技术人员多参加各种 BIM 技术论坛、AU 大会等学习交流活动，学习先进的理念和成熟的技术，博采众家之长，为我所用。另外，主动引进既精通专业，又精通建模的综合性 BIM 人才；在招聘新员工的时候，要求其具有 BIM 应用背景；在新员工入职培训过程中，进行全员 BIM 宣讲培训，吸收 BIM 人才，为团队注入新鲜血液。

4.5 积极承揽 BIM 应用相关业务

提供高质量和内容丰富的 BIM 产品是 BIM 部门的主要职责。BIM 产品包括各专业的精细 BIM 模型、与模型关联的施工图纸、精确的工程量报表、美观的工程现场图片、高清晰的渲染视频、完备的 BIM 模型库、精准的施工期管理进度模型、体量巨大的运维模型以及移动端浏览平台等。BIM 发展的初期，BIM 部门只能给企业内的传统工程项目提供相对简单的 BIM 产品，给予一定的产值，作为对技术创新的鼓励。随着国内各行业 BIM 技术的深入发展，业主对 BIM 产品的需求必将会越来越强烈。作为工程勘测设计企业，设计院应主动承揽 BIM 设计业务，或者信息化建设当中的 BIM 建模部分业务，只有将技术迅速转化为产值，才能有效支撑 BIM 事业的发展。

4.6 加大宣传展示力度

对于 BIM 技术这种新生事物而言，宣传展示工作非常重要，可以改变人们的传统观念，培养创新思想，带动设计人员积极参与。BIM 机构应下设编辑部，设主编、副主编、责任编辑、美术设计等岗位，每年拨付一定的办刊经费，作为作者稿费、编辑酬劳和文印费用，支持编辑部一直把刊物办下去。将来经过多年的积累，可以在此期刊的基础上整理出版 BIM 专著。

4.7 BIM 应用与工程项目紧密结合

BIM 技术研究如何应用到工程项目中，如何避免两层皮，是每家设计院都面临的棘手问题，直接决定着 BIM 部门未来的发展，甚至是生存问题。在传统设计项目生产管理过程中，大部分设计院实行项目管理制，在一些综合性项目进行工程设计人员策划的同时，进行项目 BIM 设计人员策划，BIM 设计与工程设计同时展开，为项目组提供技术支撑和 BIM 产品。工程设计和 BIM 设计紧密结合，协同推进，共同指导现场施工，既解决

了传统设计方法无法实现的技术难题，又促进了 BIM 技术的真正落地。

4.8 利用行业协会扩大影响力

利用好行业协会平台，广泛开展 BIM 论坛、技术讲座、咨询培训等技术交流活动。一方面，可以将 BIM 技术延伸到市级设计院，为他们提供技术支持和 BIM 产品；另一方面，可以积极参与行业协会的 BIM 推广工作，促进 BIM 地方性法规和标准体系的起草和发布。另外，可以走进校园，加强与高校的学术沟通，进一步提高设计院的影响力，同时，发现学生中的突出人才。

5 预期成效

基于 BIM 技术逐步建立并完善符合企业业务实际的 BIM 协同平台和管理体系，培养一支软硬件配置齐全、专业结构合理、技术能力出众的 BIM 技术核心团队。将 BIM 技术大量应用到水利水电工程设计的各个阶段，整体提高工程概念展示、精确出图、专业应用、共享协同的技术水平。由传统二维设计进步至 BIM 协同设计，再逐步向施工和运维延伸，最终形成设计院特有的 BIM 全生命周期解决方案，全面提高企业的设计水平和核心竞争力，助力企业数字化战略转型。

BIM私有云搭建方案与投资对比

李国宁

勘测设计企业要开展BIM设计工作，必然要进行大量、长期、稳定的投入，而前期的资金投入主要集中在硬件的购置和软件的引进上。BIM因其强大的应用能力，相关平台软件及配套软件数量多、类型杂、体量大、价格高。同时，软件运行对硬件的要求非常高，软件版本更新和功能增加迫使硬件成本不断增加。

1 常规解决方案：独立工作站模式

1.1 主要特点

BIM软件要求配置高性能的计算机，大部分个人计算机无法满足要求，影响了BIM技术的推广和应用；另外，BIM模型数据量庞大，如何便捷地在多人、多平台、多终端的环境中进行传输、加载和使用，也是一个难题。为了支持三维设计软件和BIM技术的推广应用，设计院一直都采用升级设计人员个人计算机的方式。鉴于BIM软件对硬件配置的高要求，只能为BIM技术人员配套图形工作站，所使用的BIM软件均安装在各自的工作站上，BIM模型数据也保存在本地，由各人自己掌握。

1.2 应用缺点

独立工作站模式存在以下缺点：

（1）成本高。BIM发展初期，人员较少的情况下，这种独立工作站模式还可以满足应用需求。BIM发展到一定程度时，团队不断壮大，特别是全院广大设计人员有大量应用需求时，大量采购昂贵图形工作站的成本就太高了。同时，由于BIM软件更新速度快，对硬件要求不断提升，硬件的更新费用也随之提升，加重了设计院的经济负担。

（2）设备使用率低。个人专用或项目专用的图形工作站存在长时间闲置现象，设备使用率很低，一定程度上造成了资源浪费。

（3）数据安全性差。BIM数据存放在设计人员的本地工作站，可以自由控制、备份和传播，数据安全性难以保证。

（4）管理复杂。管理人员需要管理和维护每位设计人员的工作站、硬件及BIM软件，模型设计人员需要管理和维护多个版本的数据，如何有效管理这些软硬件是个相当棘手的问题。

2 推荐解决方案：云化工作站BIM私有云

云计算是一种基于互联网的计算方式，以这种方式共享的软硬件和信息资源可以按需提供给计算机和其他终端使用。BIM与云计算集成应用，是利用云计算的优势将BIM应用转化为BIM云服务。基于云计算强大的计算能力，可将BIM应用中计算量大且复杂的工作转移到云端，以提升计算效率；基于云计算的大规模数据存储能力，可将BIM模型

及其相关的业务数据同步到云端，方便用户随时随地访问并与协作者共享。云计算使得BIM技术走出办公室，用户在施工现场可通过移动设备随时连接云服务，及时获取所需的BIM数据和服务等。

2.1 主要特点

面向工程设计行业复杂图形计算环境的云化工作站私有云解决方案，为设计院提升计算能力提供了一条新路径，使设计院可以以相对低廉的投入成本起步私有云，运行维护成本和技术复杂性也大幅度降低。采用创新的私有云架构，将计算资源、数据、应用软件相分离，解决复杂设计场景下计算资源的优化配置，提高资源利用率，并且确保设计数据集中存储，根本性解决复杂设计环境下数据安全性问题。

2.2 总体结构

云化工作站私有云总体结构示意如图1所示。

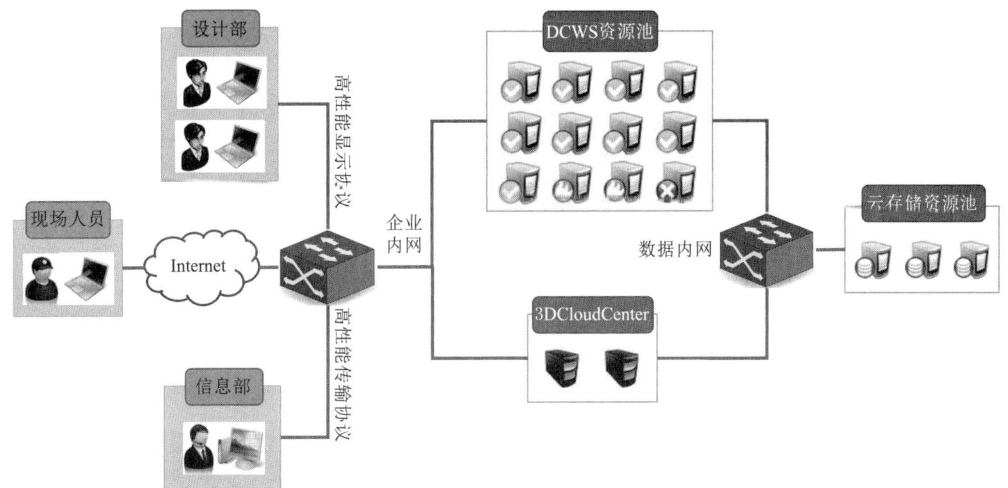

图1 云化工作站私有云总体结构示意图

（1）云管理平台。云管理平台基于B/S架构开发，承担了私有云的核心功能，包括：计算资源的注册、计算资源运行监控、用户注册/用户权限管理、接受资源申请、负责资源分配、存储管理、数据安全管理等。

（2）数据中心工作站（Data Center Work Station）。数据中心工作站DCWS是私有云中的计算单元，采用工作站架构，这是云化工作站私有云解决方案的一个非常显著的特点。采用高性能工作站作为私有云的计算节点，不仅在性能上更符合BIM设计软件的要求，而且在系统可靠性不下降的前提下，能大幅降低设计院私有云的总建设成本。

（3）显示终端。使用基于X86架构的瘦终端或普通PC作为终端，适应不同的设计需求。

（4）数据中心存储。采用终端网络和存储网络分开的设计，资源池中的数据中心工作站通过存储网络和数据中心存储相连接，是一个可扩展的结构，随着BIM数据的日益增多，存储网络中的交换设备和存储设备都可以按需增加。

云化工作站私有云 BIM 应用场景如图 2 所示。

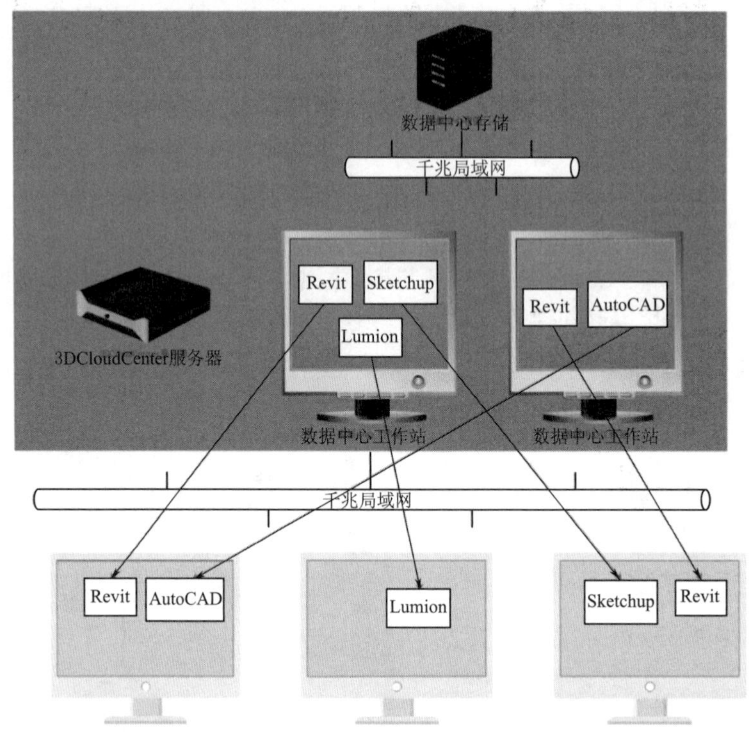

图 2　云化工作站私有云 BIM 应用场景

3　对比解决方案：虚拟服务器私有云

3.1　主要特点

虚拟服务器私有云与上述云化工作站私有云都属于云计算，二者主要功能和基本原理是一样的，不同之处在于其数据计算中心采用虚拟服务器，相应的网络协议和硬件支持也不同。采用多台服务器构建虚拟化平台，服务器虚拟化后，部署虚拟化服务器集群，并统一进行管理，随着虚拟化的不断应用，可以不断动态地增加虚拟化服务器集群的规模，BIM 私有云所有的计算资源都由虚拟化平台统一提供资源。

3.2　总体结构

虚拟服务器私有云总体结构如图 3 所示，虚拟服务器私有云与云化工作站私有云特性对比见表 1。

表 1　虚拟服务器私有云与云化工作站私有云配置对比

虚拟服务器私有云	云化工作站私有云
专业服务器	高性能 PC/工作站
支持虚拟化的专业图卡	一般专业图卡
图卡的软件使用许可	不需要
虚拟化使用许可	客户端使用许可

3.3　应用缺点

基于虚拟化技术，该私有云解决方案在一般办公场景中有很好的应用，但在解决资源重度依赖型应用和图形计算问题时，往往

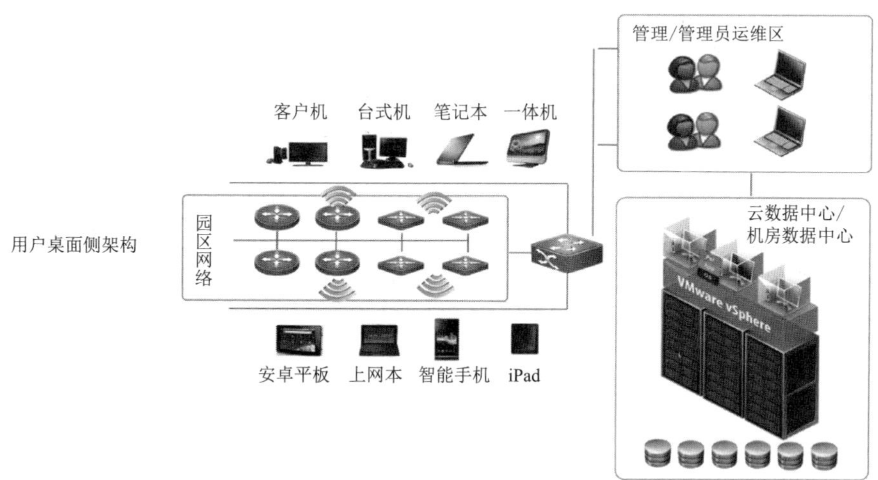

图 3　虚拟服务器私有云总体结构示意图

表现出成本过高、性能和灵活性不满足需求、实施和运维非常复杂的弊病，在工程设计企业中往往不能很好地落地。虚拟化技术是面向一般 IT 应用场景发展而来的，不太适用于工程设计行业的复杂设计场景，主要存在以下问题：

（1）虚拟化服务器技术本身需要消耗不少计算资源，在一般办公环境等轻应用场景可以发挥较好的效果，但对于资源重度敏感的 BIM 设计软件，其使用效果就比较差，最终表现为设计人员的使用体验远逊于个人工作站。

（2）要在虚拟化服务器上支持 3D 图形计算，实现 GPU 虚拟化，目前的技术手段有限且成本高昂，而且由于图形计算资源的静态分配，造成性价比极低。

（3）不同 BIM 设计软件对 CPU、GPU 等核心计算资源的要求都不同，虚拟化技术的硬件基础是专业服务器，服务器低主频多核心的特点不符合很多 BIM 设计软件的性能需求，不是 BIM 设计软件的最佳选择，而且高昂的价格带来极低的性价比。

（4）虚拟化技术需要规模效应才能使单个终端成本降低到可接受程度，才能在降低管理复杂性上收到效果，而大部分设计企业的计算节点规模大多在 1000 个以下，所以规模效应难以发挥。虚拟服务器私有云与云化工作站私有云特性对比如表 2 所示。

表 2　虚拟服务器私有云与云化工作站私有云特性对比

项目	虚拟服务器私有云	云化工作站私有云
成本	专用服务器，专业虚拟化图卡，昂贵	无需专用服务器和图卡，大大降低成本
性能	虚拟化层额外消耗大量系统资源，和重负载应用争抢资源，用户体验下降	直接使用硬件资源，无额外消耗
灵活性	主要系统资源固定分配，不可动态调节	系统资源运行时全动态分配，实时按需消耗
稳定性	虚拟化带来系统复杂性，引入额外的故障点，稳定性有待提高	直接等同于硬件和操作系统的稳定性
运维	技术门槛高，普通运维难以胜任，出现底层故障难以恢复	架构清晰简洁，易操作易运维

续表

项目	虚拟服务器私有云	云化工作站私有云
利用和扩展	硬件淘汰后即报废，无再利用机会	逐层利用扩展架构，硬件可逐层降级再利用，充分满足成本和环保要求
推广应用	终端高度控制，推广普及阻力大	人性化，易推广，既能保证关键应用和数据受控，又能保留用户私有空间

综上所述，面向一般办公场景需求而起源发展的虚拟服务器技术，在复杂设计场景中，没有收到良好的使用效果，主要是和设计场景的需求特点有较大差异。从以往的实施案例来看，要达到和独立工作站基本相同的设计体验，基于虚拟服务器的私有云解决方案，平均单人成本要高于为设计人员单独采购图形工作站的成本。

4 投资对比

假设某中型设计院共有各类工作站 20 台，分别以该院 BIM 发展中期 50 节点和 BIM 发展后期 100 节点为案例，对上述三种方案进行投资对比。投资概算及对比见表 3～表 6。

表 3　　独立工作站模式投资概算

需采购的设备及软件	50 节点			100 节点		
	数量	单价/万元	总价/万元	数量	单价/万元	总价/万元
图形工作站	30	4.0	120.0	50	4.0	200.0
合计			120.0			200.0

表 4　　云化工作站私有云投资概算

需采购的设备及软件	50 节点			100 节点		
	数量	单价/万元	总价/万元	数量	单价/万元	总价/万元
图形工作站	0	0	0	10	4.0	40.0
数据集中存储设备	1	5.0	5.0	1	5.0	5.0
云管理服务器	1	3.0	3.0	1	3.0	3.0
用户许可	50	0.3	15.0	50	0.3	15.0
合计			23.0			63.0

表 5　　虚拟服务器私有云投资概算

需采购的设备及软件	50 节点			100 节点		
	数量	单价/万元	总价/万元	数量	单价/万元	总价/万元
专用服务器	2	15.0	30.0	2	15.0	30.0
专用图卡及使用许可	4	13.0	52.0	4	13.0	52.0
企业级存储设备	1	40.0	40.0	1	40.0	40.0
Ctrix 许可协议	1	70.0	70.0	0	0	0
合计			192.0			122.0

表 6 投资概算对比

方案	50 节点/万元	100 节点/万元	总计/万元
独立工作站模式	120.0	200.0	320.0
云化工作站私有云	23.0	63.0	86.0
虚拟服务器私有云	192.0	122.0	314.0

5 结论

云化工作站私有云解决方案从一开始就是针对工程设计行业的业务和技术特点进行研发的，主要优势是更高的设备利用率、更好的终端使用体验、更高的性价比、较低的启动成本、更简单的运维模式。利用现有的千兆局域网，云化设计院现有的图形工作站，搭建 BIM 私有云；进行虚拟桌面操作、云端集中计算、数据集中存储；提高设备利用率、共享使用便利性、保证数据安全性。从根本上解决设计院图形工作站不足和大量设计人员急需高性能设备之间的矛盾，极大地降低软硬件成本，降低开展 BIM 设计的设备门槛，解决 BIM 技术推广应用的硬件障碍。

内蒙古智慧水利综合应用系统规划建设方案

李国宁　王雪岩　马圣琦　吴宏伟　敏　娜

1　项目概述

内蒙古自治区横跨我国东北、西北、华北地区，内连八省（自治区），外接俄罗斯、蒙古两国，东西长 2400km，南北宽 1700km，国土面积 118.3 万 km^2。境内有黄河、西辽河、嫩江、海滦河、内陆河等多个流域水系。内蒙古境内流域面积 $50km^2$ 以上的河流有 4000 余条，流域面积大于 $300km^2$ 的河流有 258 条，流域面积在 $1000km^2$ 以上的河流有 107 条。

该项目旨在通过推进 BIM、GIS、云计算、大数据、物联网、移动互联等现代信息技术在水利治理与管理体系中的应用，进一步提升水利精准、动态、智能、高效管理能力，最终从根本上解决水治理水管理能力不足、水资源开发过度、水污染日益突出、水生态受损退化、水旱灾害频发等突出问题，实现内蒙古自治区水利工作跨越式发展，由传统水利向现代水利、智慧水利转变。

1.1　现状分析

"十三五"期间，内蒙古自治区重大水利工程建设全面提速，水资源支撑保障能力显著增强；水利重点领域改革成果丰硕，水治理体制机制逐步完善；最严格水资源管理制度加快落实，水生态文明建设深入推进；防凌防洪抗旱取得重大胜利，防灾减灾体系不断完善；农村牧区水利设施加快完善，农牧业发展水利基础不断夯实；依法治水管水迈出坚实步伐，水利行业管理能力显著提升。

目前，内蒙古自治区水利信息化建设初显成效，已经完成了防汛抗旱指挥系统、山洪灾害防治项目、黄河防凌防汛决策支持平台、中小河流水文监测系统、水资源监控能力建设、地下水监测系统等重点工程建设；盟市水务（水利、水保）局建设完成一批实用有效的信息化系统，如：巴彦淖尔市灌区信息化系统、赤峰市水资源监测系统、鄂尔多斯市水保淤地坝信息化建设、乌海市水保监测系统等。

1.2　存在的问题

1.2.1　水利建设存在的问题

虽然内蒙古自治区水利建设取得了突出成绩，但发展不平衡、不协调、不可持续的问题仍然比较突出，在水资源利用、水环境保护以及水利管理手段和管理能力等方面暴露出许多问题和不足：

（1）水资源配置不够优化，对经济社会发展支撑保障能力不充分。

（2）地下水超采严重，地下水生态环境恶化。

（3）地表水生态、水环境恶化趋势未得到根本遏制。

（4）防洪防凌抗旱应急响应和防灾减灾决策支持能力不足。

（5）水利工程管理粗放，水平不高、手段较为落后。

（6）水利综合管理能力和服务水平有待提高。

1.2.2 水利信息化建设存在的问题

虽然内蒙古水利信息化建设稳步推进，但与水利发展改革、智慧水利、智慧社会和数字中国建设的要求相比，尚存在很大差距。解决当前面临的突出问题和不足，智慧水利建设迫在眉睫、势在必行。

（1）缺乏顶层设计和整体规划。

（2）监测能力不足，感知体系不健全。

（3）水利管理与信息化融合不够，智慧应用不足。

（4）系统建设与运行机制不健全，保障能力不强。

（5）已有水利信息系统运行维护水平低。重建设，轻运维，监测设备在线率低，数据体量小，很多系统处于闲置状态，运行效果不好。

（6）资源整合共享不足，信息孤岛现象严重。各部门所建水利信息系统各自为战，各系统间无法实现数据交互和资源共享，造成资源浪费。

（7）水利行业 BIM 应用起步较晚、发展较慢，水利行业从业者还没有从思想上认识到 BIM 技术对于提高生产技术水平、劳动生产率水平和管理水平所起到的巨大作用。

（8）水利行业在 BIM 应用研究方面的投资不足、重视不够，没有出台相关的政策支撑，没有形成一定规模的 BIM 应用市场，没有营造良好的创新氛围。

1.3 必要性分析

当今世界，以数字化、网络化、智能化为特征的信息化技术蓬勃发展，对社会发展、国家治理、经济运行、人民生活等各个领域产生了深刻的影响，为智慧社会发展提供了新机遇新动能。党的十九大明确提出建设网络强国，打造数字中国，把智慧社会作为建设创新型国家的重要内容，从引领创新发展的高度，对经济发展、公共服务、社会治理提出了全新要求和目标，为智慧社会建设指明了方向。各行各业都在抢占科技创新制高点，把握信息技术新领域，智慧城市、智慧交通、智慧电力、智慧气象、智慧医疗等得到广泛应用，发展迅猛，深刻改变着政府社会管理和公共服务的方式。

内蒙古自治区地域广阔，地处干旱、半干旱地带，降雨量少且时空分布不均，水资源匮乏，供需矛盾突出，水利始终是内蒙古自治区经济社会发展不可替代的基础支撑。全区建设的防洪防凌抗旱、水资源配置、区域供水、农牧业灌溉等水利工程体系，有力保障了自治区经济社会持续发展。同时也伴生了水资源开发利用过度，水资源承载能力下降，水生态遭受损害等一系列问题，传统的水利发展方式和水利管理手段、管理能力已经无法适应新时代经济社会高质量发展、社会管理公共服务高效便捷的要求。

面对内蒙古自治区涉水工程点多线长量大，管理对象面广复杂、服务主体需求多样的实际，迫切需要激发水利信息化发展蕴藏的巨大潜能，大力推进云计算、大数据、物联网、移动互联、人工智能、5G、BIM、GIS、电子签章、区块链等现代信息技术在水利治理与管理体系中的应用。迫切需要加快推动智慧水利综合应用系统建设，在基础设施网络建设、智慧行业发展中发挥自身优势和作用。这既是提升水利精准、动态、智能、高效管理能力，实现传统水利向智慧水利转变，推动水利现代化的必由之路，也是打破部门行业壁垒，解决信息碎片化、孤岛化问题，实现跨部门资源深度整合共享、不同行业协同共治的现实要求。

2 建设机制

2.1 指导思想

以习近平新时代中国特色社会主义思想和党的十九大精神为指导，牢固树立创新、协调、绿色、开放、共享的发展理念，按照建设网络强国、数字中国、智慧社会的总体部署，积极践行"节水优先、空间均衡、系统治理、两手发力"的治水思路，聚焦新老水问题，贯彻"安全、实用"水利网信发展总要求，坚持问题导向，加快推进智慧水利，明显提升水利信息化水平，为国家水治理体系和治理能力的现代化提供有力支撑与强力驱动。

2.2 建设原则

（1）需求主导，可靠实用。以提升水治理智能化水平为出发点，在满足现阶段水利管理工作需要的基础上，充分考虑适度超前，预留系统扩展的各类接口，为未来的水利智慧化夯实良好基础。

（2）技术先进，标准规范。采用先进、成熟的技术，恰当应用高新成果，保证系统具有较好的先进性、实用性和较长的生命周期，使其具有较强的开放性和扩展性，为技术更新、功能升级留有余地。

（3）接口开放，业务衔接。采用开放式的结构进行系统设计，使系统在具有可扩充性的软硬件环境下，在运行过程中能不断地添加新的模块与应用，具有与气象、环保等行业以及水利部委系统衔接的能力。

（4）继承共享，系统兼容。充分利用现有信息化体系与资源，以及公共信息基础设施、通信、网络、地理信息和相关行业的信息资源，查漏补缺，加强整合，促进互联互通、信息共享和平稳过渡。

（5）统一体系，保障安全。严格遵循国家信息化建设技术规范和相关标准，正确处理开放共享与安全的关系，借助政务云平台完善的网络与信息安全保障体系，支撑系统运行的可靠性和安全性。

2.3 建设目标

立足内蒙古自治区的区情水情实际，以水利数字化、网络化、智能化驱动水利现代化为主线，构建覆盖自治区河湖水系、山川水体、涉水设施等的感知监测大体系；贯通不同行政层级、地域系统、涉水主体的互联互通大网络；涵盖区域流域、部门行业、社会公众资源共享的涉水信息大数据；服务水利业务、决策指挥、公共管理的智慧应用大系统。建成满足需求、结构合理、技术领先、功能卓越、保障有力的智慧水利大数据应用体系，实现水利业务的智慧化。

3 建设内容

3.1 总体架构

按照统一规划、统一设计的原则，在统一框架下，充分利用自治区的公共基础设施和统一支撑平台，长远目标与近期目标相结合，分步实施和部署，并考虑系统可扩展性，使系统能随着工作深化和外部环境变化，覆盖范围进一步扩大、功能逐步扩展、性能不断提升，以发挥系统的整体功能和效益。加快数据整合共享和有序开放，推进水利业务与信息技术深度融合，深化大数据在水利工作中的创新应用，促进水治理体系和治理能力现代化。明确智慧水利的顶层设计架构，构建“1＋1＋N”（即感知1张网、支撑1平台、N个智慧应用系统）的智慧应用体系。系统总体架构如图1所示。

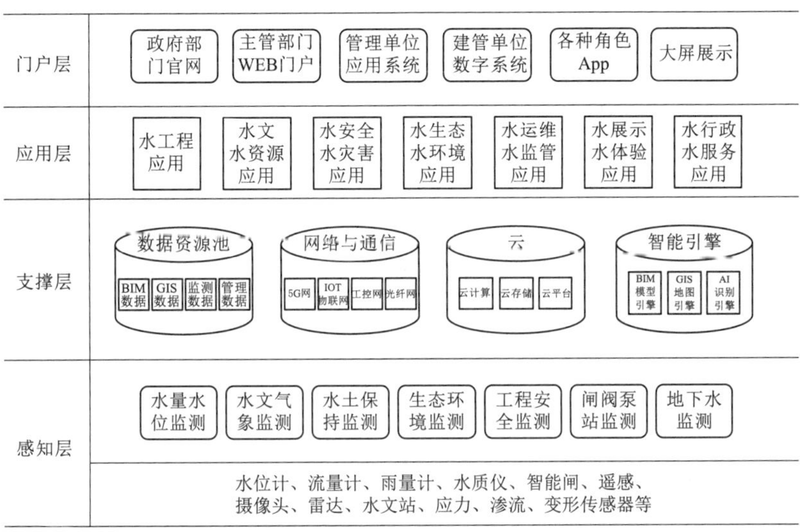

图1 系统总体架构图

3.2 智慧感知层建设

围绕水文水资源、水环境水生态、水利工程、水安全水灾害、水运维水监管等核心业务，构建空天地一体化水利感知网，统筹利用已有各类感知监测资源，确保信息互通和资源共享，实现水利业务信息全感知。

3.2.1 扩大感知范围

扩大江河湖泊水系、水利工程设施的监测范围和水利管理活动的动态感知，补充完善水量水位、水文气象、水土保持、生态环境、工程安全、闸阀泵站、地下水等感知内容。

3.2.2 构建数据汇集与服务平台

建立感知数据汇集平台及水利视频集控体系，建立水利遥感接收处理服务平台，实现监测数据、视频数据、遥感影像等资源的汇集与服务。

3.2.3 提升感知智能水平

加强无人机、遥控船、机器人、高清视频等新型监测手段及卫星、雷达等遥感监测手段的应用，推进感知终端的智能升级，加强 5G、NB-IOT 等新一代物联通信技术应用，提升复杂条件下的感知能力。

3.3 智慧支撑层建设

智慧支撑层全面汇聚、整合、计算、分析水利行业及其他行业共享数据资源，是数据分析处理的核心。充分依托区内现状软硬件基础设施，打通数据纵、横共享通道，对数据资源和服务资源规范、统一管理，实现数据与应用的有机融合、互动，业务体系、资源体系的可管理、可扩展，最终实现应用开发模块化。

3.3.1 数据资源池（数据中心、数据库）

数据资源池通过分布式资源调度、分布式存储管理和分布式数据服务技术，完成结构化、半结构化和非结构化数据的统一管理和服务。数据资源池汇集水利数据、工程数据、BIM 模型数据、GIS 地图数据、其他行业数据和社会数据等，经过数据融合、数据资产治理和数据标准服务，打通业务间数据壁垒，深度萃取数据价值，构建全域数据资源体系，为水利大脑提供思考与决策的数据基础。

3.3.2 网络通信等基础设施

基础设施为智慧水利综合应用系统提供基础硬件支撑、操作系统支撑、网络通信支撑及系统基础安全保障；主要包括操作系统、服务器硬件、存储设备、网络设备、网络连接、防火墙等。形成多网融合、互联互通的统一网络通信是智慧水利综合应用系统建设的重要一环，可以实现快速、即时、高效的信息采集、信息传输、实时监控等需求，包括工控网、光纤网、GPRS 网络、5G 网、物联网、移动互联等。

3.3.3 云服务

云计算是一种基于互联网的计算方式，以这种方式共享的软硬件和信息资源可以按需提供给计算机和其他终端使用，快速且安全的获取计算资源与数据存储。云服务具有很强的扩展性和升级性，通过网络可以获取无限的资源，且不受时间和空间的限制。利用云计算的优势将水利信息应用转化为云服务，基于云计算强大的计算能力，可将计算量大且复杂的工作转移到云端，以提升计算效率；基于云服务的大规模数据存储能力，可将水利信息及其相关的业务数据同步到云端，方便用户随时随地访问并与协作者共享。

3.3.4 BIM+GIS 支撑平台

应用相关平台软件，搭建工程全生命周期的 BIM+GIS 支撑平台，实现跨区域的空间信息、模型信息以及相关工程数据的集成。形成承载并管理整个工程的空间和设施全要素、全过程信息的基础平台，以结构化和轻量化后的 BIM 模型为核心，建立起与 GIS、二维图纸、文档及业务系统的多维度数据融合，在统一编码的基础上，实现对 BIM 几何信息、属性信息和过程信息的动态管理的能力。

3.3.5 智能引擎

智能引擎包括视频 AI 识别引擎，快速准确发现、智能识别水面漂浮物、道路积水、污染物排放、岸线侵占、船只侵入等违规违法问题、突发问题。各类模型建设，研究模型输入输出接口的标准化，耦合形成服务于智慧水利应用的分析引擎，搭建水资源优化配置与调度模型、水动力模型、水质模型、智慧灌区联动调水模型、泵闸设施调度模型、防汛防凌抗旱预警预报模型、水环境分析模型、洪水演进模型等。

3.3.6 运维监控平台

实现对智慧水利涉及的感知、网络、计算、存储、平台、应用等对象进行全面监控；包括运维流程管理模块，对运维工作场景进行全面规范和流程化管理。运维智能分析模块，通过大数据分析、机器学习等建立运行基线，洞察运行状态，准确进行故障告警、风险预警，提出科学优化建议。

3.3.7 应用支撑模块

应用支撑模块包括系统运行支撑基础软件（如 GIS 应用、ETL 工具、数据资源池、BI 智能报表等），提供组件式公共功能，数据共享交换服务、标准 API 汇聚集成服务等其他必要的模块或服务建设，同时基于水利网格和水利一张图，提供应用运行的基础框架。

3.4 智慧应用层建设

构建协同创新的智能应用体系，充分整合现有信息应用系统资源，进一步完善、提升、扩展功能应用，建设智慧水利一体化应用平台，采用“驾驶舱”形式，利用 GIS“一张图”全面、直观地聚合展示工程信息、河湖水情、地下水情况等，实时监控所有水利应用系统，并建设移动端应用 App。智慧应用规划框架如图 2 所示。

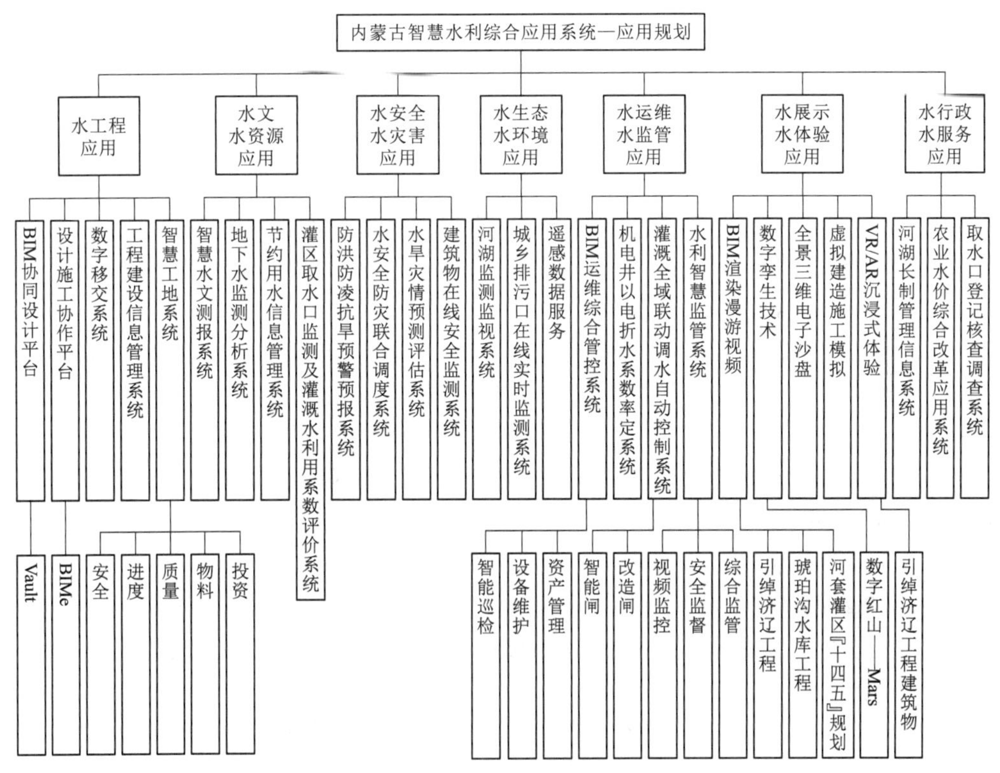

图 2 智慧应用规划框架图

3.4.1 水工程应用

水工程应用着眼于水利工程设计、施工、移交等建设的全流程数字管理，提高工程设计效率，进行设计施工协作，推进工程数字移交，支撑工程安全施工等业务。如：用于各专业数据共享、跟踪协作，提高工程设计质量和效率的 BIM 协同设计平台；基于 BIM 模型和 GIS 场景，实现项目设计和施工阶段数字化管理和可视化管控的设计施工协作平台；以工程三维模型为核心载体，与工程设计二维图纸、文档等建立关联关系，服务于工程建设期的数字移交系统；通过三维设计平台对工程项目进行精确施工模拟，实现施工现场质量管理、安全管理、进度管理、成本管理等业务的智慧工地系统；围绕各类水利建设工程，实现全流程监管，促进工程建设规范化、精细化的工程建设信息管理系统等。数字移交系统示意如图 3 所示。

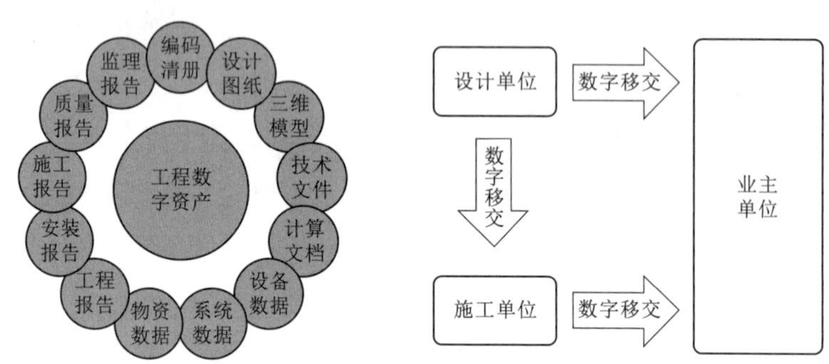

图 3　数字移交系统示意图

3.4.2　水文水资源应用

水文水资源应用以解决水资源短缺、时空分布不均等突出问题为导向，在水资源监控能力建设、地下水监测范围拓宽等基础上，扩展业务功能、汇集涉水大数据、提升分析评价模型智能水平，构建水文水资源智能应用，支撑水资源开发利用、城乡供水、节约用水等业务。如：实现水位、雨量等水文要素自动在线和可视化监测要求，显著提升水文信息处理和服务智能化水平的智慧水文测报系统；结合 GIS 地图实现全区地下水水位水质动态监测，掌握地下水位变化趋势，评估地下水承载能力，加强地下水超采监管的地下水监测分析系统；实现节约用水决策支持、监督管理、信息公开、统计查询等功能，支撑水利部门履行节约用水监督职能的节约用水信息管理系统。灌区取水口及各级渠系斗农口设置远程智能用水计量设施，精确量测灌区用水量，评价灌溉水利用效率，挖掘灌区节水潜力的灌区取水口监测及灌溉水利用系数评价系统等。

3.4.3　水安全水灾害应用

在防汛抗旱指挥系统、山洪灾害监测预警系统、黄河防凌防汛决策支持系统等项目建设成果的基础上，运用分布式洪水预报、区域干旱预测等水利专业应用模型，提高洪水预报能力，开展旱情监测分析，强化工程联合调度，构建水安全水灾害智能应用，支撑防汛、防凌、抗旱等防灾业务。如：建立降雨径流模型和河道洪水演进模型，实现对河流洪峰流量、水位预警预报；建立产汇流水文模型和城市雨洪模型，实现对城市暴雨内涝预警预报的防洪防凌抗旱预警预报系统；依据洪水凌情预报和水库河道防洪能力，自动生成优化调度方案，实现防洪、防凌、抗旱和应急水量调度为主要功能的水安全防灾联合调度系统；采用 GIS、RS 和虚拟现实技术，构建三维模拟仿真场景，实时动态展示洪水凌汛演进过程、淹没范围等，实现灾情趋势预测和精确评估的水旱灾情预测评估系统；自动收集各类水工建筑物位移、渗流、稳定等安全监测数据，各种水利机械和金属结构设备的应力、变形、振动等安全运行数据，准确掌握水利建筑物运行状态的建筑物在线安全监测系统。

3.4.4 水生态水环境应用

围绕水污染防治、水环境治理、水生态修复、水域岸线管理等功能，运用先进水文监测设施、高空视频监视设备、高分遥感数据解译分析、图像智能分析、大数据挖掘、边缘计算等技术，构建水生态水环境智能应用，支撑江河湖泊、水土保持等业务。如：对重要江河、规模以上湖泊及其主要支流建设前端感知设备，对水质、水位、流量、岸线等进行监测监视的河湖监测监视系统；对全区水功能区和入河、入湖排污口的水质进行全覆盖监测的城乡排污口在线实时监测系统；应用重要河流湖泊和中小河流地理信息遥感影像分析，快速获取河湖岸线分布、水域面积等地表信息，为河湖、水资源、水利工程和水土保持等重点监管领域以及各类水利基础工作提供遥感数据服务等。河湖岸线规划监测系统示例如图 4 所示。

图 4　河湖岸线规划监测系统示例图

3.4.5 水运维水监管应用

借助物联网技术建立智慧感知体系，完成各类监测信息的接收，结合工程实际开发智能巡检、设备维护、资产管理等相关功能模块，制定出工程最优维护策略，提高运维管控水平。推进行业监管与专业监管信息互通，实现安全生产监管、质量监管等环节的全流程支撑，提升监管水平和处置效能。如：利用大数据、BIM、AI、GIS、物联网等技术构建一体化综合运维智能应用，实现运维对象、运维人员、运维流程全覆盖及运维状态可视化、预警精准化、处置自动化的 BIM 运维综合管控系统；进行灌区地下水机电井“电-水”折算系数率定，整合电力部门农业灌溉用电量数据，建立“以电折水”计量平台，为农业灌溉取用地下水计量提供科学依据的机电井以电折水系数率定系统；基于远程物联技术与终端组网技术，用于灌区渠系各级闸门的自动远程控制，集分水、节制和计量功能为一体，实现全流域动态协同调水与灌溉自动化，提升灌区精确配水、科学调度和信息化管理水平的灌溉全域联动调水自动控制系统；应用水利对象遥感影像人工智能识别技术，加强重点工程建设和应用综合监管，拓展监管业务范围，提升水利监管智慧化水平，实现与国家“互联网＋监管”系统全面对接的水利智慧监管系统等。

3.4.6 水展示水体验应用

融合应用 BIM＋GIS，在“一张图”上对工程建造全过程的数字虚拟与现实物理数据相互映射、虚实互融。通过对数据的收集、共享，并进行高层次数据分析，实现在 GIS 场景中的全局流畅浏览和 BIM 模型细致详尽的细节展现。虚实融合，全局呈现，展示水工程，体验水景观，弘扬水文化。如：水利工程 BIM 设计的渲染漫游视频、基于数字孪生技术的水景观数字孪生体、用于推演展示的智能交互式全景三维电子沙盘、虚拟建造和施工模拟展示、VR/AR 沉浸式体验等。

3.4.7 水行政水服务应用

围绕综合办公、执法监督、政策宣传、新闻资讯等行政事务管理需求，以提升水行政效能为目标，采用自主可控技术路线，优化完善升级现有应用系统，构建水行政智能应用，实现水行政管理智慧化。如：结合河长、湖长职能职责、管理范围，结合 GIS 地图为自治区各级河长、湖长和相关职能部门开展巡河治水、处理投诉、信息发布等业务的河湖长制管理信息系统；实现农业用水总量控制、灌溉用水定额管理、农民用水自治等功能的农业水价综合改革应用系统；辅助基层工作人员完成取水口基本情况、取水口监测计量情况、取用水管理情况等信息录入和汇总的取水口登记核查调查系统等。

建设互联网＋水利政务服务平台，形成精准化政务需求交互模式，建立用户行为感知系统、智能问答系统，创新优化智能服务应用，构建个性化水信息服务、动态水指数服务、数字水体验服务、智能水问答服务、一站式水政务服务，全面提升管水治水服务水平和社会公众感水知水能力、节水护水素养。

3.4.8 综合决策智能应用

横向打通水利各业务智能应用，利用多源融合、纵横联动、共享服务的水利大数据，运用水利大脑的学习算法库、机器认知库、知识图谱、水利模型库等提供的智能支撑能力，通过多业务联动的大数据分析与计算，构建综合决策智能应用。帮助决策者作出更精准、高效的决策，推动水利治理向信息动态化、数据集成化、预报精准化、决策科学化和业务协同化发展。

3.5 智慧门户层建设

智慧门户层分用户类和展示类，用户类是根据智慧水利综合应用系统的不同用户群体所涉及的业务，对模块菜单进行个性化控制，对数据视图进行个性化展示的前端逻辑控制层。该系统中可能涉及的用户群体包含政府部门、水利主管部门、管理单位、建管单位、运维人员、控制中心等；系统可根据不同用户，展示不同的功能菜单及操作界面，不同用户拥有不同的访问权限。

展示类是用户最终看到的系统交互界面，智慧水利综合应用系统分为计算机网页端、App端、大屏端三部分，用户通过电脑网页浏览器可直接访问和打开系统功能操作界面，也可通过App访问平台移动端业务模块的操作界面。用户在操作界面上使用系统功能、访问平台数据、处理平台业务。为提高系统的显示效果，并满足运行监视、管理调度等过程中显示多种复合信息的需求，在总控室和水利厅建设大屏展示系统。大屏展示系统要实现的目标：作为监控中心大厅显示墙，显示业务系统视图，显示各个监测点的监测数据和应用数据，显示项目及设施的GIS分布图及状态图等。

3.6 信息安全体系建设

按照国家有关电子政务安全策略、法规、标准和管理要求以及水利部水利网络和信息安全体系建设基本技术要求，结合当前水利行业实际情况，完善基础安全、统一安全服务、安全数据采集，形成系统网络安全纵深防御基础，建立威胁感知预警系统，构建集中安全管理控制平台、应急决策指挥系统，完善网络安全技术体系；建立由制度、规范、流程和规程构成的网络安全管理制度标准体系。原系统及数据保留在已有的机房环境中，新建系统将部署在政务云上，安全防护体系借助区政务云安全保障体系，并逐步将原系统和数据迁移至云平台。

3.7 标准规范建设

标准规范建设依托网络安全技术体系、网络安全管理体系，开展日常威胁预测、威胁防护、持续监测、相应处置等运行维护工作，形成闭环运行维护体系，结合运维服务制度、运维服务流程、运维服务组织、运维服务队伍、运维技术服务平台以及运行维护对象，有效对安全威胁事件进行综合研判、及时处置，不断闭环对运行维护体系进行优化，有效保障网络安全技术和管理要求落地。

案例篇

BIM 技术在灌区典型建筑物设计中的应用

李国宁　赵瑞廷

1　工程任务

灌区典型建筑物的主要设计对象是各种渠系建筑物，涵盖水工、建筑、金结、电气、施工等多个专业，参数化模型库/构件库主要内容包括渠首枢纽、灌溉渠道（干渠、支渠、斗渠、农渠）、各类渠系建筑物（水闸、跌水、陡坡、溢流堰、量水堰、量水槽等）、各类交叉建筑物（农桥、渡槽、涵管、倒虹吸）和泵站、排灌站等。技术关键和重点解决的技术问题包括以下方面内容。

1.1　建筑物体型设计

为提高灌区典型建筑物设计质量和效率，需建立各类灌区典型建筑物参数化模型库/构件库，实现各建筑物模型的快速建立及调整修改。参数化模型库/构件库应根据不同结构进行分类建立，并结合各专业设计对象的类型进行进一步细分，具体参数化构件应包含尺寸、定位、材质等信息。对于复杂体型的建筑物，如扭面、渐变段等，需建立相应的建模工具或方法以提高建模和修改的效率。对于常用的、构成相对简单的单体建筑物，如进口段、闸室段、连接段、出口段等，可考虑建立相应的建模系统，将各组成部分的参数化建模、相互间关联关系进行整合，进一步提高设计质量和效率。

1.2　开挖设计

结合灌区典型建筑物设计情况，通过引用工程地形、地质三维模型、灌区典型建筑物三维模型，在此基础上进行灌区典型建筑物三维开挖设计工作。开挖设计中，建立参数化开挖工具，方便开挖设计及调整修改，提高开挖模型的建模效率。灌区典型建筑物开挖模型应与三维地质模型、灌区典型建筑物三维模型进行关联，方便在地质数据更新完善、灌区典型建筑物设计调整时的自动适配调整。

1.3　数据接口

建立各专业建模软件间的数据接口，打通建筑建模到结构计算软件的数据通道，将三维模型方便用于稳定分析、水力分析等多项分析计算，以便在设计过程中实现边设计、边优化调整。对于确定的结构，实现与三维配筋工具的无缝衔接。

1.4　配筋设计

配筋设计基于水工建筑物结构三维模型进行钢筋配筋，三维钢筋的生成要求符合水电水利设计的习惯，如钢筋的折弯、延长、单独增加减少和修改等。在三维配筋的基础上，实现钢筋类型、数量的自动统计及钢筋表的自动生成。由于配筋设计已到达设计工作的最后一环，结构体型模型可以不支持联动。

1.5 闸门设计

通过引用水工建筑物的建筑、结构三维模型，结合孔口情况、上下游水位条件，进行闸门的设计工作。闸门的零部件有很多，为提高设计质量和效率，需建立各类零部件的参数化模型库/构件库，常用的构件包括面板、梁系、滑块、止水、吊耳、侧导向、底槛、主轨、侧轨等。参数化模型库/构件库应按照平面闸门、弧形闸门等进行分类建立，并结合各类闸门的构件组成进行进一步细分，具体参数化构件包含尺寸、定位、材质等信息。

1.6 总装

模型总装，需要将各专业的分散模型进行总体的整合，并进行空间相对位置关系的调整。对总装平台的要求是，支持导入各专业的模型，并能进行位置关系的自由调整，对于经常需要修改调整的模型还应支持模型联动。

1.7 图纸输出

建立适合水利水电工程设计规范的统一制图模板，基于各类专业三维模型实现各类工程图纸的生成，包括平面图、剖面图、立视图以及局部详图等，内容包括图框及标题栏、各类标注（包括字型、字号、线型、线宽、符号形式、填充方式、颜色等）、各类数据表格、图幅及比例尺适配等。生成的工程图纸需与相应的水工建筑物模型关联，实现设计调整修改时，工程图纸的自动更新。

1.8 多专业协同设计

建立能高效集成多专业数据的协同设计平台，实现各专业模型的相互引用、各专业模型的总装整合、碰撞检查与校审等。其中，校审工作应基于多 CAD 格式的三维设计成果可视化校审平台，平台需满足校审流程、基于三维设计成果可视化校审留痕，实现三维校审成果以及与之关联的二维设计成果归档管理，并满足档案检索、统计、成果提取等功能。

2 必要性分析

根据设计院多年来的灌区设计经验，灌区建筑物设计有三个突出特点：一是数量多，通常一个大型灌区有节制闸、进水闸几百座，斗农口闸更是多达几千座，还有数量众多的农桥、渡槽、倒虹吸等建筑物。传统的二维 CAD 平面设计会产生不必要的重复工作，工作量大、工程量计算不精确、工程变更后重复设计等问题。二是建筑物类型不多，相似工况的工程完全可以采用同类建筑物，只是孔口和水头的差别，决定着建筑物的大小规模不同。三是建筑物的各个组成部分结构相对固定，如水闸一般由进口段、闸室段、连接段、消力池段、出口段等组成。灌区建筑物的这三个特点，为三维参数化多实体建模提供了有利条件。

在灌区建筑物出图方面，由于数量庞大，水工结构图和配筋图的绘制工作量非常大，项目工期紧张的时候，更容易导致图纸出现错误。借助于 AutoCAD 软件，我们已经实现了无纸化设计，相比手工绘图能大大提高设计效率，但其不够完善，在原始设计资料变动的情况下，需要多次调整、修改方案，设计完成的图纸需要重新手工调整，修改图纸的工作量很大，工作效率极低，而且极易出错。

3 研究内容

（1）建立各专业参数化模型库/构件库，实现各专业模型的快速建立及调整修改。参数化模型库/构件库主要内容包括各类渠系水闸、智能闸、农桥、跌水、渡槽、倒虹吸、泵站等。

（2）通过三维配筋软件，对水工结构进行配筋设计，自动统计钢筋型式和工程量，并能向业主提供最终的施工图；三维配筋软件通用性强，可导入任何格式的三维模型，配筋符合水利水电行业习惯，功能满足设计规范要求，在CAD下一键自动生成各钢筋视图及标注、钢筋表、材料表。

（3）建立适合水利水电工程设计规范的统一制图模板，基于各类专业三维模型实现对应二维工程图纸的直接生成，生成的工程图纸与相应的水工结构三维模型关联，实现设计调整修改时工程图纸的自动更新。

4 工程应用

全参数化模型＋三维配筋出图可以完美解决灌区建筑物数量多、绘图工作量大、修改烦琐枯燥的问题，可大幅提高灌区设计的质量和效率。逐步形成了成熟可靠的灌区典型建筑物BIM正向设计流程，并广泛应用到各个在建灌区的设计当中，进而总结整理出了黄河生态保护与高质量发展灌区典型建筑物创新型图集，开创了设计院的先河。典型工程应用案例如图1～图7所示。

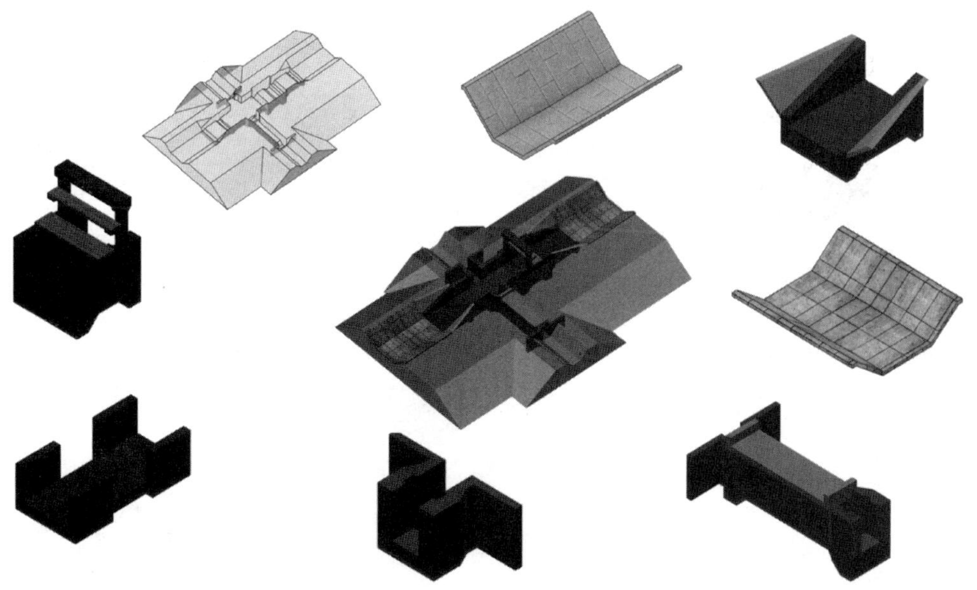

图1 大城西灌区田间节制分水闸

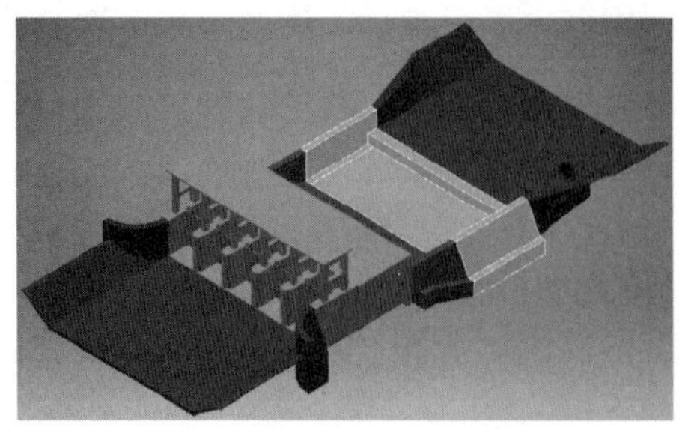

图 2　河套灌区箱涵式节制闸

图 3　河套灌区箱涵式排洪闸

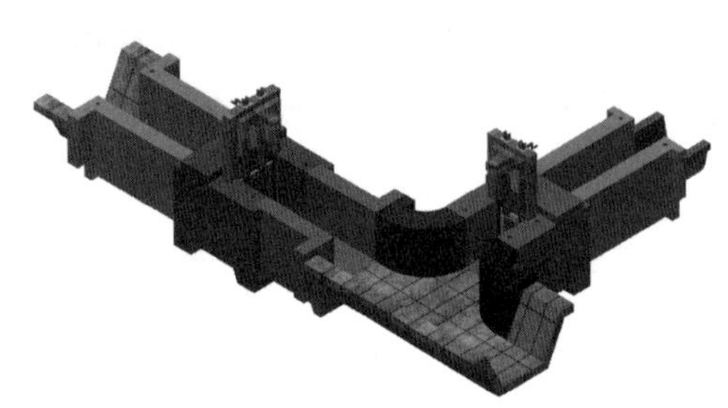

图 4　河套灌区田间工程智能闸

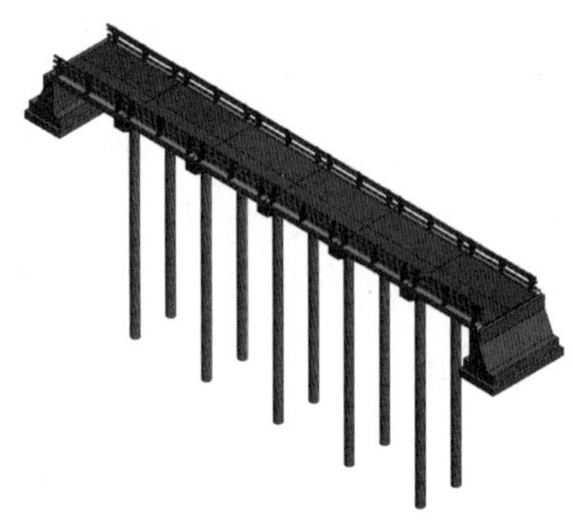

图 5　河套灌区简支板式多跨农桥

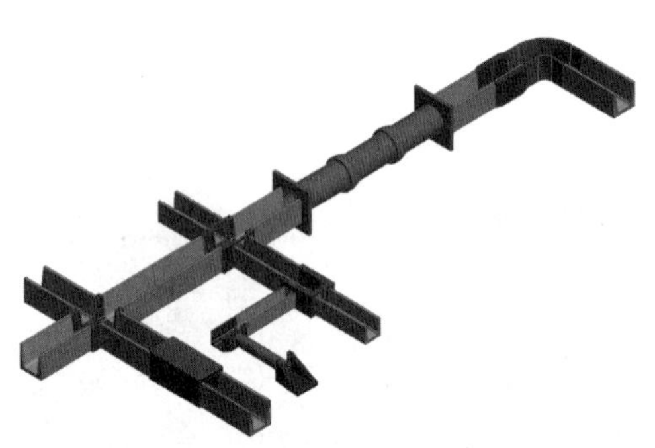

图 6　绰勒灌区田间工程预制建筑物

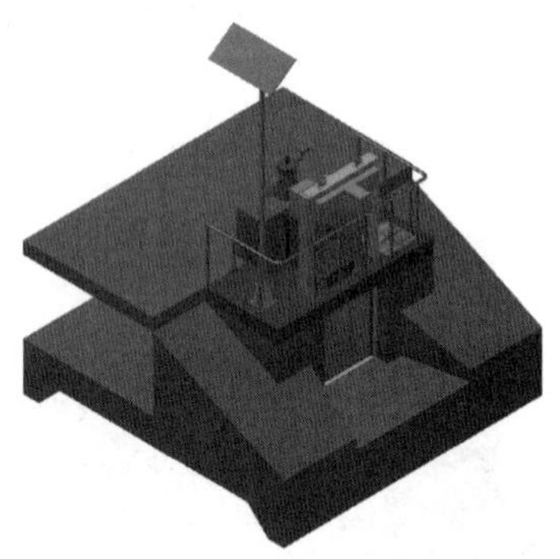

图 7　塔布干渠斗口改造智能进水闸

BIM技术在引调水工程设计中的应用

李利荣　张　波

1　引言

BIM技术是信息化发展的产物，它作为一种先进的技术正在推动着各行各业的生产方式、管理和技术变革。它不是简单地将数字信息进行集成，而是一种数字信息的应用，可用于工程设计、造价、管理的数字化方法，这种方法支持工程的集成管理环境，可以使工程在其整个进程中显著提高质量、提升效率。最先，BIM技术是在建筑行业开始被应用，随着BIM技术理念在建筑行业内不断地被认知和认可，及其作用也在建筑领域内日益显现。近年来，BIM成为现代建筑、水利、交通等行业内技术革命的代名词，越来越多地被广泛应用，如香港地铁、港珠澳大桥、南水北调工程等。采用BIM技术建立完善的信息化模型库，利用信息化技术实现各专业的碰撞检查、设计合理性检查，实现模型数据在设计过程中的有效传递和共享，进一步提高了工程设计效率与质量。

2　引调水工程设计应用BIM技术的目的和意义

由于我国水资源时空分布不均匀，引调水工程在水资源调度方面发挥了极其重要的作用。引调水工程通常由水源工程、引（输）水工程、交叉工程、附属工程等组成。引调水工程作为带状工程，与块状工程相比，具有线路里程长、地形地质条件变化大、穿越交叉工程多、建筑物种类繁多、现场施工条件复杂等特点。BIM作为在设计行业中的一项新技术，贯穿于整个项目中，不仅是有助于提高设计人员的工作质量以及工作效率，同时也可以有效地促进设计数据的重复使用，从而避免了信息资源的浪费。

将BIM技术应用于引调水工程中，可将传统的二维图纸转变为形象的三维模型，能够直接进行水工、建筑、施工、机电、金属结构等专业的设计，建立一种带有属性信息的三维设计模型，从而使各个专业之间可以进行BIM数据的共享，有效地避免由于重复输入数据而引起的失误。可有效加快决策进度，提高工程质量，使工程的建设向标准化、精确化方向发展。因此，在将BIM技术应用于引调水工程设计中，对提高设计效率和质量具有重要的意义。

3　BIM技术在引调水工程中的应用

3.1　三维地形、地质模型建立

三维地形是引调水工程三维设计的基础，也是工程中各建筑物及地形开挖的受体，在采用BIM技术建立地形模型时，需利用实际测量的地形数据的点文件或等高线创建工程区的三维地形模型。地形曲面模型如图1所示。

通过对地勘数据进行分析整理，整理出用于地形、地质曲面创建的数据，通过“工程

图 1　地形曲面模型

地质内外业一体化平台”中的数据管理模块，输入勘探孔地质分层数据以进行地质三维建模。三维地质模型可准确反映工程区基岩面的起伏变化情况，是一个有机融合的数据体，为工程地质条件评价及后续工程的设计提供了直观、可靠的依据。三维地质曲面模型及实体模型如图 2、图 3 所示。

图 2　三维地质曲面模型

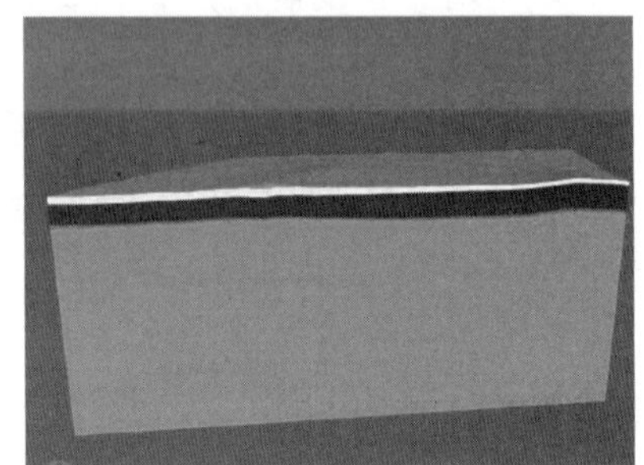

图 3　三维地质实体模型

3.2　各建筑物三维参数化设计

由于引调水工程设计中涉及的建筑物种类繁多，且同一种建筑物根据地形变化建筑物的尺寸也会发生变化，因此，需对不同建筑物的结构通过 Inventor 或 Revit 等软件的相关功能进行参数化设计建模，即通过设定边界条件把影响因素集合在一起，基于定义的设计逻辑，形成相应的拓扑关系，继而通过调整设计参数，驱动模型生成或者发生变化，快速形成新的设计成果。

对于引调水工程来说，涉及的典型建筑主要有泵站、调节水池、稳流连接池、检修阀门井、流量计井、排补气井、排水井，镇墩等。而对于同一种建筑物在不同地形条件中，建筑物尺寸均会发生变化，因此，通过采用参数化建模，通过相互关联参数，可有效提高设计效率和质量，并准确提取工程量。引调水工程典型建筑物参数化模型如图 4 所示。

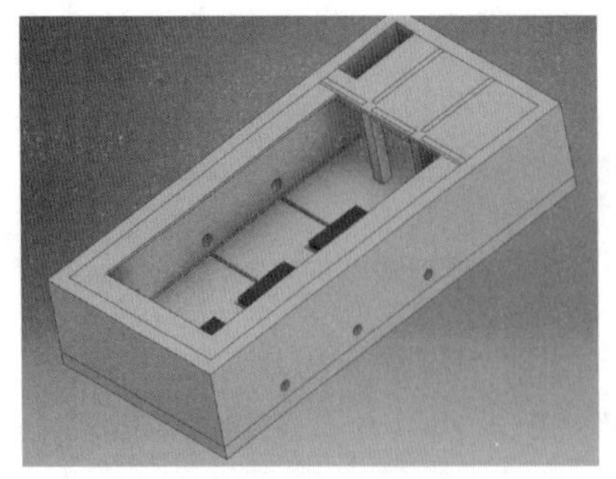

(a) 泵站水工模型

(b) 蓄水池模型

图 4（一）　引调水工程典型建筑物模型

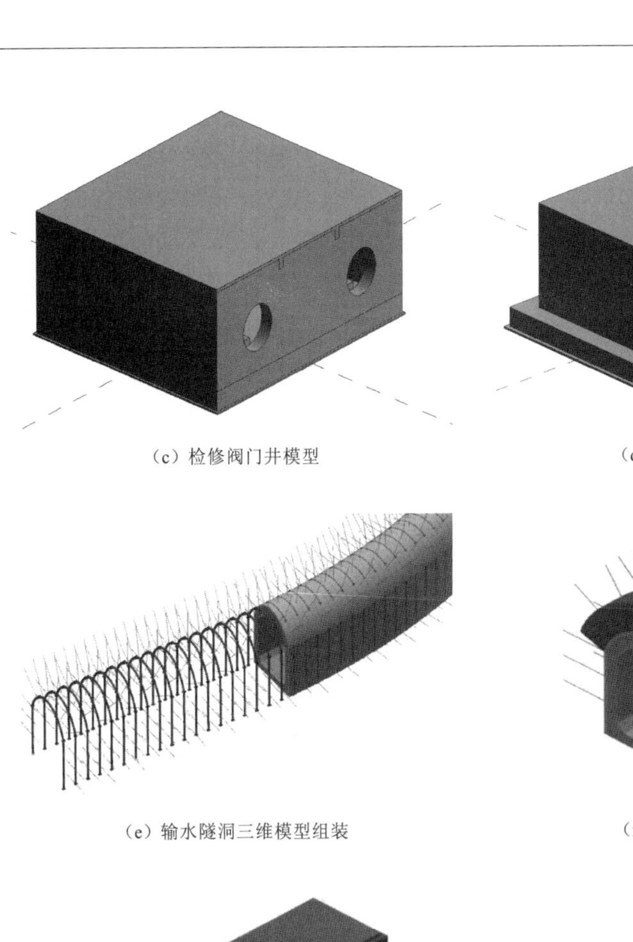

（c）检修阀门井模型

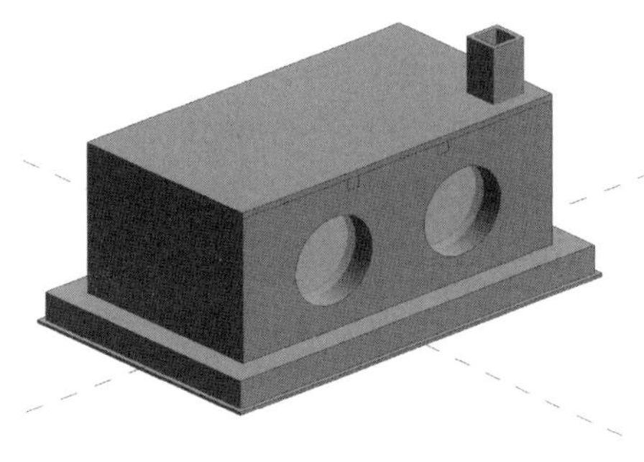

（d）双管流量计井模型

（e）输水隧洞三维模型组装

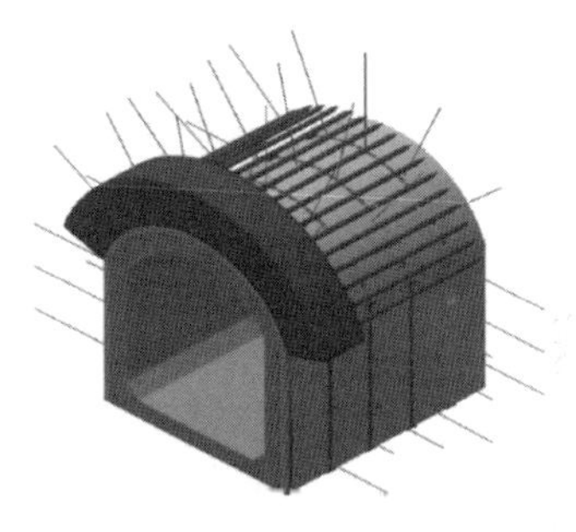

（f）隧洞三维装配单元

（g）排补气井模型

（h）排水井模型

（i）单管镇墩模型

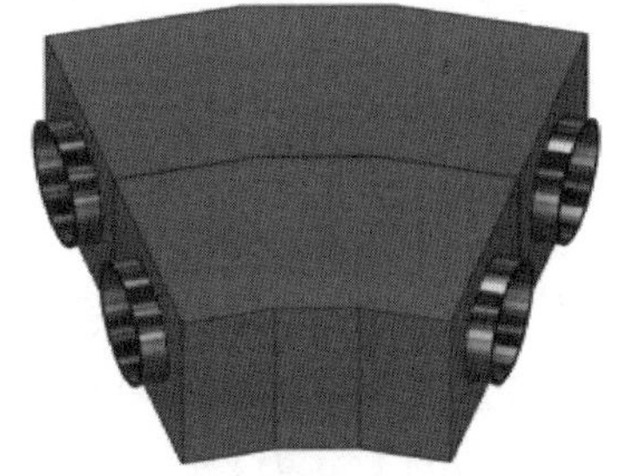

（j）双管镇墩模型

图 4（二） 引调水工程典型建筑物模型

3.3 管道配管设计

管道工程属于典型的带状工程，具有线路里程长、地形地质条件变化大、穿越交叉工况多、标段划分多等特点。因此，在管道工程中，会遇到交叉工程中，不同管材的衔接，不同桩号段中，管道的内压、外压不同，不同转角处时，管道转角不同等情况。为了合理设计，提供符合管道实际配件的精确尺寸，保证工程质量，确保管道安装的可靠性，利用 BIM 配管技术实现长距离、大管径管道的配管设计。长距离输水管道通过全线三维建模、建筑物及镇墩参数化设计、程序编制等实现长距离管线线路自上而下的配管设计，准确定位不同桩号的管道特性，并统计各标段不同特性标准管、管件及配件的数量，进一步提高设计效率和精度。

引调水工程建筑物及镇墩经参数化确定尺寸后，根据管道直径、标准管长度、镇墩起设角度、建筑物种类及其建筑物中管道的管材创建表单，生成交互式界面，对管线的主要设计参数值进行设计确定，以链接到参数表。应用 Inventor 的 iLogic 规则编制配管计算程序，提取模型数据，应用设计参数，关联线路措施表和管线特性表，对不同种类的附属建筑物、穿越工程、厂区、弯管等按不同的规则编制程序进行计算处理，以确定不同桩号处管道的特性及管件尺寸等。BIM 配管技术大大提高了设计效率和精度，也提高了施工过程中管道安装的效率。管线三维模型及配管参数表如图 5、图 6 所示。

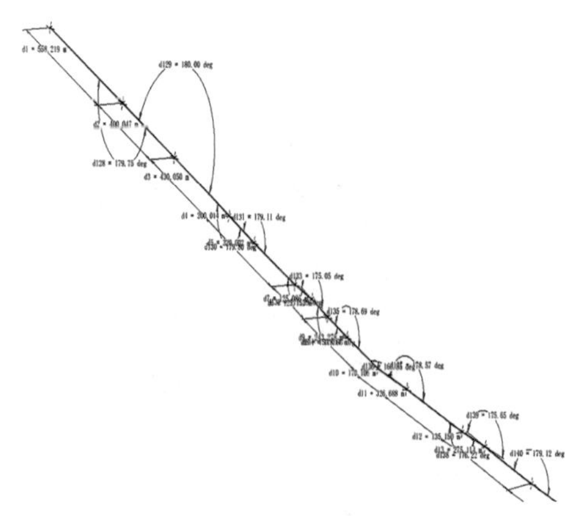

图 5 管线三维空间模型

图 6 配管设计参数表

3.4 场地分析及开挖设计

场地分析是研究影响建筑物定位的主要因素，是确定建筑物的空间方位、外观及建立建筑物与周围景观联系的过程。在工程设计时，场地的地貌、植被、气候条件都是影响设计决策的重要因素，往往需要通过场地分析来对工程布置、环境现状、施工配套等各种影响因素进行评价及分析。因此，通过 BIM 技术结合地理信息系统（GIS），对场地及拟建的建筑物空间数据进行建模，通过 BIM 及 GIS 软件的强大功能，进行场地分析。从而结合建筑物三维模型、工程地形、地质模型对各建筑物进行开挖设计，可进一步提高工程设计效率及开挖工程量的准确性。

3.5 三维配筋设计

建筑物结构种类较多，形式多样，工作量大，混凝土结构配筋在整个工程中占据着重要地位。在工程设计中采用三维可视化配筋技术能直观展示结构和钢筋在三维空间的布置情况，可有效防止配筋中出现的错误，同时，可与 AutoCAD 软件结合，在三维配筋模型的基础上进行剖切，投影平、立、剖面的钢筋图，转换为二维图纸，满足设计、施工、管理等的需要。

三维配筋设计可直观显示钢筋布置的合理性，通过空间旋转可判断结构各个部位有无错漏钢筋。其切图功能可根据需要剖切任何部位的二维图纸，生成的钢筋表可解决渐变钢筋处理困难的问题，在配筋设计中可节省大量时间，也避免了由于人为疏忽造成的错误，极大提高了效率。建筑物三维配筋模型如图 7 所示。

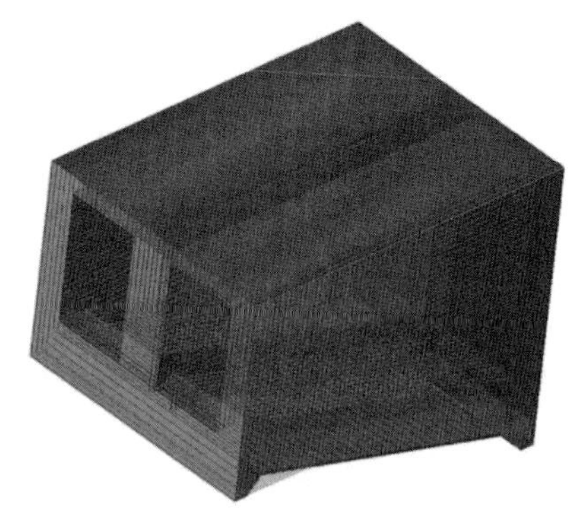

(a) 集水池段三维配筋模型

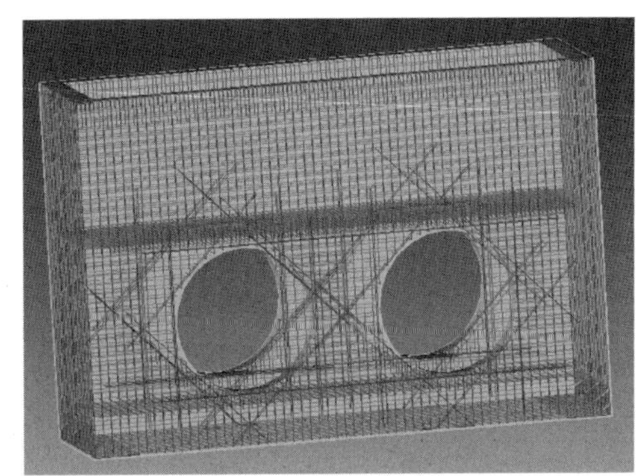

(b) 排补气井三维配筋模型

图 7　建筑物三维配筋模型

3.6 设计成果输出

在工程设计中，最终成果的出版需以二维图纸的形式体现，因此需通过建立制图模板，利用 BIM 模型直接输出平面或剖面图，在二维图纸上标注各种设计信息，进一步提高设计图纸质量，由于图纸是在一套模型中生成的，有效确保了各专业各图纸设计的一致性，也确保了图纸平、剖、立面图的一致性，达到了设计的高效性，也避免了传统二维设计的“错、漏、碰”等问题，使设计质量大幅提高，同时也为后期设计的修改提供了便利和保证。

4 结语

BIM 技术作为一种新型技术，近年来在各行业得到飞速发展，极大提高了工程的设计成效。在引调水工程的应用中，针对建筑物三维参数化设计、长距离管道工程配管设计及管线碰撞检查等，实现了工程设计的可视化及信息化管理，有效解决了复杂工程项目的设计失误及疏漏，提高了引调水工程设计中各专业配合和沟通的高效性，有效提高了工程设计的效率和质量，进一步确保了工程设计的总体质量。因此，在引调水工程设计中应用 BIM 技术具有重要的意义。

BIM 技术在水库枢纽类工程中的应用案例——以琥珀沟水库为例

郭　嘉　李国宁　王雪岩　李丽娜
肖志远　陈晓鹏　云　斌　范　岳

BIM 技术的认识一般是从三维漫游、虚拟场景开始，到后来的协同设计、施工模拟等逐步加深。其实 BIM 的理念很简单，目标也很明确。本质就是把工程全生命周期中所应用到的信息变成参数加载到组成工程的各个模型中，而在工程的实际各个阶段中，又能方便地提取和使用这些信息，并根据信息的使用情况反向修正模型。

那么，内蒙古自治区水利水电勘测设计院 BIM 数字工程中心就以琥珀沟水利枢纽工程为例，探索、发掘 BIM 技术在水库枢纽类工程中的应用。

1　工程案例简介

琥珀沟水库工程位于乌兰白其河中下游巴林左旗境内。琥珀沟水库工程开发建设的任务是以城镇供水、灌溉为主，结合防洪等综合利用。

工程建成后可为下游城镇供水 320 万 m^3/年，供水保证率为 95%；每年可提供有效灌溉水量 85.66 万 m^3。本工程为Ⅲ等工程，工程规模为中型，总库容 3110 万 m^3，主要建筑物为拦河坝、溢洪道、泄洪洞、引水洞等。

该工程已进入施工阶段，施工图设计均以原始的二维 CAD 设计，部分成果已经开展，项目区工程目前进入基础处理施工阶段，施工进行了坝基开挖、溢洪道及泄洪洞结构基础的开挖。测绘正射影像采集图像成果为已经开挖完成后的主、副坝基础、溢洪道基础、泄洪洞引水渠、泄洪洞出口及尾水渠的施工成果，部分区域原始地形地貌已经发生改变。因此，在设计总布置效果图的成果中，可以看到施工单位的场地、开挖工作面、渣场及施工器械等内容，但不影响工程 BIM 正向设计。

可以利用本次正向设计成果与施工成果进行对比，检查和判断设计与实际施工成果的差异，为现场施工进行指导。

2　BIM 技术在水库枢纽类工程的应用点

该工程是基于 Autodesk（A 平台）BIM 软件进行，应用到了 Autodesk 的多款主流软件，其中包括 Autodesk Civil 3D、Revit、Inventor、Infraworks 以及 Mars（光辉城市）、Midas/GTS 有限元分析软件等。工程包含测绘、地质、水工、施工、金结、房建等多个专业。

对于本工程多专业特点，A 平台各种软件适用程度不同，那么针对不同专业应用不同软件实时操作、整合，到达最终设计目的。

下面简单介绍各软件的应用点。

2.1 Civil 3D

利用测绘数据、航拍数据建立工程原始地形地貌数据模型，再根据工程总布置，对工程的各建筑物基础、场地、道路、大坝、渠道等分别设计。

利用 Civil 3D 强大的地形数据分析，完成地表分析。并且结合地质钻孔数据，工程钻孔总体布置，完成地质参数化模型，为建筑物地基基础开挖、场地设计提供开挖和工程量统计前置条件。

利用 Autodesk Subassembly Composer 完成参数化部件设计，用于参数化开挖，带状建筑物（如大坝、道路、渠道）体型参数化设计。

2.2 Revit

主要应用于建筑行业，但由于该软件可以自定义“族”，所以其他行业也可以应用。该软件的模型信息都储存在单一模型中，修改或变更任一构件，所有模型相关视图都会快速地自动更新，双向关联性强。利用这点，将水利行业建筑物设计为可参数化调整的族和族库，即可实现快速响应建筑物结构调整、出图、工程量精准提取等优势。

该工程的大坝防浪墙、防渗墙帽梁、溢洪道体型设计、泄洪洞启闭机房及管理区管理房等设计均运用该软件，完成了三维模型、工程量统计、二维施工图纸成果。

2.3 Inventor

一款用于三维机械设计、仿真、模具创建和设计交流的软件，其功能全面，使用灵活，可以帮助用户经济高效地利用数字样机工作流，在更短时间内设计并创建更出色的产品。

该工程的所有金属结构闸门、启闭机均应用该软件，泄洪洞竖井、洞身段也利用该软件完成。

2.4 Infraworks

一款能够在建筑物和自然环境的环境中对设计概念进行建模、分析和可视化的软件，无缝整合设计与地理空间 GIS 数据，与 Civil 3D 协同设计，从而改善决策制定和项目成果。提供出色逼真的视觉体验，交流设计意图。

本工程总布置，各建筑物模型在工程地形整合利用该软件完成。将完成后的总布置，导出各种文件接口，以便后期总体效果渲染、漫游。

2.5 Mars（光辉城市）

在该平台上最终完成项目总体渲染、漫游等工作。

2.6 混凝土结构三维一体化系统（三维配筋）

将 Revit、Inventor 设计的水工建筑物模型导出三维配筋软件可使用的格式，通过三维配筋软件，对水工结构进行配筋设计，自动统计钢筋型式和工程量，并能向业主提供最终的施工图。配筋符合水利水电行业习惯，功能满足设计规范要求，在 CAD 下一键自动生成各钢筋视图及标注、钢筋表、材料表。

2.7 Midas/GTS 有限元分析软件

利用有限元分析软件 Midas/GTS 完成泄洪洞竖井段三维结构计算。

3　琥珀沟水库具体设计工作

工程涵盖了水利行业中水库类工程水利设计的各个专业，除项目水文专业及概算、经评专业以外，其余专业都应用 BIM 技术进行正向设计。

工程设计内容如图 1 所示。

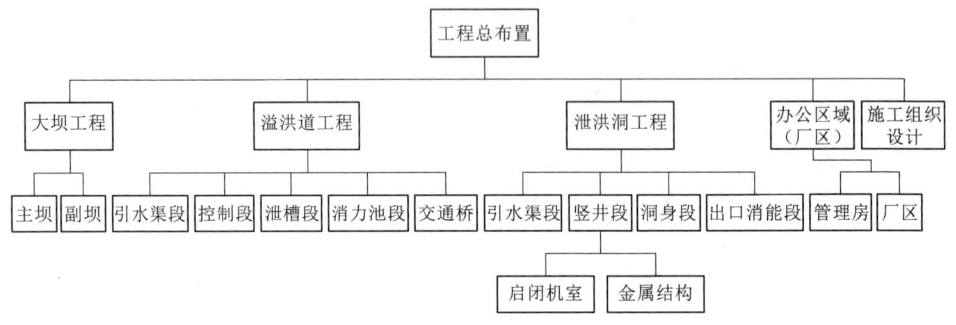

图 1　工程设计内容

（1）利用 Civil 3D 地质模块，完成水库坝址区三维地层模型，为基础开挖提供前置条件，如图 2 所示。

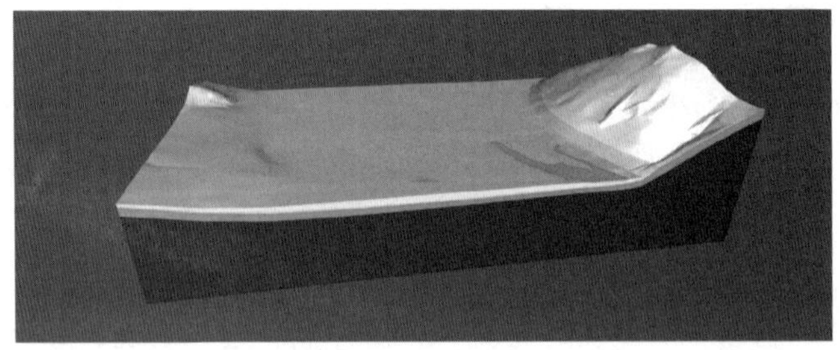

图 2　三维地质模型

（2）利用 Civil 3D 完成了开挖设计，计算主、副坝开挖、溢洪道开挖工程量。主、副坝模型完成及各桩号横断面图设计，开挖及建筑物模型如图 3、图 4 所示。分区计算主、副坝各桩号坝壳料、心墙过渡料、沥青心墙、防浪墙及排水棱体工程量并完成坝基碎石振冲桩模型及工程量统计，如图 5～图 7 所示。

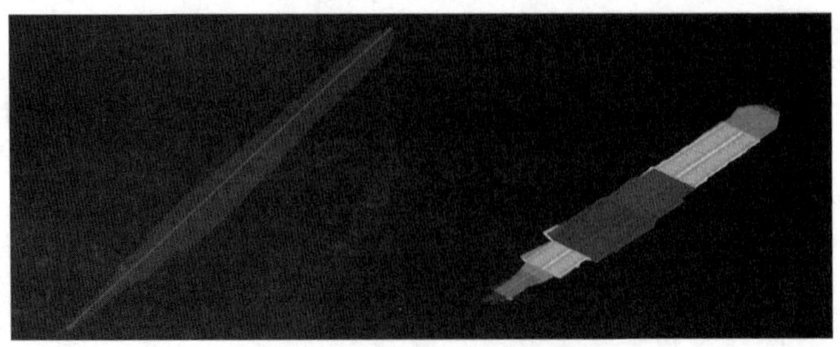

图 3　大坝坝体及基础模型

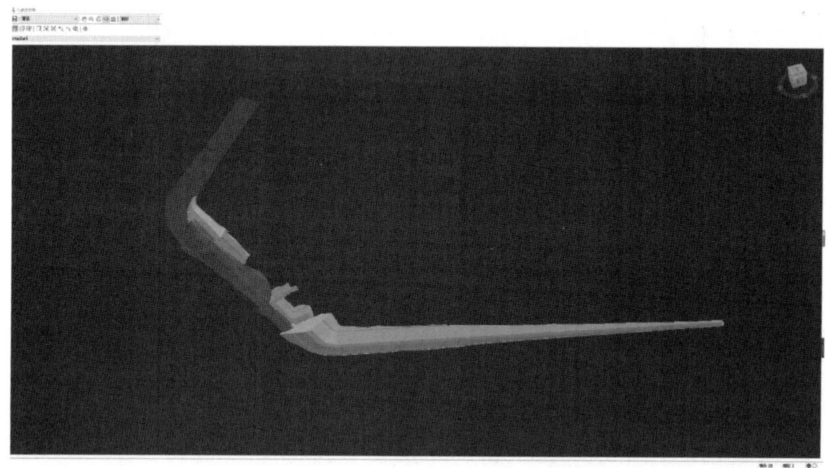

图 4　溢洪道、泄洪洞进出口开挖模型

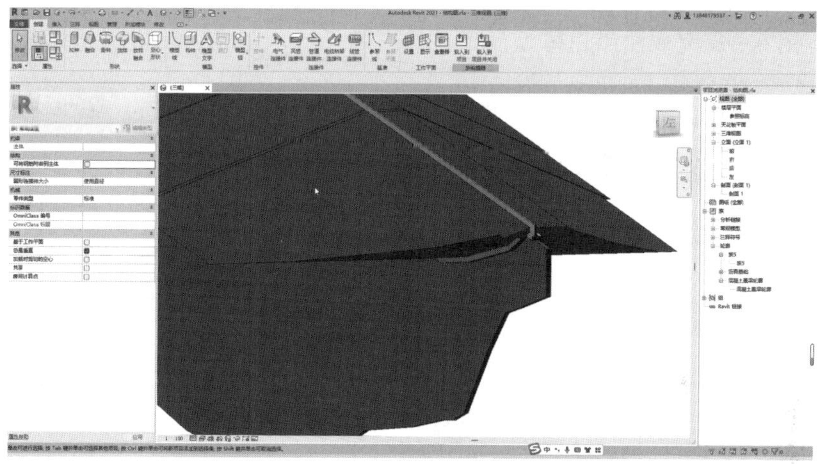

图 5　大坝模型

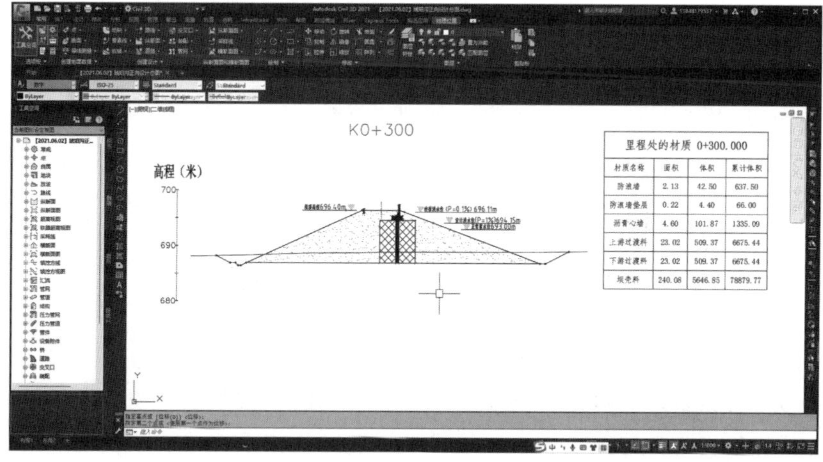

图 6　大坝横断面图纸

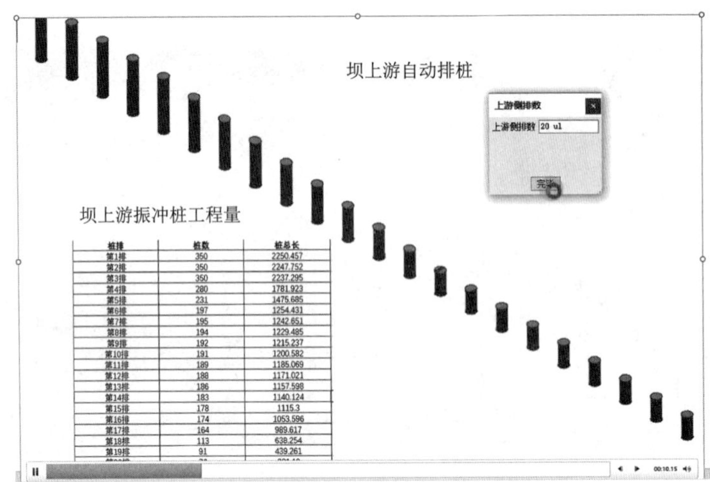

桩排	桩数	桩总长
第1排	350	2250.457
第2排	350	2247.752
第3排	350	2237.295
第4排	280	1781.923
第5排	231	1475.685
第6排	197	1254.431
第7排	195	1242.651
第8排	194	1229.485
第9排	192	1215.237
第10排	191	1200.582
第11排	189	1185.069
第12排	188	1171.021
第13排	186	1157.598
第14排	183	1140.124
第15排	178	1115.3
第16排	174	1053.596
第17排	164	989.617
第18排	113	638.254
第19排	91	439.261

图 7　碎石振冲范围及工程量统计

（3）运用 Revit 完成溢洪道体型设计，如图 8 所示，完成启闭机室、办公区管理房模型，如图 9 所示。

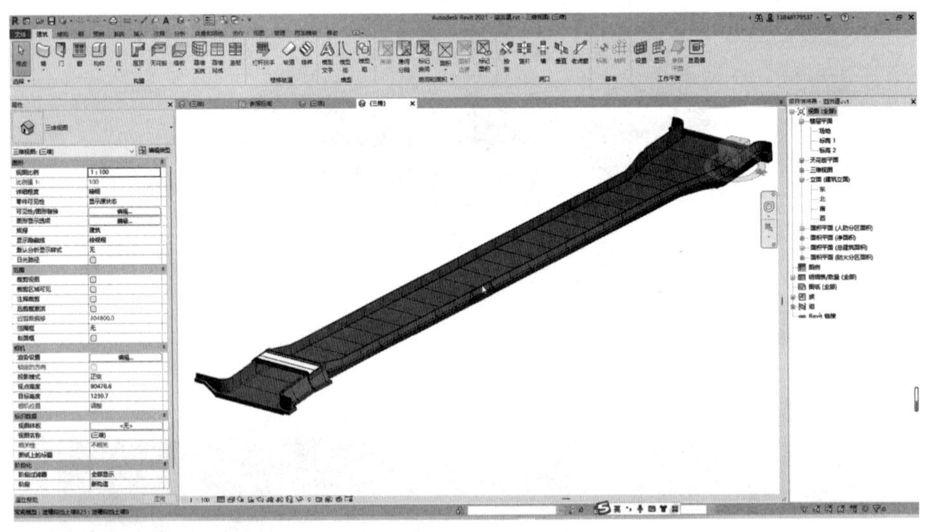

图 8　溢洪道模型

（4）使用 Inventor 软件完成所有金属结构闸门、启闭机模型，此外泄洪洞竖井、洞身段以及溢洪道交通桥也利用该软件完成，如图 10～图 12 所示。

在 Inventor 软件完成泄洪洞二期混凝土，将金属结构闸门安装到泄洪洞，并完成相关设计施工图纸，如图 13、图 14 所示。

（5）利用 Civil 3D 与 Infraworks 数据互通设计，将原始地形与测绘正射影像相结合，布置真实地形布置场景，并将主、副坝基础开挖面、溢洪道基础开挖面、泄洪洞进出口基础开挖面进行各建筑物总体地形布置，这样设计的好处在于，可以结合地形数据与地貌影像对比，真实观察设计成果与地形实际的相对关系，以便及时调整设计成果。

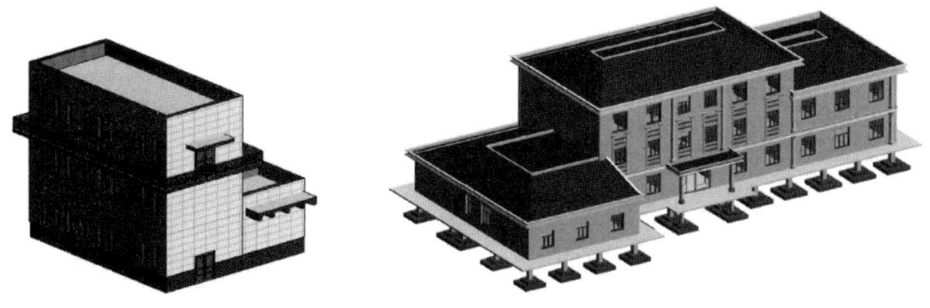

图 9　启闭机房、管理房模型

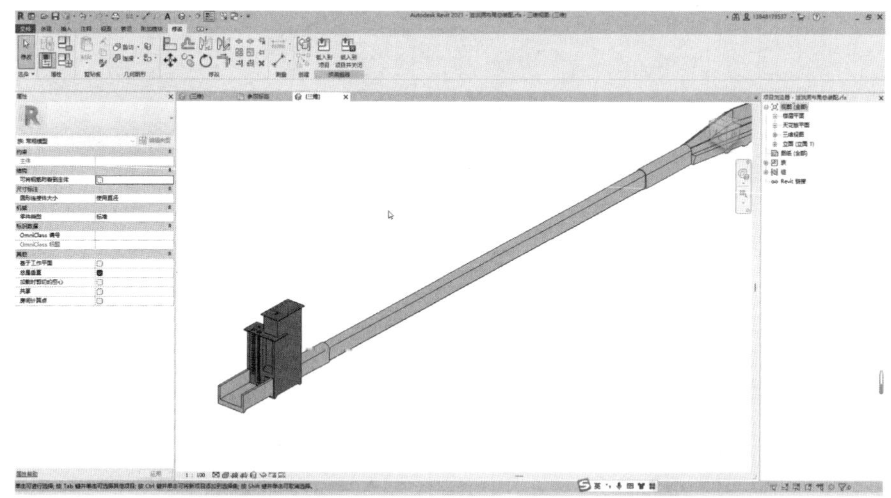

图 10　泄洪洞模型

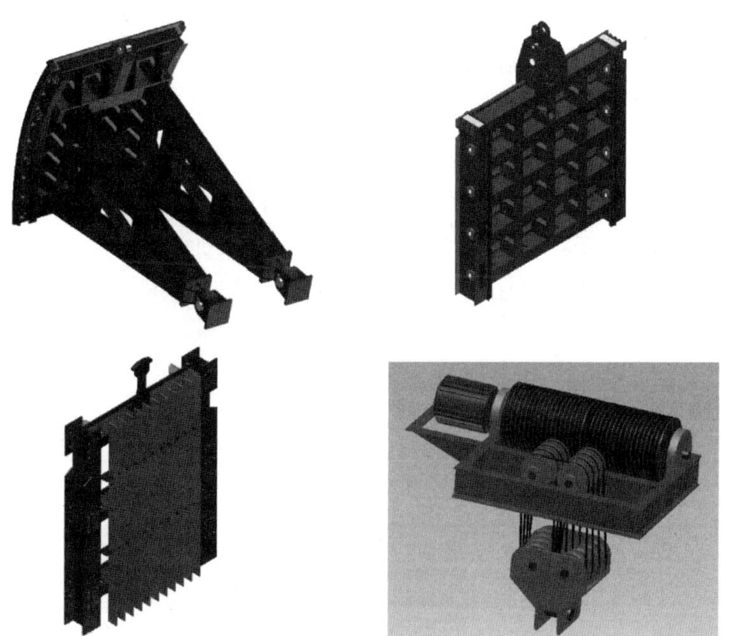

图 11　泄洪洞金属结构模型

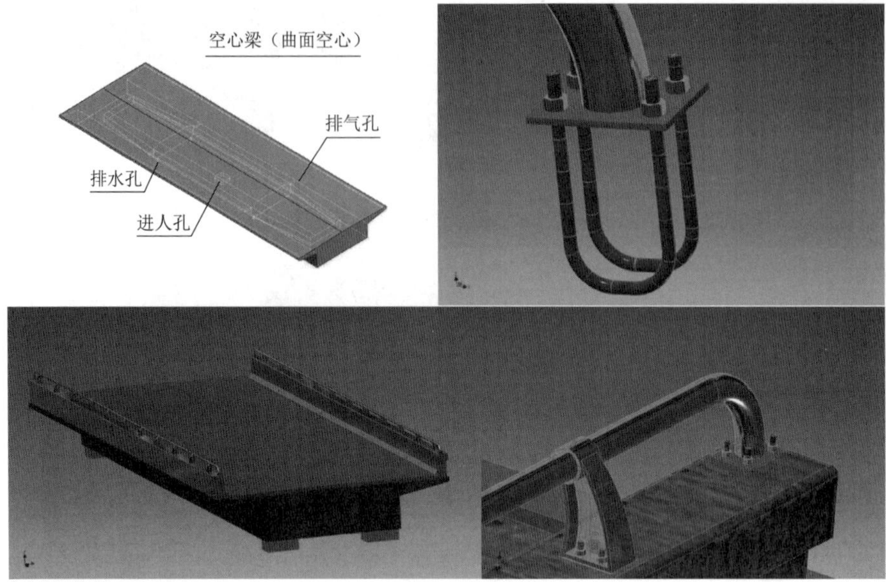

图 12　交通桥模型

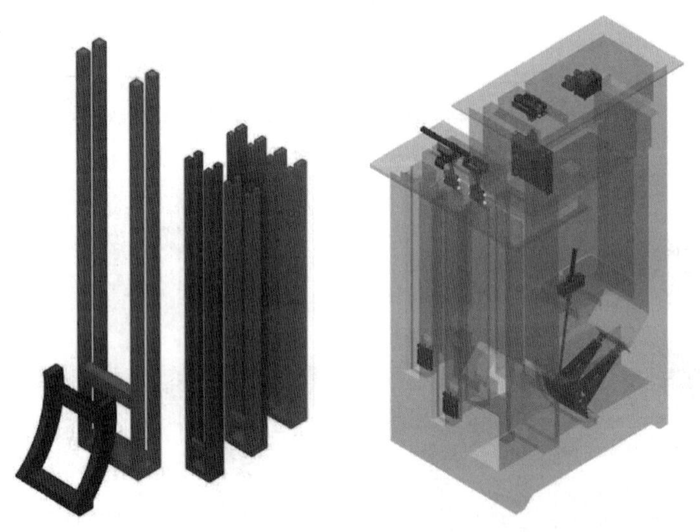

图 13　泄洪洞二期混凝土模型

将各建筑物模型整合至总体布置，观察各建筑物与真实地形开挖，各建筑物在地形具体位置来判断设计的合理性，如图 15～图 17 所示。

（6）通过三维配筋软件，对水工结构进行配筋设计，自动统计钢筋型式和工程量，并能向业主提供最终的施工图，以下为部分设计成果如图 18～图 21 所示。

（7）利用有限元分析软件 Midas/GTS 完成泄洪洞竖井段、洞身段三维结构计算、完成溢洪道泄槽边坡三维稳定计算如图 22～图 24 所示。

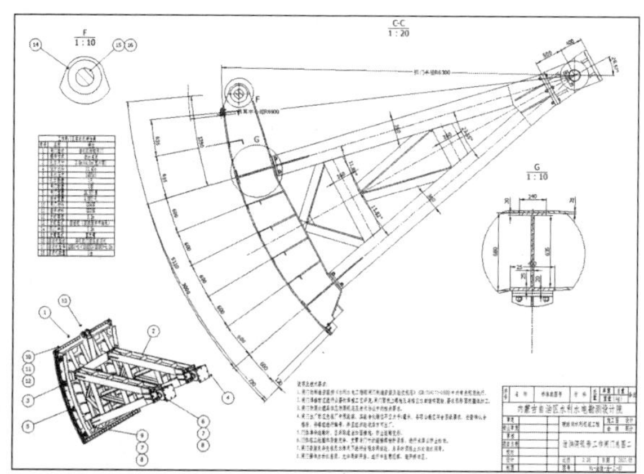

图 14　泄洪洞工作闸门图纸

图 15　总平面布置图一

图 16　总平面布置图二

图 17　总平面布置图三

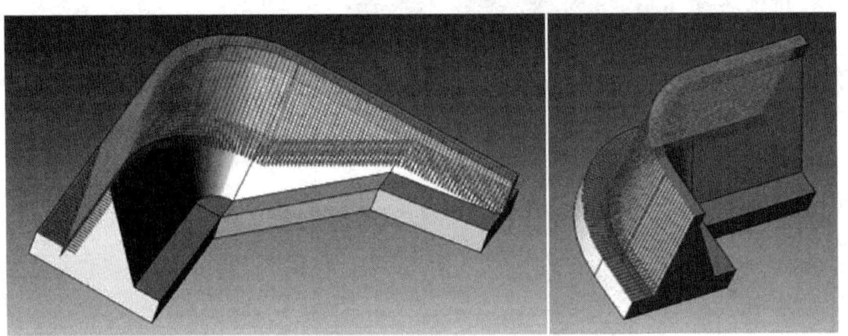

图 18　溢洪道导墙配筋模型

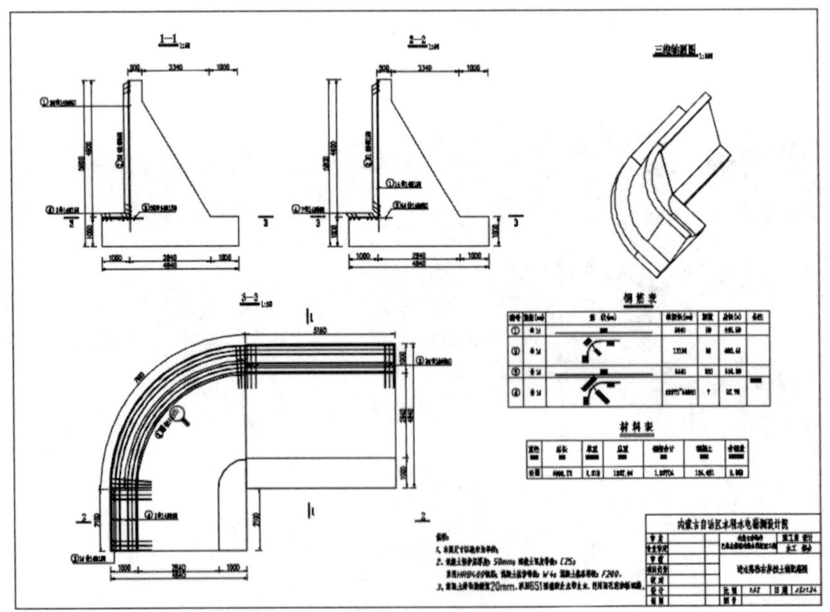

图 19　溢洪道导墙配筋图纸

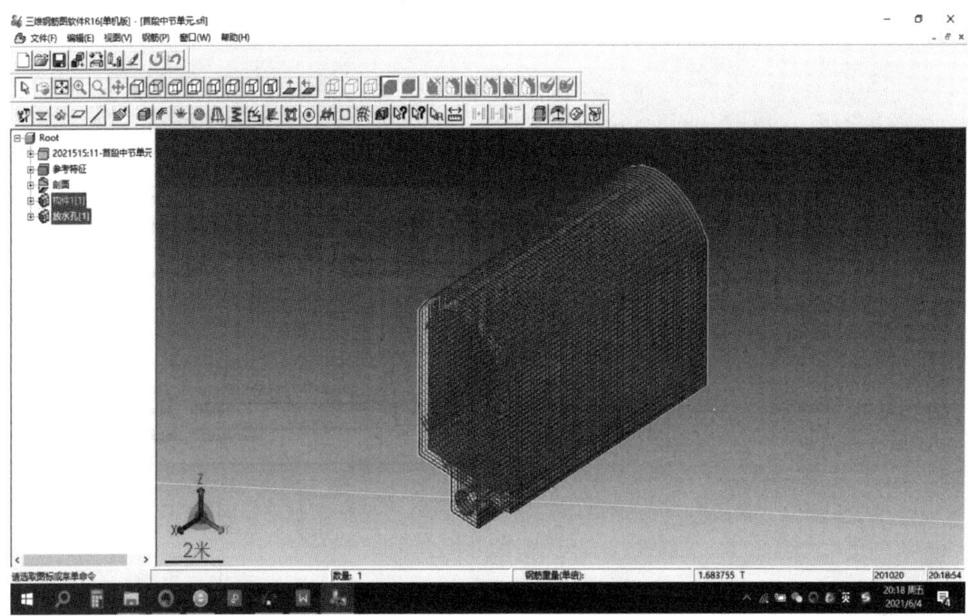

图 20　泄洪洞洞身段配筋模型

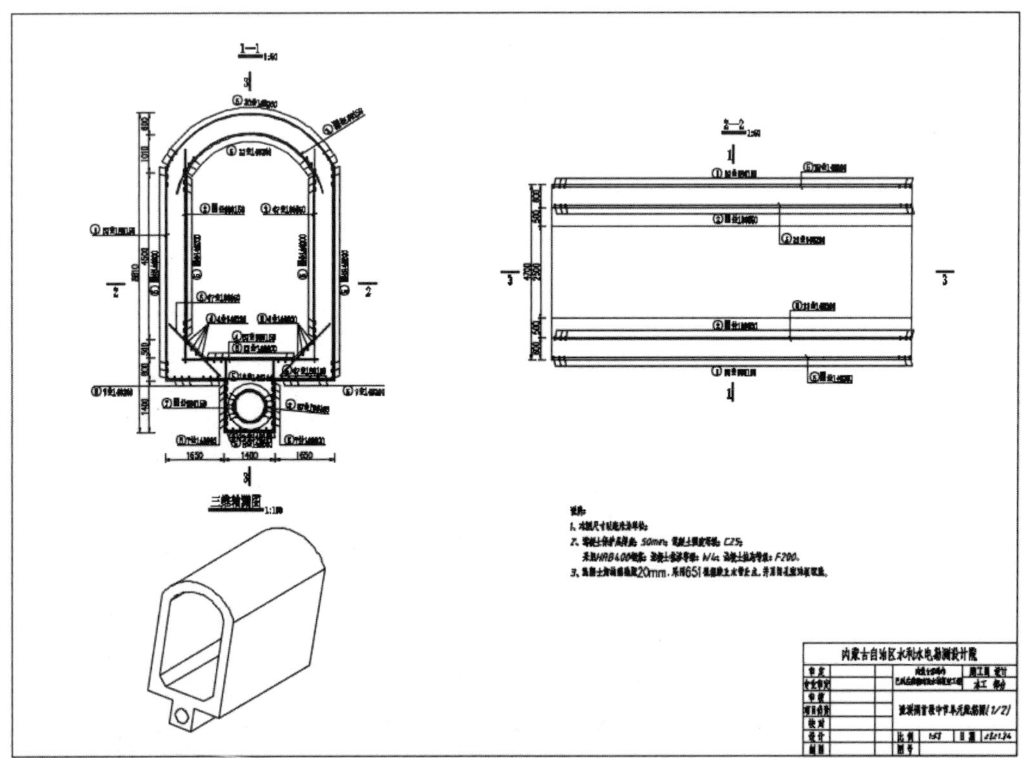

图 21　泄洪洞洞身段配筋图纸

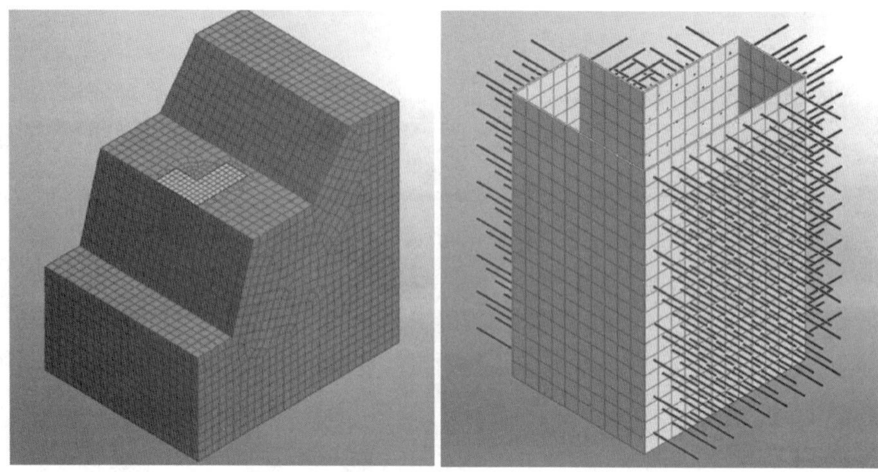

图 22　泄洪洞竖井段计算模型

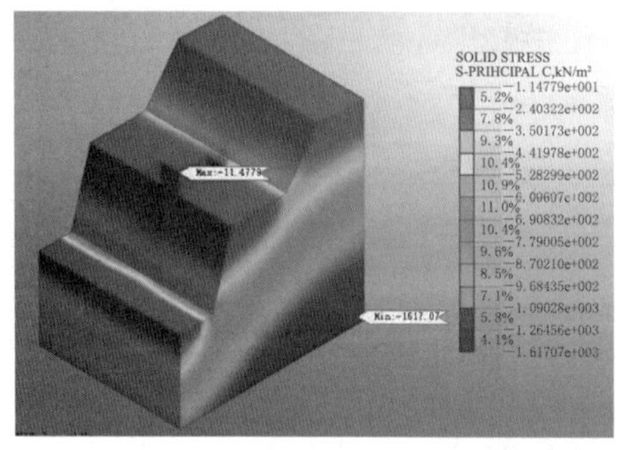

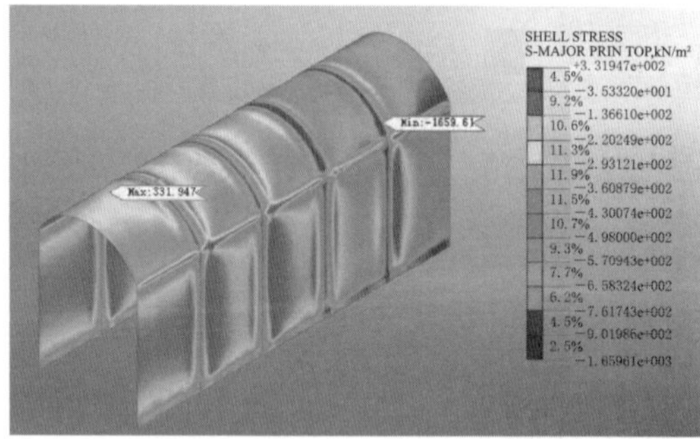

图 23　泄洪洞竖井段、洞身段计算分析图

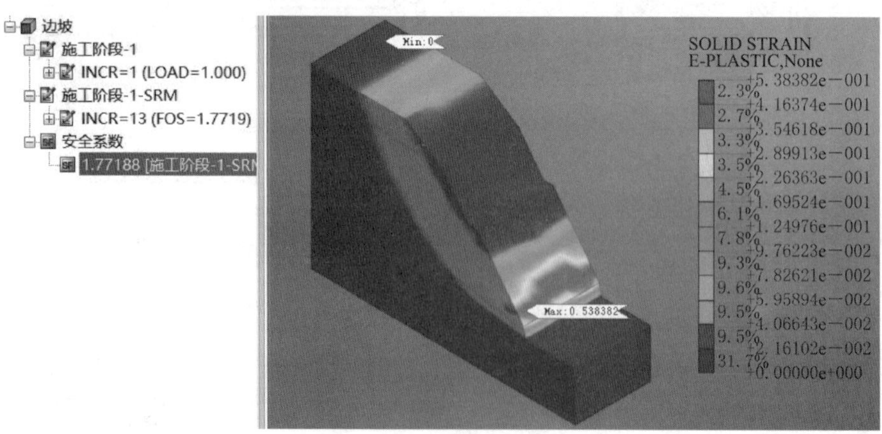

图 24　溢洪道计算分析图

4　琥珀沟水库运用 BIM 技术后的效果和影响

琥珀沟水库是内蒙古自治区水利水电勘测设计院水库枢纽类项目 BIM 正向设计的第一例，也是综合类项目包含测绘、地质、水工、施工、金结、房建等多专业的第一例综合性项目。作为内蒙古自治区水利水电勘测设计院的第一例综合性导航项目，设计的可靠性、真实性以及可指导施工性，重要作用是不言而喻的。

4.1　直观可视性

项目从测绘数据、正射航拍，再到三维地质模型的建立，对比以往的二维 CAD 图纸设计，开辟了另一种新颖的设计模式。

从下面 2 张展示的图纸即可发现，二维图纸与三维可视化设计有着明显的差别。这种差别是显而易见的，对于从未参与 BIM 设计的二维设计人员来讲，是非常新颖的，直观可视性很强，如图 25、图 26 所示。

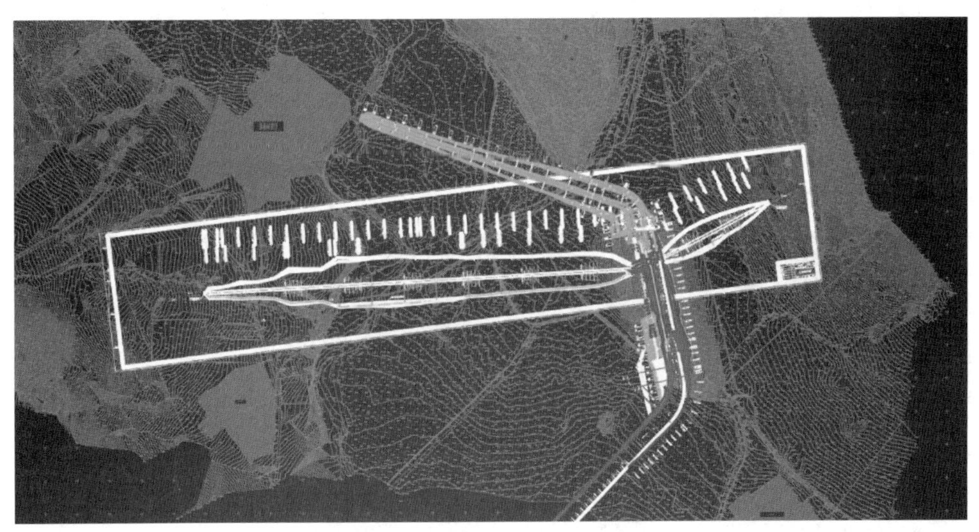

图 25　传统设计总平面布置图

4.2　数据参数化

BIM（Building Information Modeling）一词本身就是建筑信息模型，很多人可能认为，BIM 也只是翻模或者建造一个三维可视模型罢了，其实所设计的并不是制作简单的模型。其真正的 BIM 设计的工作模式包含了参数化设计、由三维模型生成二维图纸、可视化交互式数据分析、施工组织计划以及工程建成后的运维系统等强大功能。

以大坝模型为例，利用 Autodesk Subassembly Composer 完成的参数化大坝设计，对比以往的二维设计，优势是显而易见的，如图 27 所示。

通过图 27 可知，仅仅需要修改其中设定好的参数，即可完成大坝断面结构尺寸的调整，工程图纸、工程量跟随参数的变化而随之调整。但在原始 CAD 二维设计中，还需要把图纸调整完，才可以得到调整后的断面结构。当然，统计工程量也需要重新量取面积，统计计算。

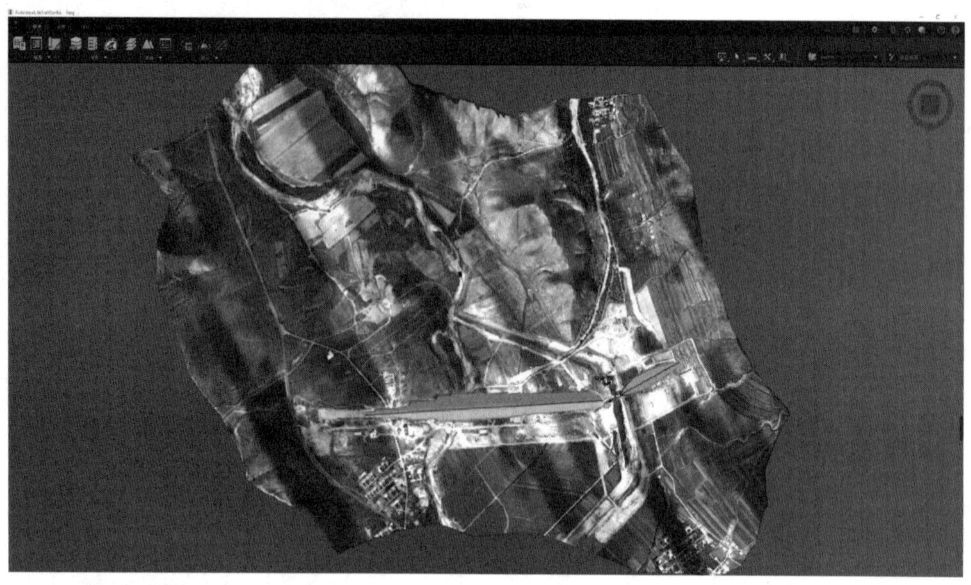

图 26　BIM 正向设计总平面布置图

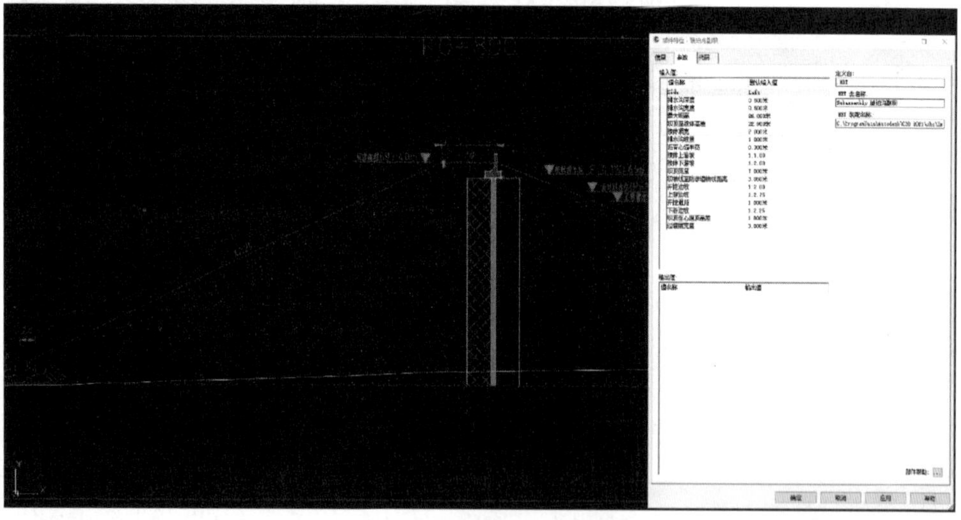

图 27　部件编辑器参数调整

其他水工结构运用的软件中，例如 Revit 可用调整设定好的全局参数表调整结构，Inventor 可通过使用 iLogic 中提供的自动化函数对设计实现自动化，从而使设计人员更方便地调整设计参数，提高效率。

只有这样的信息化模型才可谓真正的 BIM 模型，只有这样设计才能真正达到 BIM 设计的要求。否则只是制作效果图、渲染动画而已。

4.3 出图及归档

传统的设计是一种基于二维图纸的工作模式，每一张图纸，都需要进行手工地平面、剖面绘制。

而该工程通过 Revit、Inventor 软件建成的模型，通过模型即可得到相应的平面图纸，也可以得到任意需要剖切的断面图纸，模型在修改调整结构尺寸后，其相应的图纸包含标注、结构线等随之发生调整，大大缩短了设计周期，减少了设计错误，并且生成的图纸完全符合传统设计要求。

对相关模型进行图档权限管理，完成模型的同时也完成了归档，避免了现状设计出版和归档需要两个不同的阶段。

4.4 工程量及成本核算

合理应用 BIM 在设计中可减少各种重复作业浪费与施工环境破坏，并让施工方按准确数量订购所需材料，不会出现多余的材料，节省成本。

工程量本身在传统的二维设计中，很难避免不出现误差。在工程量的统计中，尤其是结合地形地质因素在内的工程量统计，如图 28、图 29 所示。

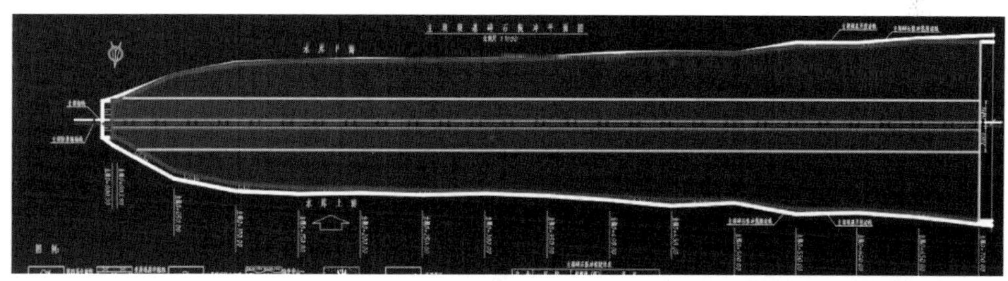

图 28　传统二维设计碎石振冲计算图

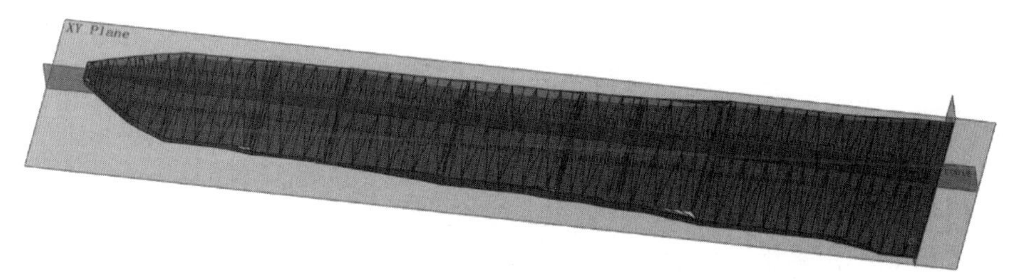

图 29　BIM 设计碎石振冲计算图

该工程就基础碎石振冲单位工程来说，原始的计算方法按照轴线的振冲范围和深度，统计基础面振冲量的统计工作烦琐，需要耗费大量的时间，加之不同振冲间距的各个方案，那工作内容就是翻几番的。

应用 BIM 在同样设计前提下，通过修改参数，调整振冲距，调整振冲顶面和底面，即可很快完成设计成果，要是对于传统设计统计，尤其是调整方案，调整顶面和底面的设计高程，那工程量的统计简直是噩梦般的存在。

4.5 工程 BIM 运维管理

随着工程的 BIM 正向设计成果的完成，我们可把所有设计参数、内容整合后交付运行管理单位，将各项设施加以编码，并加入各项设施状态数据，使管理者清楚掌握设施状态，以实时做好设备更新，避免更大的危害及损失，使设计单位、营造商、业主皆能因此获益。

写在最后，虽然这种模式并不属全国水利 BIM 设计前列，但内蒙古自治区水利水电勘测设计院 BIM 数字工程中心以及琥珀沟水库 BIM 正向设计项目组还属头一例，设计中遇到的很多问题，我们属于摸石头过河，仍有很多需要解决的疑难杂症，我们还需要啃硬骨头，还有很多设计成果需要更好地优化。

Civil 3D、Infraworks、Mars 软件在河道治理项目上的综合运用技术流程——以和林新区公布板截洪沟设计为例

王　敏　李月君　袁景娟

BIM 技术在信息管理、协同工作、可视化设计、工程量统计、成果输出等多个方面具有显著的优势。在内蒙古自治区水利水电勘测设计院大力推广科技创新与应用的背景下，环境移民处 BIM 研究小组牵头，在不同项目中运用不同类型的 BIM 软件，推动更深程度的应用和更广范围的融合，以实现规划设计全过程效率的提升。本篇文章以和林新区公布板截洪沟设计为例，介绍了 Civil 3D、Infraworks、Mars 三款软件的综合运用技术流程。

1　项目选线（Civil 3D、Infraworks）

在河道规划方案设计过程中，选线的主要依据是二维地形图，由于其对地形条件和地物现状的表达不够直观形象，需设计人员进行现场调研并对等高线逐一判别，费时费力且不能保证准确度。BIM 技术提供了三维选线的方式，将传统的定性分析转换为定量分析，使设计人员可以在直观准确的真实环境中进行立交规划方案选线工作，大大提高了工作效率及精确度。基于 BIM 规划方案选线思路导图如图 1 所示。

1.1　地形源数据生成

Civil 3D 为用户提供了多种支持创建三维数字化地形的源数据格式，除了包括常规的点文件、等高线、边界、图形对象，还覆盖了 DEM 数据、GIS 数据、Google Earth 数据等，如图 2 所示。

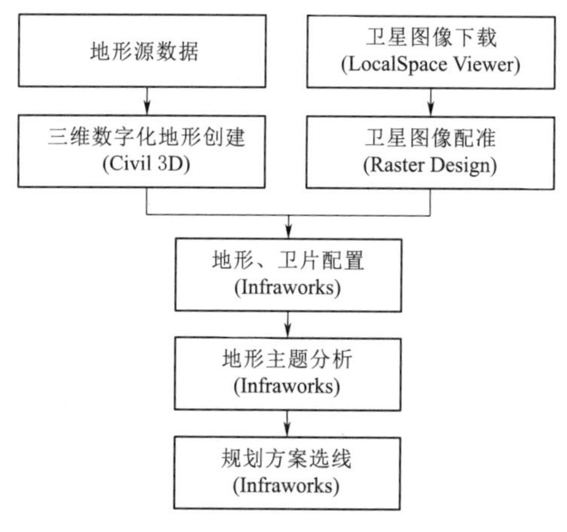

图 1　基于 BIM 规划方案选线思路导图

图 2　三维数字化地形创建源数据

和林新区项目采用的还是传统测绘出具成果，即高程点和等高线数据。在一般的线性工程中，测绘专业只是测量条带性的平面图，但是这些平面高程点及等高线是具有高程属性的，通过 Civil 3D 软件的“曲面—创建曲面—定义—图形对象—添加—块文件”操作可将二维平面转化成三维地形。

如果河道较平整，测量的高程点较少，地形起伏不明显，也可以通过添加如坡脚、暗坎等特征线来对地形曲面进行细化，从而详略得当地反映更加真实的三维地形。通过和林新区项目的实践，在之后项目的测量任务布置时，就按照三维设计的要求明确了特征线的测量要求。

1.2 卫星图像配准

卫星图像是通过各种人造地球卫星拍摄的地面地物的图像资料，获取方式主要包括 Google Earth 地形及影像、天地图及影像等多种在线地图资源。一般软件中下载得到的卫星图像的坐标系常使用经纬度表示，属于 WGS84 坐标系，而本项目所在区域的地形图采用的是北京 54 坐标系，因此，在对卫星图像进行配准之前，应根据地形所在的经度分带指定其对应的坐标系指定完成后，使用 Raster Design 工具对卫星图像进行配准。

配准的过程是首先由 Raster Design 的“Insert”将卫星图像插入至 Civil 3D 中，并依次设定其类型、单位，然后拾取地形图和卫星图像中的特征点，对相对应的特征点进行匹配，以得到图像的空间坐标变换参数，最后由该参数完成对卫星图像的配准并将其保存为图片格式。

1.3 三维选线

Infraworks 软件提供了强大的三维可视化技术和地形分析功能，可以展现真实立体的项目环境，有助于河道规划方案的选线工作。使用该软件的前提必须包括有项目所在地的三维地形以及高清卫星图像，在此基础上才能展开 Infraworks 的规划方案选线工作。

1.3.1 地形图及卫星图像配置

在 Civil 3D 中创建好三维数字化地形后，需将其导出为 IMX 格式，然后在 Infraworks 中分别导入 IMX 格式的地形及 Raster 格式的配准后卫星图像。导入完成后，需对地形和卫星图像进行配置，以指定其地理位置、覆盖选项等设置。

1.3.2 地形特质分析

在 Infraworks 中导入并配置三维数字化地形后，可以和 Civil 3D 一样对地形进行高程分析、坡向分析、坡度分析，通过不同的颜色渲染为设计者进行规划方案选线提供参考，在 Infraworks 中完成三维数字化地形、卫星影像的配准以及地形主题分析后，即可依照选线原则在包含项目所在地准确坐标及高程的三维实景环境中进行河道规划方案选线工作。

Infraworks 软件提供了规划线路设计功能，它是采用样条曲线的轻质线路，可帮助在规划方案设计前期进行选线工作。首先单击线路的起点，再根据选线原则单击放置每个转弯点，最后双击即可完成该条规划线路的绘制，完成规划线路的绘制后，还可以通过 Infraworks 软件的“纵断面视图”功能来显示设计线路相对于地面的垂直几何图形，并可对线路的纵断面进行初步调整。

2 工程设计（Civil 3D）

2.1 中心线创建

完成了地形曲面生成和三维选线的工作，结合地质专业评价后，就可以确定一条合理可行的截洪沟开挖中心线。Civil 3D 软件要求河道中心线必须是多段线，因为 Civil 3D 在后续操作中只能识别该线性，直线、射线、样条曲线等其他线性不能够识别。通过“路线—从对象创建路线”，给定“路线”方向，就可生成中心线。在生成中心线的过程中，可选择添加曲线，也可不选，直接生成多段线。

2.2 纵断面创建

有了“地形曲面”和“河道中心线”这两个要素后，就可以创建曲面纵断面。通过菜单栏的“纵断面—创建曲面纵断面”，软件默认的路线为“河道中心线”，选择地形曲面，即可生成曲面纵断面，其原理是给定了一条中心线后，软件就会以这条中心线所经过的路径在地形曲面上进行扫描，即可剖出现状地形的纵断面图。

曲面纵断面生成后，需要创建设计河道沟底的纵坡。点击生成的纵断面图上的任意位置，菜单栏会自动转到“纵断面图”命令，点击“纵断面创建工具”后，可在纵断面图中绘制设计河道沟底纵坡。

三维地形曲面、河道中心线现状纵断面图和设计纵断面图绘制完成后，可以更改软件默认的出图模式以满足出图需要。可以通过“编辑纵断面样式”和“纵断面特性”来增减标注栏内容、调整出图纵横比例等操作，美化成果图。

2.3 横断面创建

Civil 3D 软件的“工具选项板”提供了标准横断面的创建方式。如果采用 CAD 软件绘制标准横断面图，其弊端是标准横断面不能与原始地形线同时出图，即手动、逐一地核对地面线、开口线及高程位置等。Civil 3D 软件很好地解决了这种工作效率低的弊端，将标准横断面绘制完成后，利用 Civil 3D 软件提供的“采样线”功能，可以实现河道等线性工程横断面的批量绘图，极大提高了工作效率。

针对防洪工程，标准横断面的绘制可以用公制常用部件中的“垂直连接”和“连接宽度和坡度”绘制出结构图，与地面曲面连接的部位可以用公制条件部件中的“条件挖方或填方”来绘制，软件会根据横断面与地形曲面的关系自动判断是挖方还是填方，来绘制不同的边坡形式，如图 3 所示。

2.4 三维图创建和工程量计算

有了曲面、纵断、横断后，即可完成三维设计、生成三维效果图，直观地查看设计中心线、横断面和纵坡是否符合要求。若需要修改，仅调整中线和纵断面即可，因为 Civil 3D 软件可实现联动作用，最终横断面图也随之更改，这可以大大节省设计变更花费的时间，让项目组可以高效地响应和林新区项目的多次中线调整。

因为 Civil 3D 软件能够自动判断填方和挖方，在有了地形曲面和标准横断面后，可以进行土方计算，程序中有三种方法计算土方，即平均端面法、棱（柱）体法、组合体积法，依据常用的选择平均端面法，即可计算出挖填方工程量表。

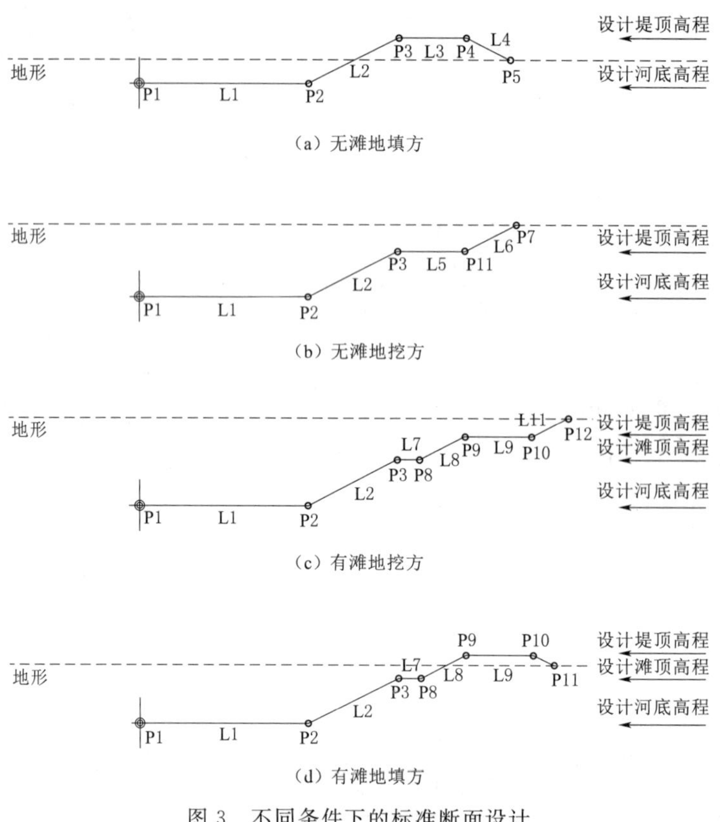

图 3 不同条件下的标准断面设计

3 景观设计（Infraworks、Mars）

Mars 软件是一个实时 3D 可视化工具，能够快速生成画质优秀的图像。Mars 软件本身包含了一个丰富而庞大的模型库，里面有建筑、汽车、人物、动物、街道、街饰、地表、石头、河流等大量模型。它通过使用高速的渲染技术，将渲染和场景创建降低到只需几分钟，还是用内置的视频编辑器，用于创建高品质的视频，同时可输出 MP4 文件，打印高分辨率图像。Mars 的可视化设计流程相比其他同类软件来说更简单，一般包括模型导入、材质处理、场景处理、动作制作、成果输出等几个步骤，项目的具体流程如图 4 所示。

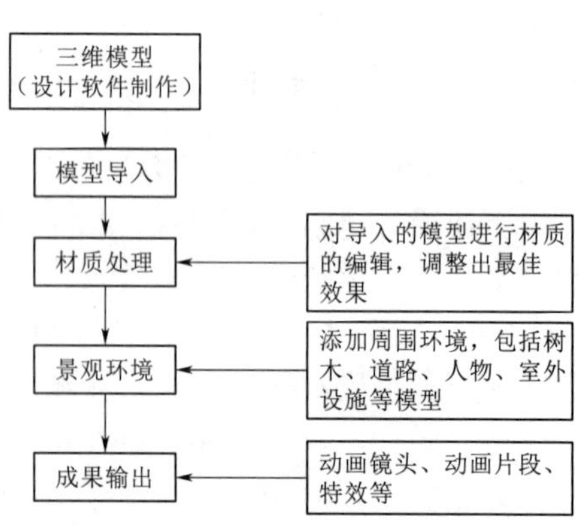

图 4 景观设计流程图

3.1 三维模型的创建

在 Infraworks 里的模型导出 fbx 格式，并导入 Mars 软件中，实现更真实的三维可视化模型。

3.2 材质处理

在 Mars 中查看导入的模型，然后调整反

射、折射、纹理等参数。对构件表面材质的透明度、光泽度、反光度及闪烁进行个性化设置，使其和周围环境协调。为了美观，也可适当地加入创意，满足功能性和适用性需求，在材质处理时候让材质清晰明朗，真实生动。

3.3 景观设计

在三维表现中，景观是环境的重要组成部分，通过树木、花草、人物等景观模型的加入，可以让整个模型场景更加饱满，同时为了让项目更真实准确，需要对项目周边的环境资料进行收集整理，了解项目的环境，如植被、人文、气候、动物等信息。通过将这些资料加入，可以大大地提高三维展示的效果。

3.4 成果输出

Mars 的展示方式主要有图片与动画两种。图片方便传播，适合 PPT、图片等静态文件的展示。动画动态逼真，适合多媒体展示。根据不同的工作场景与需求，可以选用不同的展示方式。在 Mars 中，只需要选择合适的模板，添加特效就可以输出想要的可视化成果。

在制作过程中需要注意以下两点：①镜头的位置、角度以及镜头移动路径，需要反复调试；②特效调节，包括云彩、色调、颜色矫正等众多特效进行多次调试。具体效果如图 5～图 8 所示。

图 5　截洪沟断面效果图

图 6　四号沟 1 号、2 号挡水坝

图 7　3 号沟挡水坝

图 8　挡水坝结构

4 结论

按照 Civil 3D 、Infraworks、Mars 三款软件特点来讲，可达到项目的规划、设计、展示三位一体、协同出图的效果。成果能够满足工程项目可视化需要，对于设计人员和专业制作人员来说可以提高设计水平、工作效率和成果质量，对单位来说可以节省资金，缩短设计工期。

BIM 技术在景观河道工程的应用

王雪岩　李国宁　薛　洁　范　岳
郭占奎　乔永新　肖志远　刘　涛

1　工程背景

随着城区城市建设步伐的不断推进，城区功能也在不断完善，然而与之形成鲜明对比的却是：生态环境不断遭受破坏，城区河网建设落后，城区水系不畅通，给排系统不完善，原有的滞洪湖库功能逐步萎缩，水生态环境恶化等一系列问题，这与现代城市建设很不相称。

近年来，为了进一步促进我国居民生活环境的改善，景观河道工程日益增多。由于市场需要，景观河道工程设计不仅要考虑工程安全，满足泄洪要求，还要兼顾景观要求，使水利工程建设与城市规划发展、历史文化完美结合，使河岸更绿、河水更清。

2　工程概况

景观河道工程的挡水建筑物基本是金属结构专业主导设计的水闸为主，在保证河道防洪、供水的标准原则下，与河道景观相结合，通过坝顶溢流，多级挡水，形成层次分明的河道瀑布，再加以亮化点缀，营造水上河边景观。

较早的河道水闸大部分设计为橡胶坝，一种通过充排水（气）将其充胀形成的袋式挡水坝，主要适用于低水头、大跨度的闸坝工程。但橡胶存在易老化、割裂、开孔等弊端，易出现泄漏问题，需要经常补水（气），质量事故常有发生，寿命较短；另外，对于北方寒冷地区，冬季冰冻对坝袋危害较重。随着新的坝型以及配套的防冰冻技术日益成熟，出现了钢坝闸、液压坝等钢结构的新型河道水闸，其结构稳定，易于操作，运行可靠，逐渐成为景观河道工程的典型设计。

本文主要以液压坝和钢坝闸为例，介绍 BIM 技术在包头城市水生态提升综合利用项目和柳树川河道生态治理项目中的应用。

2.1　包头城市水生态提升综合利用项目概况

昆都仑河治理为包头市城市水生态提升综合利用项目中一项重要工程。其河道治理，总长度约为 16.6km，包含河道疏浚、生态护岸，市政管线，景观绿化，堤防填筑，防汛道路，蓄水大坝等众多单项工程。其中，昆都仑河南桥下 1.3km，为内蒙古自治区成立 70 周年大庆献礼段项目。

根据项目布置，昆都仑河南桥至包兰铁路段建 1 座液压坝，蓄水总长 1.0km，坝高 3.5m，坝宽 200m，坝后跌水高 0.7m。最大设计坝前水深 3.5m，蓄水面积 20 万 m^2，蓄水量为 45 万 m^3。液压坝由上游铺盖段、液压坝闸室段、消力池段组成，总长均为 35m。每扇闸门净宽 6.25m，共设 32 扇闸门。启闭设备采用多级柱塞式液压启闭机，设置两套液压泵站，左、右岸各一套，每套控制 16 扇闸门。

2.2 柳树川河道生态治理项目概括

柳树川河自科尔沁镇城区中心地带穿过，属于归流河右岸一级支流，该山洪沟位于山丘区，具有山洪活动频繁、爆发陡快、破坏能力强的特点。本项目治理范围为柳树川河干流经十路—柳树川河汇入归流河干流处，治理河道总长 9.5km，为提升水生态景观效能，沿河道新建蓄水坝 6 座。

1 号、2 号蓄水坝采用钢坝闸结构，3 号蓄水坝采用液压坝结构，4 号、5 号、6 号蓄水坝采用钢坝闸结构。6 座蓄水坝采用集中控制，控制设备布置于控制室内。钢坝闸的泵房分别布置在河道左右岸，为地下结构。液压坝的泵房布置在河道右岸，为地下结构。本文选取 6 号钢坝闸作为案例进行介绍。

6 号钢坝闸河道总净宽为 40m，挡水高度 1.60m。水工结构由上游铺盖段、闸室段、消力池段等组成，消力池后与下游河道自然衔接。设 1 扇工作闸门，闸门底轴在净宽 40m 的范围内共设 5 个支铰支承，两边启闭设备分别设 1 个支铰支承，共 7 个。闸门选用卧式液压启闭机操作，每扇闸门设 2 台液压启闭机，设置两套液压泵站，分别布置在左右两岸机房内。

3 BIM 技术应用

景观河道工程主要涉及水工、金结、机电、房建等相关专业，其中河道设计可以将二维地形图通过数据和软件转换为三维地形图；水工结构如铺盖、消力池、闸底板、挡墙、启闭机室等结构可以通过建立参数化模型实现随孔口及挡水高度变化快速修改；挡水闸门可以通过建立部分参数化模型实现即时调整，并且可以和水工结构进行关联参数化设计；配电柜、控制柜及泵站房屋基本大同小异，可根据工程实际及景观要求稍做微调即可配套使用。将全部模型成果在协同平台上进行定位装配，再进行渲染或者效果展示，最终将轻量化模型数据及文档材料上传至施工运维平台，对数字成果进行交付使用。

3.1 河道曲面

利用测绘数据中的高程点和等高线等成果，将二维平面图转换为三维地形图，通过 TIN 网格河道曲面与现状河道曲面进行对比，进行局部地修正和细化，从而得到较为真实的三维曲面地形，方便下一步水工设计以及和水工建筑物的配合。以柳树川河为例，如图 1～图 4 所示。

3.2 水工建筑物

液压坝和钢坝闸的水工结构基本类似，都是由上游铺盖段、闸室段、消力池段等组成。只是在闸室段结构略有区别，液压坝闸室段需设计较多的启闭机及管路一期基坑，钢坝闸需在边墙上开底支铰孔。BIM 正向设计的时候均是以闸室段为布局模型，通过衍生方式采用自顶向下的建模思路，生成多实体零部件，建立铺盖和消力池的参数化模型。可根据孔口尺寸和水头高度，利用布局模型参数对水工结构进行联动调整，最终生成 BOM 表、工程量表及图纸，如图 5～图 8 所示。

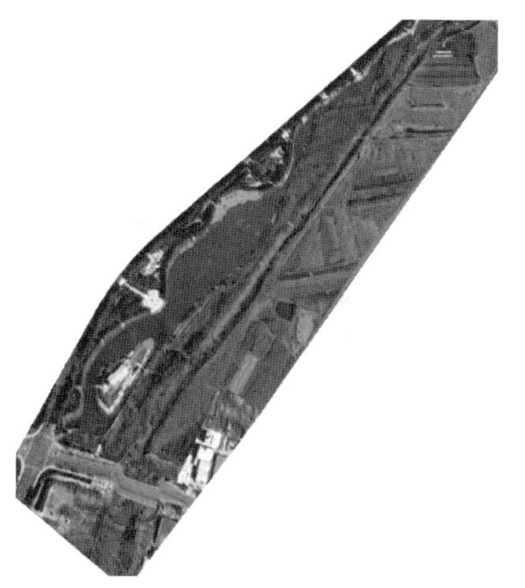

图 1　现状河道曲面

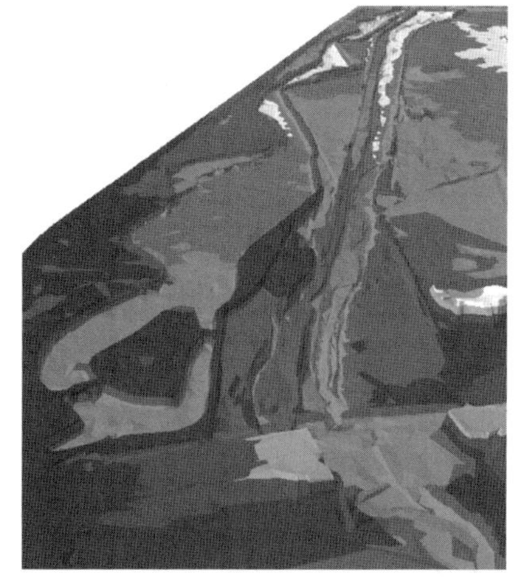

图 2　TIN 网格曲面

图 3　中段河道设计曲面（上游往下游看）

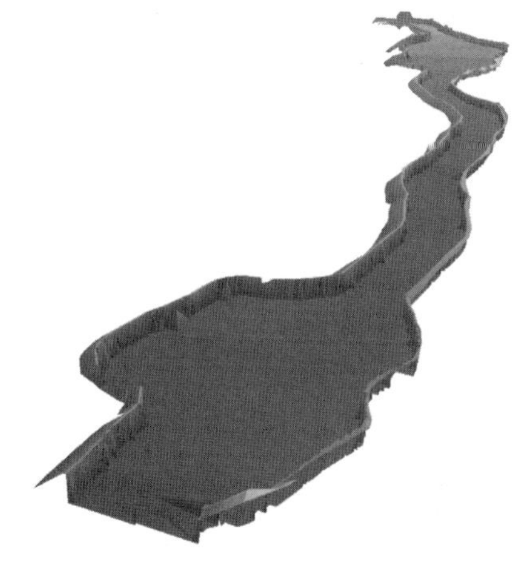

图 4　中段河道设计曲面（下游往上游看）

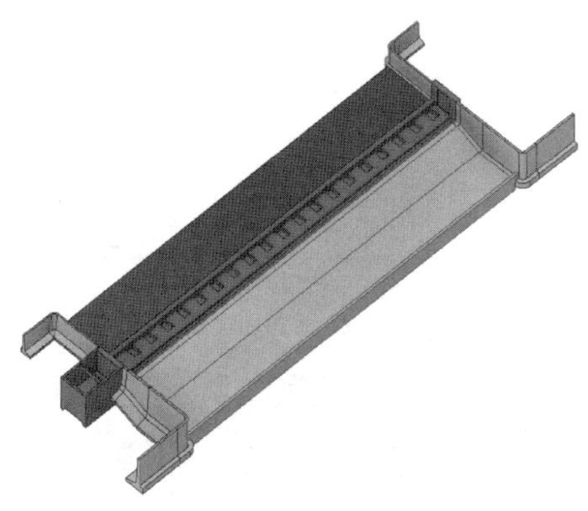

图 5　液压坝水工结构

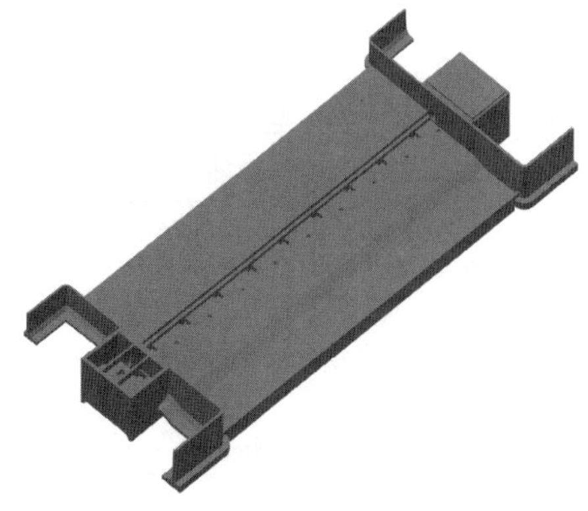

图 6　钢坝闸水工结构

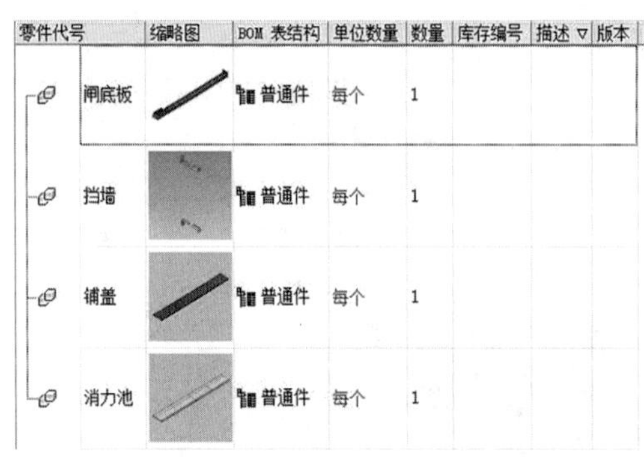

零件代号	缩略图	BOM 表结构	单位数量	数量	库存编号	描述	版本
闸底板		普通件	每个	1			
挡墙		普通件	每个	1			
铺盖		普通件	每个	1			
消力池		普通件	每个	1			

图 7　水工结构 BOM 表

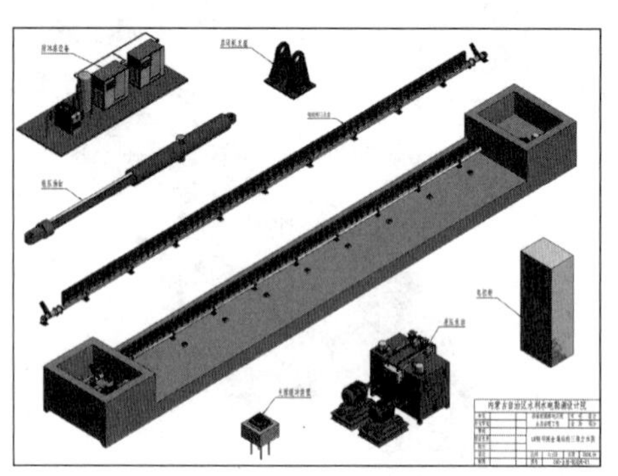

图 8　水工建筑物图纸

3.3　金属结构

液压坝和钢坝闸的金属结构闸门结构有些不一样，但是设计思路殊途同归。将闸门模型门叶如梁系、面板、底轴等结构进行全参数化设计，闸门宽度、闸门间距及挡水高度等参数与水工结构闸室段建立规则联系，进行整体参数化联动。其他零部件如底支铰、耳板等建立系列库，液压泵站、液压油缸等逐渐积累形成各级容量启闭机模型库，如图 9～图 12 所示。

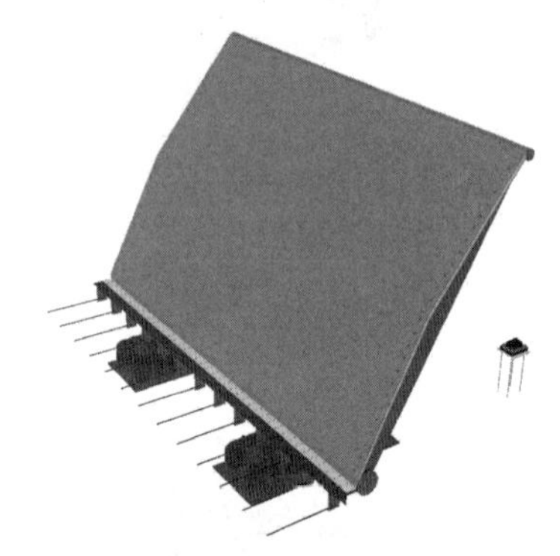

图 9　液压坝金属结构

3.4　机电设备及附属建筑物

机电及房建专业根据工程规模对设备及启闭机泵站室进行三维模型设计。将电气控制柜、配电箱、液压泵站房等设备及附属建筑物与水工结构进行参数化装配，如图 13～图 15 所示。

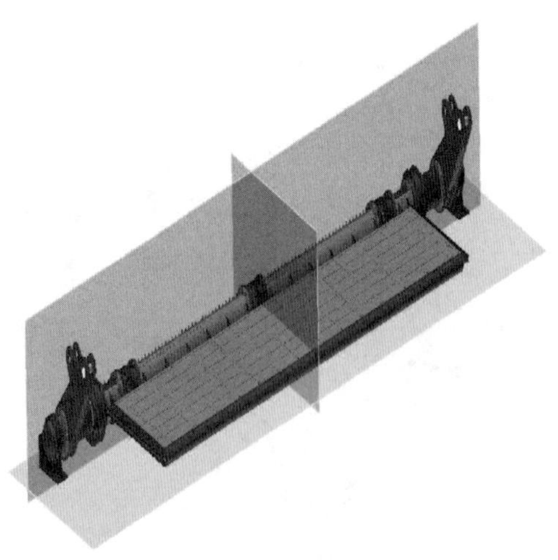

图 10　钢坝闸金属结构

名称	值	单位
闸门宽度	6000	mm
底轴直径	200	mm
底轴厚度	16	mm
底轴开槽宽度	720	mm
底轴孔直径	100	mm
闸门间止水宽度	20	mm
主纵梁间距	650	mm
主纵梁厚度	30	mm
次纵梁厚度	20	mm
顶轴厚度	10	mm
顶轴直径	100	mm
门叶厚度	10	mm
闸门倾角	60	deg
横梁距支铰中心距	300	mm
横梁间距	300	mm
启闭顶轴直径	100	mm
启闭中心高度	1000	mm
启闭顶轴肋板直径	150	mm

图 11　金属结构模型参数表

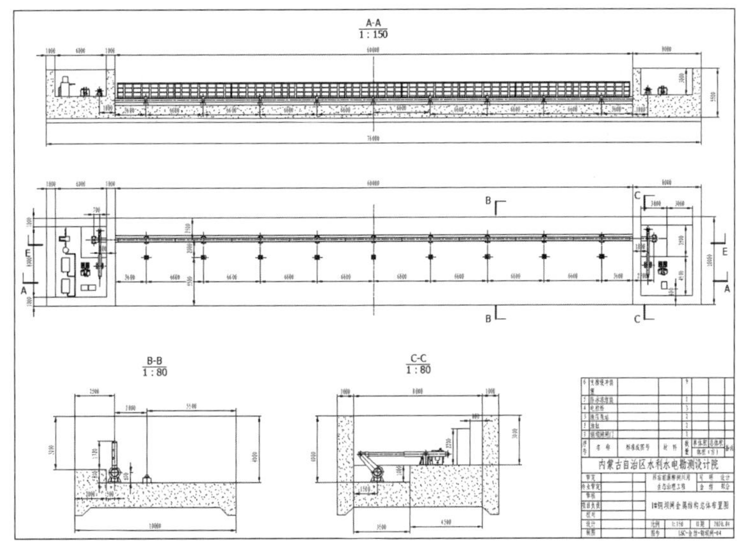

图 12　金属结构图纸

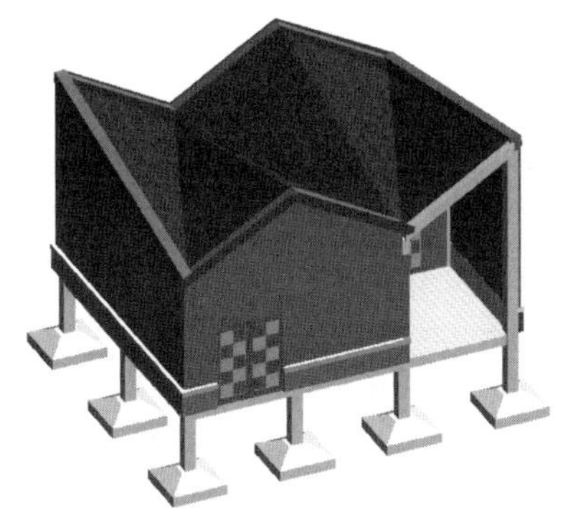

图 13　启闭机泵站房

图 14　箱变柜

3.5　三维配筋

景观河道工程的水工建筑物结构基本类似，对于参数化的模型通过三维配筋进行施工图设计更为方便快捷。不仅解决了闸室段闸底板开槽数量多且布置紧密的情况下导致的不容易配置钢筋的问题，而且在出版钢筋施工图的过程中可以避免人为误差，如图 16、图 17 所示。

3.6　协同设计

利用 Vault 平台进行数据管理，负责储存各专业设计信息。不同专业在平台的衔接事项、平台人员权限设置、图纸及文件的版本管理、阶段性成果发布和使用，如图 18 所示。

图 15　电控柜

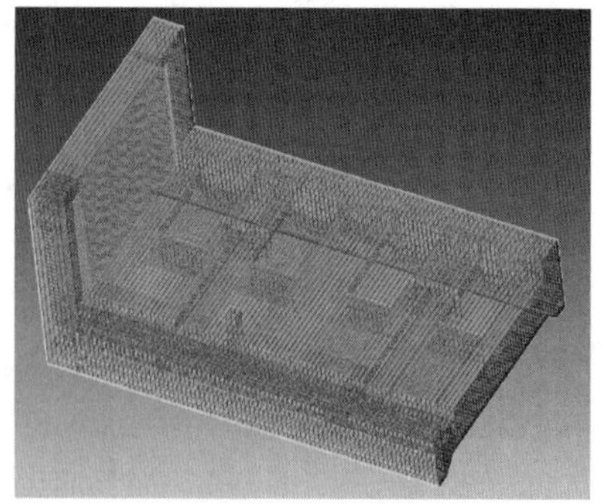

图 16　闸室段三维配筋

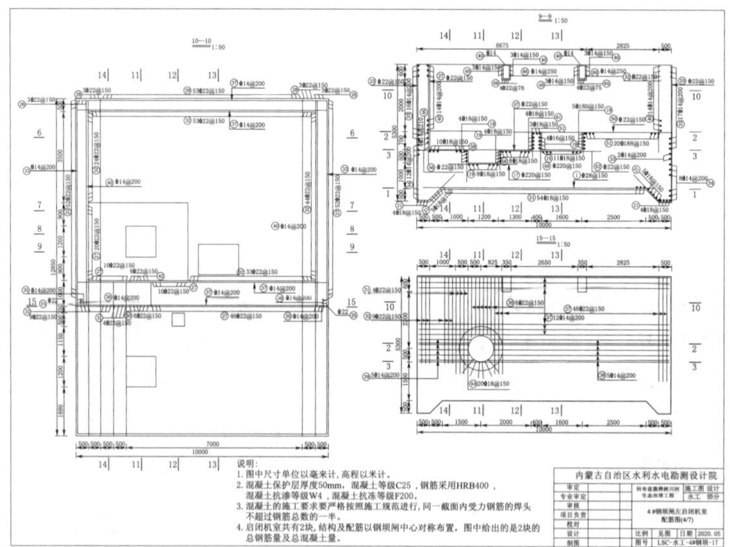

图 17　闸室段钢筋图

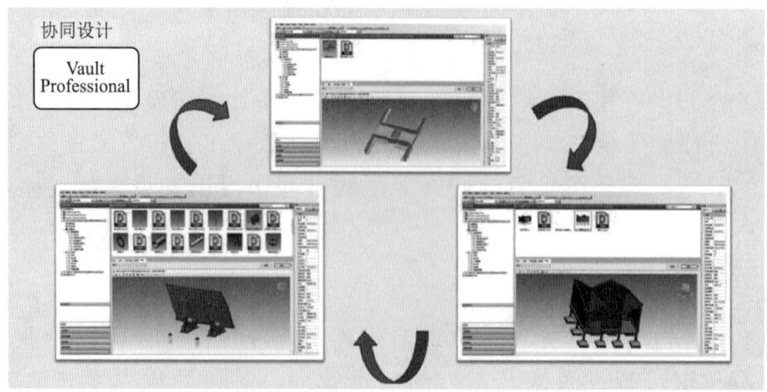

图 18　协同设计

3.7 渲染展示

为更好地表达设计意图以及展示设计理念，将各专业模型装配完整后导入渲染软件中，通过对模型材质、场地环境的渲染设计以及场景的添加，辅助使用 VR 等设备，使工程展示如亲临现场，动态逼真，如图 19、图 20 所示。

图 19　包头城市水生态提升综合利用项目渲染图

图 20　柳树川河道生态治理项目渲染图

3.8 施工运维平台

在设计过程中，即可将工程相关文档材料，模型等资料上传至 BIMe 施工运维平台，将模型放置在 GIS 模块中，方便业主单位、设计单位、施工单位、监理单位协同在线管理设计施工信息，也可通过手机 App 对施工过程进行实时监管，发现问题并跟踪解决，构建 BIM+GIS+图档+业务数据一体化的协作平台，如图 21 所示。

4 结语

BIM 技术在景观河道工程中的应用，进行多专业协同三维设计，有效地提高了各专业的设计效率和质量，将传统的设计流程、运维过程创新为实现了多专业多单位的协作管理，真正体现了工程的可视化、数字化。

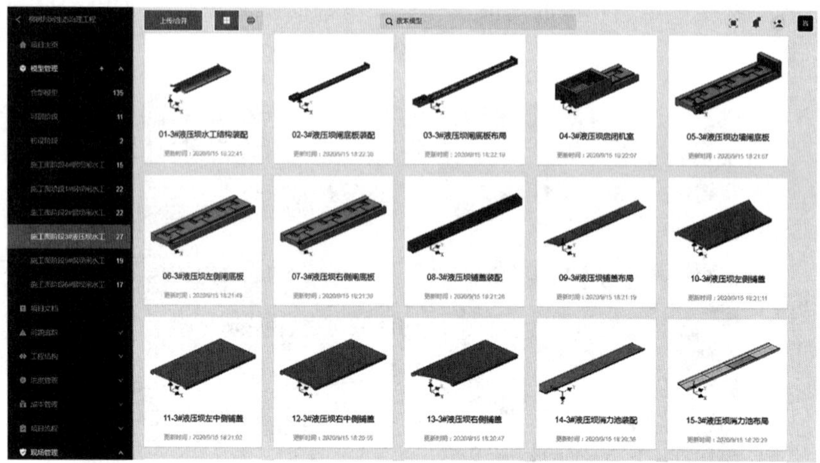

图 21　BIMe 协作平台

BIM 技术在净水厂区工程三维设计中的应用案例——引乌入通工程

黄树栋　贾瑞红　卢建业

1　工程概况

内蒙古自治区通辽市“引乌入通”工程是内蒙古“引绰济辽”跨流域调水工程的一期工程，工程引乌力吉木仁河水至通辽市开鲁县红旗水库，通过红旗水库调节后向通辽市经济技术开发区及科尔沁城区供水。该工程属西辽河流域内的调水工程，供水工程跨扎鲁特旗、开鲁县、科尔沁区三个旗县。本工程设计水量为 10 万 m^3/d 的工业供水，配套的净水厂区内建设有管理房、锅炉房、污泥处理车间、加压泵站、调流调压阀室、加药间、处理车间以及室内外管网（供水主管、加药管、排泥管、溢流管、技术供水管、生活给水管、生活排水管、消防管、采暖管、电缆管线）等。

2　BIM 设计内容

引乌入通净水处理厂区 BIM 设计主要内容包括以下方面：

（1）采用 Revit 软件，对管理房、处理车间、加压泵站、加药间溶药池、溶液池、水处理车间水平管沉淀池、加压泵站主副厂房等进行了三维整体建模。水处理车间正面图如图 1、图 2 所示。

图 1　水处理车间正面图

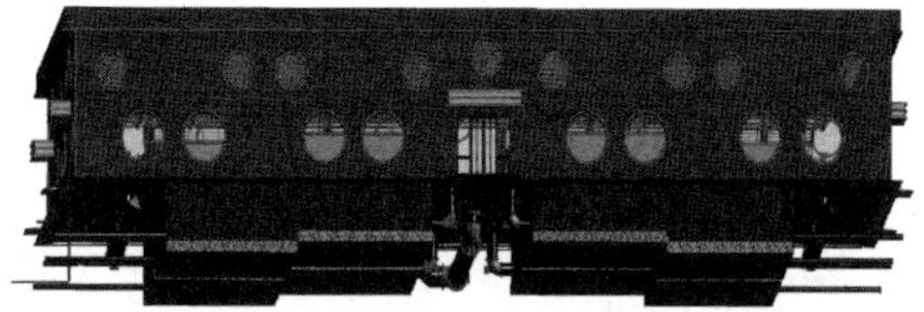

图 2　处理车间正视图

（2）对每个建筑物进行外部装修；给排水管道布置；消防设施布置；内部会议室、厨房、卫生间、办公室、住宿布置。

（3）建立了标准族库，包括混凝土柱模型、坡道模型、台阶模型、水平管模型、球形网架模型、楼梯模型、卫生间模型、照明模型以及直角支吊架模型等，并对各类族对象进行了参数化设计及制定命名规则。

（4）对建筑物的混凝土、管道门窗等构件进行工程量提取。制作了三维配筋模型，输出施工图。

（5）对所做成果进行了三维动画演示，利用 Navisworks 制作了生长动画。

3 运用 BIM 方法带来的效果

3.1 建立了净水厂 BIM 设计流程

通过对净水厂厂房及工艺的全部内容 BIM 建模，完成了净水厂这一类工程的 BIM 设计流程的探索，为日后其他净水厂的 BIM 设计提供了技术思路。此外，通过三维建模、工程量计算、施工图输出、三维动画制作等，掌握了一个项目从建模到出图再到汇报的全过程，为 BIM 项目的实施提供了设计经验。

3.2 利用 Dynamo 工具提升效率、提高复用度

处理车间主要工艺为筛板絮凝及水平管沉淀池。其中，水平管沉淀池由水平管阵列、支撑墙体等构成，在三维建模中，利用 Dynamo 工具对水平管族对象进行阵列组合，并设置阵列所需参数，如行数、列数、水平管尺寸等，这样当需求有所变更时，只需调整参数设置即可，方便快捷而且不易出错。同样，对于沉淀池整体工艺也都设置相应的参数，相同工艺的净水厂可采用已建立的模型。水平管 Dynamo 设计图如图 3 所示，处理车间水平管模型图如图 4 所示。

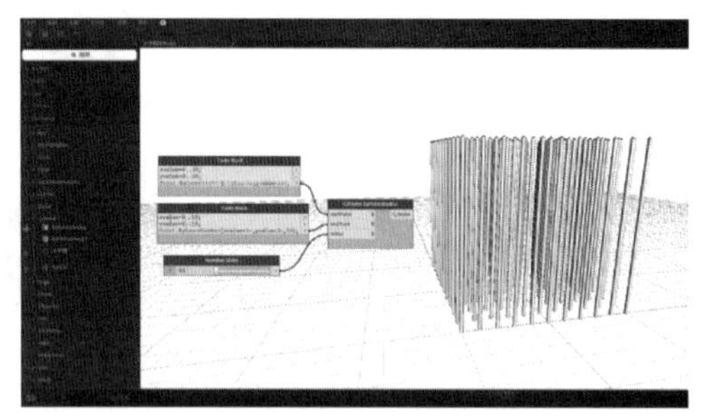

图 3　水平管 Dynamo 设计图

图 4　处理车间水平管模型图

3.3 利用自建族库参数化车间工艺管道

车间工艺管道根据工艺流程，先对下部水工结构进行建模，不同结构墙体按照工艺要求设置不同高度。底部墙根处，为了便于排泥，采用公制轮廓族制作倒角，采用墙饰条的功能为各墙体底部进行倒角，满足工艺需求。根据管道材质及功能设置不同的管道，按照工艺要求在不同的标高布置进水管、出水管、加药管、排泥管及相应的阀门阀件等。水处理车间管道图如图 5 和图 6 所示。

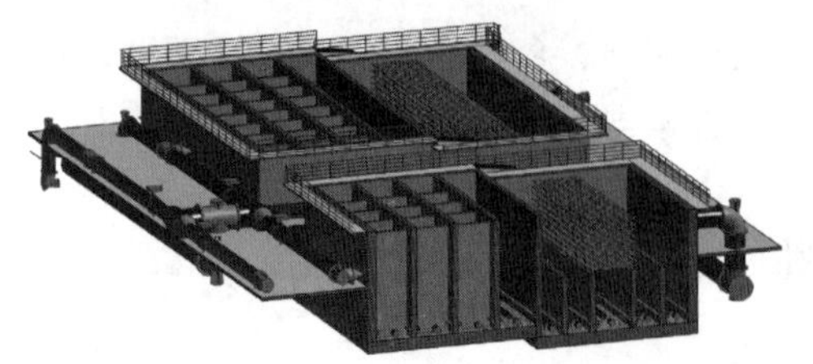

图 5　处理车间管道俯视图

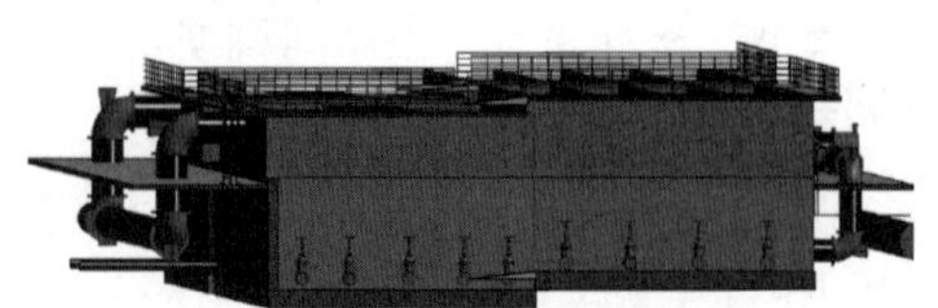

图 6　处理车间管道剖面图

3.4 参数化四角锥球形网架结构

为加强复用性，对四角锥球形网架结构设置长度、宽度、高度、角度四个参数，建立四角锥球形网架族。此后，对于正放四角锥网架结构，即可通过调整参数快速建模。球形网架参数图如图 7 所示，网架模型俯视图如图 8 所示。

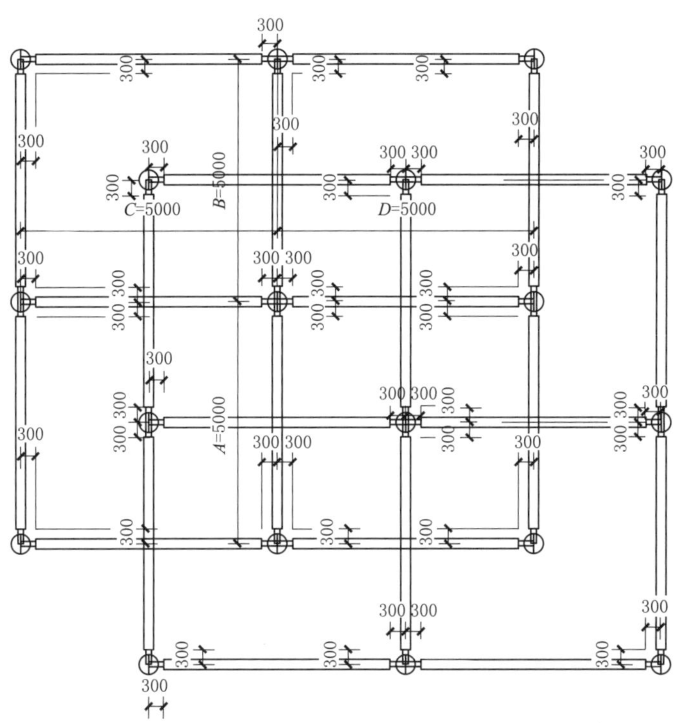

图 7　球形网架参数图（单位：mm）

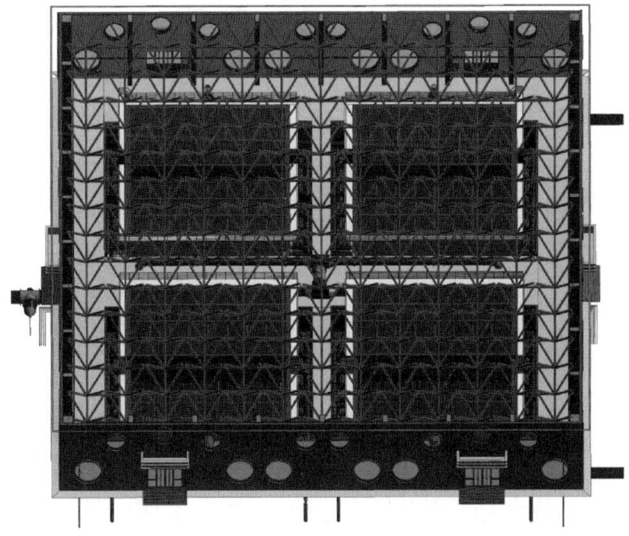

图 8　处理车间网架模型俯视图

3.5 通过 BIM 建模对异型结构设计进行适用性检查

配合净水厂区以“水”为主题的理念，打破通常管理房的矩形结构设计，以融会贯通之意采用椭圆形结构，尤其对于工作人员的休息室采用圆形转角，改善视野。通过三维建模，可以很好地查看这样的结构和布置能否既满足外观要求又满足功能需求。管理房模型图如图 9 和图 10 所示。

图 9 管理房整体图

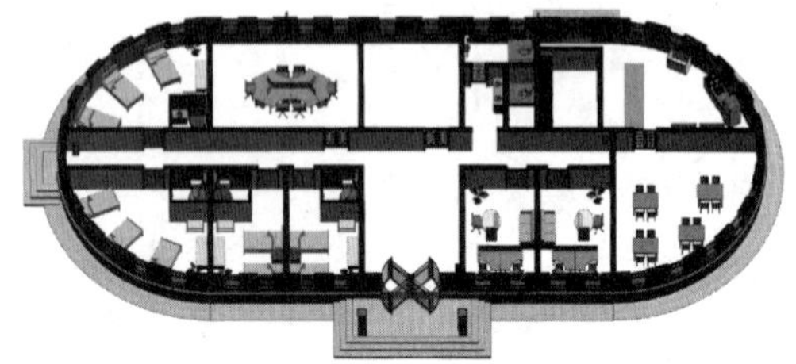

图 10 管理房俯视图

3.6 利用 PKPM（或盈建科）软件进行三维配筋

模型可以在 Dynamo、盈建科及 PKPM 软件中的互导，将模型导入结构计算软件中，相互复核结构分析的结果，做到一模多软件的校核，减少因单一软件计算不足的问题。

通过结构计算软件进行计算，将计算结果输入模型中，可以快速形成三维配筋图，直观地表述钢筋配置的情况，更好地模拟施工现场，避免设置的不合理及交叉问题。同时，可以直接计算工程量，为施工备料提供了精确的数量，减少备料中的不必要浪费。钢筋三维图如图 11 所示，工程量清单如图 12 所示。

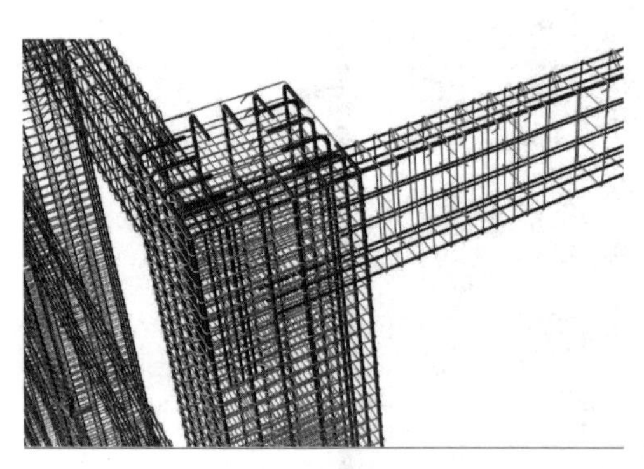

图 11 钢筋三维图

<结构柱明细表 5>

B	C	D	E
体积	类型	结构材质	长度
8.10	角柱	金属 - 钢 Q34	8100
8.10	角柱	金属 - 钢 Q34	8100
8.10	角柱	金属 - 钢 Q34	8100
8.10	角柱	金属 - 钢 Q34	8100
4.05	框架柱	金属 - 钢 Q34	8100
4.05	框架柱	金属 - 钢 Q34	8100
4.05	框架柱	金属 - 钢 Q34	8100
4.05	框架柱	金属 - 钢 Q34	8100
4.05	框架柱	金属 - 钢 Q34	8100
4.05	框架柱	金属 - 钢 Q34	8100
4.05	框架柱	金属 - 钢 Q34	8100
4.05	框架柱	金属 - 钢 Q34	8100
4.05	框架柱	金属 - 钢 Q34	8100
4.05	框架柱	金属 - 钢 Q34	8100
4.05	框架柱	金属 - 钢 Q34	8100
4.05	框架柱	金属 - 钢 Q34	8100
4.05	框架柱	金属 - 钢 Q34	8100

图 12 工程量清单图

探索RS、GIS技术应用助力水利信息化进程

霍 雨 李 立 陈 根

1 RS、GIS技术简介

RS（遥感）是从飞机、飞船、卫星等飞行器上，利用各种波段的遥感器，通过摄影、扫描、信息感应，识别地面物质的性质和运动状态，能够实时、动态、快速地反映大范围的地表信息。GIS（地理信息系统）是在计算机硬件、软件系统支持下，对地表空间中有关地理分布的数据信息进行采集、储存、管理、运算、分析、显示和描述等，能够快速、准确地对批量空间数据信息进行分析和处理。

RS和GIS已经在林业、国土、环保、气象、军事等多个方面有了非常广泛的应用，在水利方面的应用也已有近20年的历史，主要应用于水资源管理、水环境监测、水土保持、水利工程监测、防洪抗旱等方面。随着水利现代化，尤其是水利信息化，以及高空间光谱和高时间分辨率为标志的高分遥感的推进、计算机和大数据技术的迅速发展，RS和GIS的应用水平也有了迅猛的发展。近年来，内蒙古水利水电勘测设计院紧跟时代步伐，在RS和GIS的应用方面有了长足的进步，相关软件也得到了广泛的推广。本次就RS和GIS技术在岸线规划和水资源方面的应用及取得的成果作简要介绍。

2 RS、GIS应用成果

2.1 河势分析

河势分析主要采用数字岸线分析系统（DSAS）进行。数字岸线分析系统（DSAS）是由美国地质调查局开发的一个ArcGIS插件，该方法能够通过计算机自动生成截面，并以截面与岸线相交形成的时间序列计算岸线变化距离（NSM）、端点变化速率（EPR）等多项指标，该成果能够有效应用于河势分析。其中岸线变化距离（NSM）、端点变化速率（EPR）计算原理如图1和图2所示，西辽河应用成果如图3和图4所示。

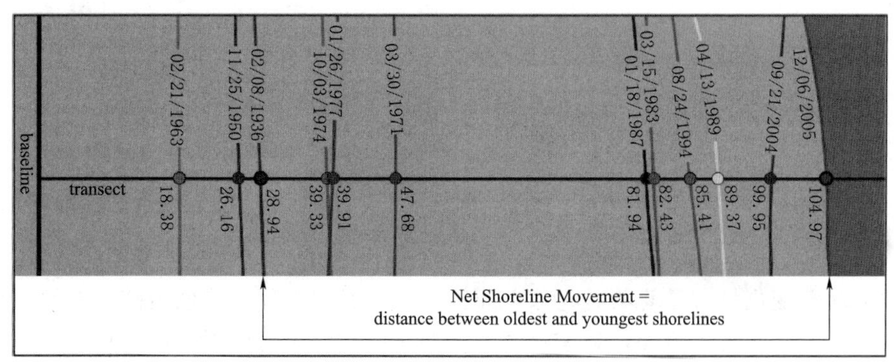

图1 DSAS计算指标（净变化距离NSM）

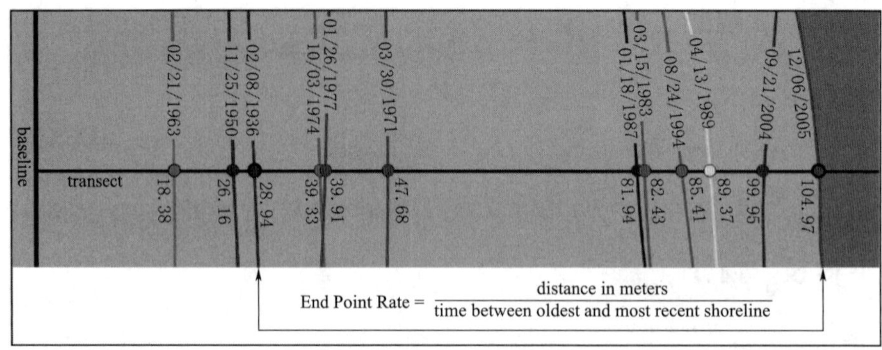

图 2　DSAS 计算指标（变化速率 EPR）

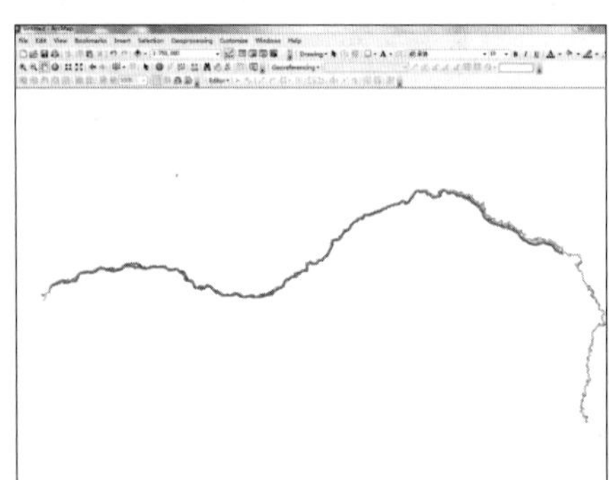

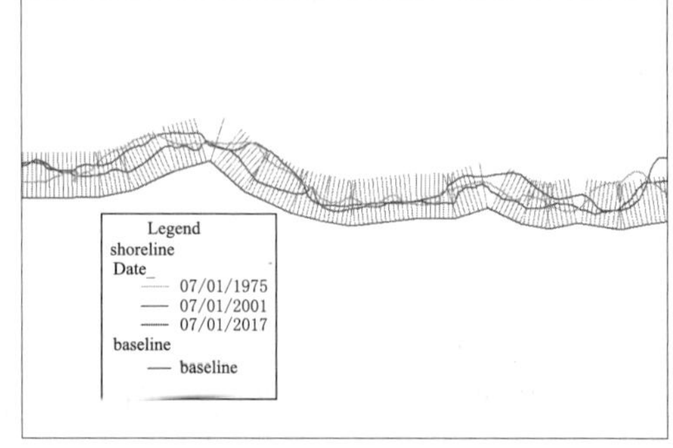

图 3　DSAS 西辽河断面生成结果

Table

transect_intersect_20180507_091940

object Ide	TransectId	BaselineId	ShorelineId	Distance	IntersectX	IntersectY
1	1	1	07/01/1975	207.788106	320727.941654	4814471.461133
2	1	1	07/01/2017	251.50085	320691.978849	4814496.31029
3	2	1	07/01/1975	215.085202	320778.78476	4814557.880031
4	2	1	07/01/2001	195.849061	320794.610479	4814546.944961
5	2	1	07/01/2017	304.494657	320705.226925	4814608.706162
6	3	1	07/01/1975	229.144772	320824.064331	4814648.143158
7	3	1	07/01/2001	227.237486	320825.633469	4814647.058933
8	3	1	07/01/2017	356.324043	320719.432982	4814720.440101
9	4	1	07/01/1975	248.469308	320865.01237	4814741.399234
10	4	1	07/01/2001	248.170324	320865.258346	4814741.229272
11	4	1	07/01/2017	397.86014	320742.107403	4814826.322668
12	5	1	07/01/1975	262.441994	320910.36342	4814831.612969
13	5	1	07/01/2001	251.499287	320919.366068	4814825.392425
14	5	1	07/01/2017	436.338235	320767.297668	4814930.466867
15	6	1	07/01/1975	256.68721	320971.944406	4814910.612333
16	6	1	07/01/2001	234.047044	320990.570642	4814897.742195
17	6	1	07/01/2017	466.528581	320799.306323	4815029.899773
18	7	1	07/01/1975	226.344939	321053.753706	4814975.634578
19	7	1	07/01/2001	210.269459	321066.979126	4814966.496233
20	7	1	07/01/2017	466.86598	320855.875226	4815112.36233
21	8	1	07/01/1975	198.096431	321133.840449	4815041.847051
22	8	1	07/01/2001	185.69045	321144.046944	4815034.794687
23	8	1	07/01/2017	455.494397	320922.077195	4815188.168742
24	9	1	07/01/1975	191.687813	321195.959353	4815120.474733
25	9	1	07/01/2001	185.897333	321200.723225	4815117.183048

(0 out of 5983 Selected)

transect_intersect_20180507_091940

Table

transect_L_rates_20180706_172137

object identifier *	TransectId *	TCD	EPR	ECI	SCE
1	1	0	-5.02	.132000	235.85
2	2	1000	9.54	.132000	448.38
3	3	2000	-8.32	.132000	391.27
4	4	3000	-15.21	.132000	714.69
5	5	4000	1.17	.132000	54.76
6	6	5000	4.75	.132000	223.38
7	7	6000	14.43	.132000	681.01
8	8	7000	21.64	.132000	1027.72
9	9	8000	23.06	.132000	1136.77
10	10	9000	8.21	.132000	397.8
11	11	10000	-8.49	.132000	399.14
12	12	11000	2.39	.132000	137.19
13	13	12000	-10.62	.132000	498.95
14	14	13000	2.7	.132000	126.73
15	15	14000	.410000	.132000	41.06
16	16	15000	9.4	.132000	441.9
17	17	16000	-1.64	.132000	88.5
18	18	17000	2.37	.132000	139.7
19	19	18000	12.7	.132000	596.69
20	20	19000	7.82	.132000	390.54
21	21	20439.68	-5.96	.132000	313.13
22	22	21000	-4.44	.132000	219.39
23	23	22000	5.73	.132000	269.23
24	24	23000	5.15	.132000	340.12
25	25	24000	9.89	.132000	807.79

图 4　DSAS 西辽河河势变化计算成果（NSM，EPR）

2.2　植被提取

植被的动态变化具有显著的时间和空间特征，遥感技术作为获取大范围空间信息和长时间序列信息的有效技术手段，是植被的时空变化研究的重要数据来源。植被指数是由遥感卫星获取的不同波段探测数据，经不同的组合而成的可以反映植被的生长状况的指数，

能够准确反映植被覆盖度情况、生物量和植被生长状况等。在岱海岸线规划工作中，采用ENVI计算归一化植被指数（Normalized Different Vegetation Index，NDVI），对岱海岸线范围内植被进行了提取，提取结果如图5所示。

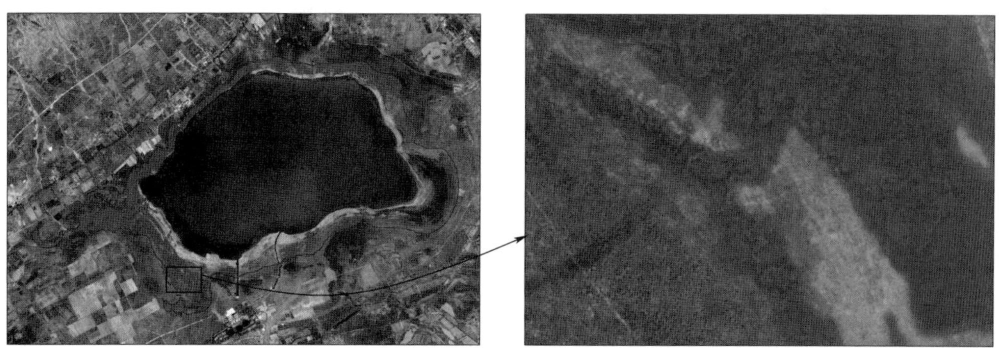

图5　岱海岸线范围内植被提取结果

2.3　水文基础数据查询

第三次水资源调查与评价工作已经完成，全区降水、蒸发、径流等水文数据整理分析工作以及全区等值线绘制及汇总工作也已有最终成果。为能够方便、快捷、准确地查询所需基础水文数据，以第三次水资源调查成果为基础，在ArcGIS平台上开发了全区水文数据查询插件。系统建立的基本流程如下：

（1）水文数据矢量化及计算处理如图6所示。

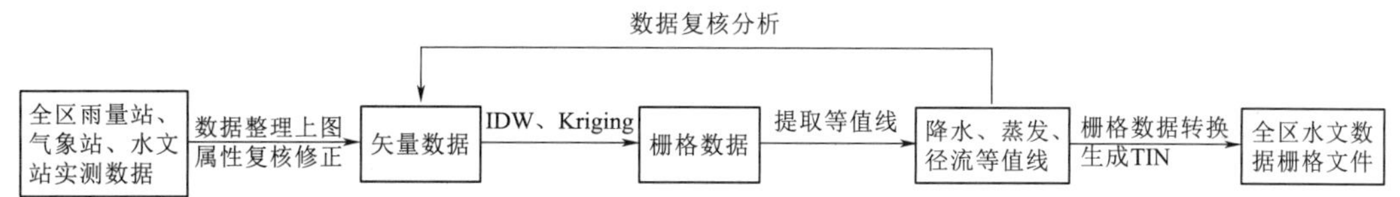

图6　水文数据矢量化及计算处理流程

（2）系统开发。系统开发流程如图7所示。

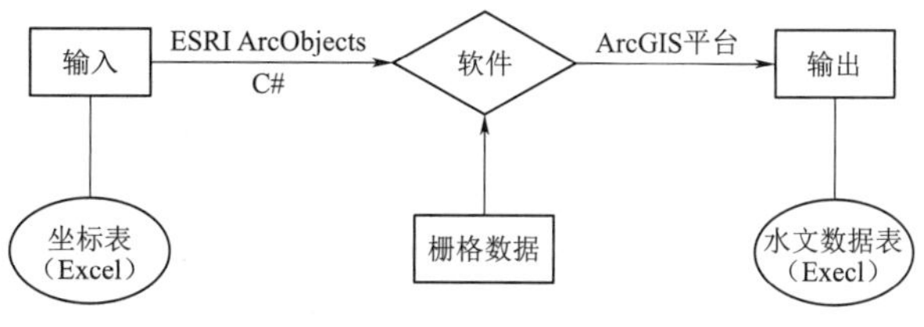

图7　系统开发流程

系统输入查询界面如图8所示，查询结果如图9所示。

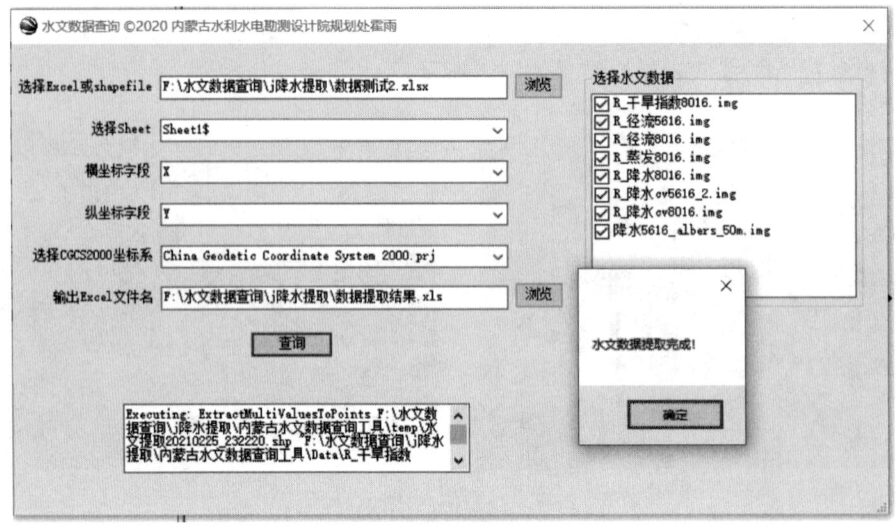

图 8　水文数据查询界面

	A	B	C	D	E	F	G	H	I	J	K
1	FID	序号	名称	R_干旱	R_径流56	R_径流80	R_蒸发80	R_降水80	R_降水cv	R_降水_1	降水5616
2	0	1	音河水库	1.506170034	80	96	733	497	0.269551992	0.297226012	464
3	1	2	牙克石	1.653800011	38	63	662	403	0.25	0.260924011	386
4	2	3	碾子山	1.582550049	73	84	755	490	0.266885996	0.300000012	470
5	3	4	大桥屯	1.615970016	49	72	658	407	0.25	0.256981999	393
6	4	5	景星	1.890470028	39	50	836	461	0.205700006	0.300000012	440
7	5	6	乌尔其汗	1.362980008	131	135	581	438	0.200000003	0.251341999	427
8	6	7	拉布达林(黑山头)	1.625699997	20	22	591	361	0.230680004	0.270585001	358
9	7	8	镇西	2.320230007	5	5	1017	413	0.300000012	0.33287701	400
10	8	9	洮南	2.318809986	5	5	1060	394	0.28500399	0.302253008	390
11	9	10	根河(乌力库玛)	1	180	184	482	451	0.200000003	0.228793994	443
12	10	11	务本	2.44611001	5	5	1043	395	0.297632009	0.325383991	400
13	11	12	牛耳河	1	225	225	424	458	0.200000003	0.200000003	455
14	12	13	满归	1	212	217	400	460	0.200000003	0.200000003	457
15	13	14	石灰窑	-9999	-9999	-9999	-9999	503	0.200000003	-9999	500
16	14	15	吉文	1	220	233	507	533	0.200000003	0.200000003	500
17	15	16	库漠屯	1.461220026	-9999	-9999	-9999	491	0.200000003	-9999	-9999
18	16	17	同盟	1.602949977	45	87	750	489	0.238261998	0.257701993	437
19	17	18	富拉尔基	1.761610031	17	26	840	461	0.274037004	0.292246014	420
20	18	19	阿里河	1	211	232	511	550	0.200000003	0.200000003	500
21	19	20	江桥	1.809120059	14	25	875	453	0.268887013	0.292243987	401
22	20	21	阿彦浅	1.500120044	94	117	688	470	0.229644999	0.25	446
23	21	22	古里	1.309180021	150	167	556	514	0.200000003	-9999	500

图 9　水文数据查询结果

3　结语

RS 和 GIS 技术已在地下水超采、水资源评价、水利基础设施空间规划、河湖划界、岸线规划，以及移民占地和部分水利工程规划等多个项目中得到了广泛应用，并取得了丰硕的成果，本次仅对取得的代表性成果进行了简要介绍。

在技术应用探索的过程中，能够真切地感受到 GIS 功能的强大，及其在提高计算的准确性和工作效率方面作出的巨大贡献。近年来我国信息化技术飞速发展，各行各业数据的交流与融合不断加强，水利信息化进程也在不断推进。RS、GIS 技术为行业数据交流提供了平台，也为水利信息化提供了重要的基础数据。未来，我们将一如既往，在 RS、GIS 技术应用的探索之路上奋力前行，为内蒙古自治区水利信息化进程助力。